SpringerWienNewYork

Schlick-Studien

herausgegeben von

Friedrich Stadler (Wien)
und Hans Jürgen Wendel (Rostock)

Band 1

Stationen.
Dem Philosophen und Physiker Moritz Schlick zum 125. Geburtstag

herausgegeben von

Friedrich Stadler (Wien)
und Hans Jürgen Wendel (Rostock)
unter Mitarbeit von Edwin Glassner (Wien)

mit Beiträgen von

Fynn Ole Engler
Massimo Ferrari
Tobias Fox
Edwin Glassner
Björn Henning
Mathias Iven
Steffen Kluck
Renate Lotz-Rimbach
Thomas Oberdan

SpringerWienNewYork

Friedrich Stadler (Universität Wien)
Hans Jürgen Wendel (Universität Rostock)

Der Wissenschaftsfonds.

Gedruckt mit Unterstützung des Fonds zur Förderung der wissenschaftlichen Forschung, Wien.

Printed in Germany

SpringerWienNewYork ist ein Unternehmen von
Springer Science+Business Media
springer.at

Satz und LaTeX-Programmierung: Christian Damböck, Wien
Druck und Bindung: Strauss GmbH, Mörlenbach, Deutschland
Der Schutzumschlag wurde basierend auf einem Entwurf von Rüdiger Fuchs (Rostock) vom Verlag gestaltet.

Gedruckt auf säurefreiem, chlorfrei gebleichtem Papier – TCF
SPIN 12031351

Bibliografische Information Der Deutschen Nationalbibliothek
Die Deutsche Nationalbibliothek verzeichnet diese Publikation in der Deutschen Nationalbibliographie; detaillierte bibliografische Daten sind im Internet über http://dnb.d-nb.de abrufbar.

ISBN 978-3-211-71580-2

Inhalt

Archiv

Vorwort

Die Schlick-Forschung hat ein neues Forum. Mit dem ersten Band der *Schlick-Studien* wird ein Einblick in unterschiedliche Aspekte der aktuellen Debatten gegeben. Diese werden seit einigen Jahren verstärkt geführt. Ein Ausgangspunkt dafür war der Beginn der Arbeit an der kritischen Edition der Schriften Moritz Schlicks im Jahre 2002. In enger Kooperation wird seitdem unter Beteiligung von Forschern aus Deutschland und Österreich an der *Moritz Schlick Gesamtausgabe* gearbeitet. Die einzelnen Bände der Ausgabe entstehen an der Moritz-Schlick-Forschungsstelle der Universität Rostock, an der Forschungsstelle und Dokumentationszentrum für Österreichische Philosophie in Graz und am Institut Wiener Kreis in Wien.

Der vorliegende Band der die Edition begleitenden *Schlick-Studien* wird aus Anlass des 125. Geburtstages von Moritz Schlick veröffentlicht. Am 14. April 1882 in Berlin geboren, führte sein Weg über Zürich, Rostock und Kiel schließlich nach Wien. Im Verlauf seiner 1911 in Rostock begonnenen akademischen Karriere schuf er für das Denken im 20. Jahrhundert einflussreiche Werke, wie die *Allgemeine Erkenntnislehre* (1918), *Raum und Zeit in der gegenwärtigen Physik* (1917) und *Fragen der Ethik* (1930). Als Begründer des Wiener Kreises des logischen Empirismus wirkte er über die Grenzen Europas hinaus. Auf dem Höhepunkt seines Schaffens wurde er am 22. Juni 1936 in Wien ermordet.

Einzelnen *Stationen* seines intellektuellen Lebens folgend widmen sich die Autoren in den Rubriken dieses Bandes Schlicks Biographie, seinem Werk und dessen Wirkung. Auch künftige Bände der *Schlick-Studien* werden einen thematischen Schwerpunkt haben. Daneben sind unter der Rubrik „Archiv“ Aufsätze zusammengefasst, die sich vor allem mit dem Nachlass beschäftigen. Rezensionen und Konferenzberichte werden die Bände ergänzen.

Der vorliegende Band beginnt unter der Rubrik „Biographie“ mit dem Beitrag von *Massimo Ferrari* „1922: Moritz Schlick in Wien“, in dem ein Überblick über die ersten Schritte Schlicks in Wien gegeben wird und die akademischen Hintergründe seiner Berufung im Jahre 1922 erläutert werden. Besondere Aufmerksamkeit wird auf die erste Vorlesung zur Naturphilosophie im Wintersemester 1922/1923 gerichtet, in der Schlick sich höchstwahrscheinlich auf die vorangehenden Rostocker Vorlesungen zum selben Thema stützt und zugleich den Inhalt seines späteren Beitrags über die Naturphilosophie für das von Max Dessoir herausgegebene Lehrbuch (1925) umreißt. In diesem Zusammenhang ist aber auch die Vorrede zur Wiener Vorlesung zu berücksichtigen, die ein Stück intellektueller Autobiographie enthält und auf die Frage nach der „Methode des Philosophierens“ eingeht. Daraus wird auch ersichtlich, dass Schlick das Problem der Wiener philosophischen Tradition im Vergleich mit der deutschen Kultur vor Augen hatte – ein Problem, das in dem abschließenden Teil dieses Aufsatzes auch in Bezug auf einige Stellungnahmen Schlicks gegenüber prominenten Vertretern des Wiener akademisch-kulturwissenschaftlichen Lebens (Mach, Jerusalem, Popper-Lynkeus, Reininger) behandelt wird. Es geht dabei nicht nur um einen bestimmten Aspekt von Schlicks philosophischer Leistung in Wien, sondern zugleich um eine historische Perspektive über die Entstehung des Wiener Kreises oder, besser gesagt, hinsichtlich der Frage nach Kontinuität und Diskontinuität in der Geschichte des logischen Empirismus.

Mathias Iven beleuchtet in seinem Aufsatz „Wittgenstein und Schlick. Zur Geschichte eines Diktats“ die Entstehung eines Diktats, das im Nachlass von Wittgenstein unter der Nummer D 302 verzeichnete, sogenannten Diktat für Schlick. Gestützt auf Dokumente aus dem Schlick-Nachlass, insbesondere auf die für eine öffentliche Nutzung bisher gesperrte Privatkorrespondenz, wird in dem Artikel ausgehend vom bisherigen Forschungsstand einerseits gezeigt, dass die Urschrift dieses Diktats von Schlick selbst stammt, und andererseits, dass sie das Ergebnis eines Treffens von Wittgenstein und Schlick im September 1933 ist.

Renate Lotz-Rimbach verortet in ihrem Beitrag „Mord verjährt nicht: Psychogramm eines politischen Mordes“ das tödliche Attentat auf Moritz Schlick durch Johann Nelböck im Hauptgebäude der Universität Wien in seinem politischen Umfeld. Die Entwicklung in Österreich von Nachkriegskonsolidierung zur Zeit von Schlicks Berufung nach Wien über Demokratisierung der politischen und universitären Institutionen bis hin zum autoritären nationalistischen Klima, das sich auch an der Universität in den 30er Jahren verstärkt ausbreitete, bietet die Folie für eine umfassende Bestandsaufnahme der Gründe, die zum Mord an Moritz Schlick beitrugen. Unter Einbeziehung von Archivmaterial wird psychologisch nachvollziehbar, warum Nelböck schon lange vor seiner Tat Drohungen an Schlick gerichtet hatte und aufgrund seiner Herkunft und Ausrichtung schließlich animoser Exekutor in einem Netz einschlägiger politischer Intrigen werden konnte. Eine Zusammenschau über die fragwürdige Abwicklung des Mordprozesses, in dem über Nelböck gerichtet wurde, rundet den Beitrag ab.

Die dem Werk Schlicks und dessen Wirkung gewidmeten Texte dieses Bandes beginnen mit dem Aufsatz von *Fynn Ole Engler* „Über das erkenntnistheoretische Raumproblem bei Moritz Schlick, Wilhelm Wundt und Albert Einstein“. Darin werden zwei frühe Schriften Schlicks, die sich im Nachlass befinden, diskutiert. Schlick hat diese während seiner Zeit in Zürich verfasst, wo er von Herbst 1907 an zwei Jahre lang vor allem mit psychologischen Studien beschäftigt war. Die behandelten Texte befassen sich mit der Entstehung der Raumanschauung und dem mathematischen Raumbegriff. Schlick setzt sich hierin u.a. kritisch mit dem Psychologen und Philosophen Wilhelm Wundt auseinander. Es wird gezeigt, dass das von Schlick später in seinem Hauptwerk, der *Allgemeinen Erkenntnislehre*, ausführlich behandelte Konzept der raum-zeitlichen Koinzidenzen in der Diskussion mit den Arbeiten Wundts eine seiner wesentlichen

Quellen besitzt. Überdies wird anhand von Nachlassstücken sowie einer Diskussion zum Verhältnis zwischen der *Allgemeinen Erkenntnislehre* und Schlicks bedeutender Schrift zur Relativitätstheorie *Raum und Zeit in der gegenwärtigen Physik* dafür argumentiert, dass Albert Einstein kurz nach der Fertigstellung seiner Allgemeinen Relativitätstheorie das Konzept der raum-zeitlichen Koinzidenzen als adäquate philosophische Interpretation seiner Theorie von Schlick übernimmt.

Edwin Glassner vertritt in seinem Beitrag „Was heißt Koinzidenz bei Schlick?“ die These, dass Schlick von Einstein den Begriff der Koinzidenz übernimmt. Dabei stellt er heraus, dass dieser Begriff im Werk von Schlick zwei verschiedene Rollen spielt. Einerseits ist die Koinzidenz die von der Relativitätstheorie geforderte objektive Basis, die sich der Relativierung entzieht, indem sie nach beliebigen Transformationen erhalten bleibt. Diese Objektivität der Koinzidenz ist einerseits durch ihre analytische Unverrückbarkeit gegeben, mithin im Gegensatz zur Perspektivität von unterschiedlichen Koordinatensystemen (und nicht etwa im Gegensatz zu Subjektivität) zu erklären. Andererseits ist die postulierte Objektivität der Koinzidenz auch im epistemologischen Rahmen zu verstehen (und von Einstein schon so angelegt), weil ohne ihre Gegenständlichkeit als Beobachtbarkeit keine präzisen Aussagen über die Außenwelt möglich wären. So ist die Koinzidenz auch ein quasi-subjektives psychologisches Elementarerlebnis, das keiner weiteren logischen Analyse bedarf.

Björn Henning stellt mit seinem Artikel „Der Pädagoge Moritz Schlick“ ein bisher in der Literatur nur wenig beachtetes Detail im intellektuellen Werdegang Schlicks heraus: seine Beschäftigung mit der Pädagogik. So hat Schlick nach dem Ende des Ersten Weltkrieges zwei Pädagogikveranstaltungen an der Universität Rostock angeboten. Außerdem gründete er zusammen mit Dozenten und Studenten im Frühjahr 1919 die *Vereinigung fortschrittlich gesinnter Akademiker*, deren Zielsetzung die Umgestaltung des Unterrichts an den deutschen Hochschulen in eine der neuen Zeit entsprechende Form war. Anhand ausgewählter nachgelassener Schriften beleuchtet der Artikel das Pädagogikverständnis Schlicks näher.

Tom Oberdan untersucht in seinem Beitrag „Geometry, Convention, and the Relativized Apriori: The Schlick–Reichenbach Correspondence" den umfassenden Briefwechsel zwischen Moritz Schlick und Hans Reichenbach. Aus Briefen aus dem Herbst 1920 wird deutlich, dass beide darin übereinstimmten, dass ihre erkenntnistheoretischen Differenzen in Bezug auf die Relativität lediglich von terminologischer Natur sind. Während dieser scheinbare Konsens von Alberto Coffa untermauert wurde, ist dieser von Michael Friedman in Frage gestellt worden. Friedman argumentiert, dass das, was Schlick Konventionen nennt, nicht mit dem von Reichenbach charakterisierten relativistischen synthetischen Apriori identifiziert werden darf. Der Hauptgrund für Friedmans These besteht darin, dass Reichenbachs relativierter Apriorismus grundsätzlich und theorienbedingt zu unterscheiden ist von empirisch-synthetischen Behauptungen, wohingegen Schlicks Konventionalismus auf einer holistischen Grundlage basierend keine scharfe Unterscheidung liefert zwischen konventionellen und empirischen Aspekten. Oberdan argumentiert jedoch dafür, dass Friedmans Kritik an der Position Schlicks die Tatsache unbeachtet lässt, dass der von Schlick in Anlehnung an Henri Poincaré vertretene Konventionalismus durchaus Gründe für eine Unterscheidung zwischen konventionalistischen und empirischen Aspekten liefert. Bisher verdeckte dieser Streit eine tiefer gehende Differenz zwischen Schlick und Reichenbach, die eine klare Zuweisung ihres jeweiligen Standpunktes noch erschwert. Während Schlick Konventionen als konstitutiv für Begriffe ansah, dachte Reichenbach das Apriori als konstitutiv für die Erfahrung.

Tobias Fox untersucht in seinem Beitrag „Die letzte Gesetzlichkeit – Schlicks Kommentare zur Quantentheorie", wie Schlick Entstehung und Entwicklung der Quantentheorie verfolgte. Diskutiert werden dabei die Kommentare, die Schlick von 1918 bis zu seinem Tode 1936 veröffentlichte. Eine historische Zusammenstellung und Erläuterung dieser Schriften, einige Nachlassstücke sowie die Korrespondenz zwischen ihm und führenden Physikern der Quantentheorie geben darüber Aufschluss, dass Schlick im Besonderen die allgemeine Gültigkeit des Kausalsatzes in der Quantenphysik als nicht mehr aufrechthaltbar ansieht. Er fügt diese These in seine empiristische Philosophie ein – sowohl vor und nach der sogenannten neuen Quantenmechanik von 1926/27 und gleichermaßen vor und nach der Gründung des Wiener Kreises. Auf der anderen Seite diskutiert Schlick kontinuierlich weitere quantenphysikalische Implikationen wie etwa den Welle-Teilchen-Dualismus oder mögliche neue Einschätzungen zum Problem des freien Willens. Eine systematische Betrachtung von Schlicks Kommentaren zeigt, dass er zwei Argumentationsstrategien zur Akausalität in der Quantenphysik verfolgt (eine thermodynamische Begründung und eine Begründung mit der Unbestimmtheitsrelation). Seine Kausalitätskritik selbst – obwohl sich in Einklang mit Physikern und anderen positivistischen Philosophien befindend – erweist sich indessen als nicht tragfähig.

Steffen Kluck zeigt in seinem Artikel „Moritz Schlick, Günther Jacoby und das Wirklichkeitsproblem", dass Schlicks Hauptwerk durch die um 1920 erstarkende Bewegung der kritischen Ontologie, die in Günther Jacoby, Nicolai Hartmann und Hans Pichler ihre bedeutendsten Vertreter hatte, rezipiert wurde. So berichtet Jacoby, er habe mit Schlick brieflich über dessen *Allgemeine Erkenntnislehre* kommuniziert, und im Hinblick auf sein eigenes philosophisches Hauptwerk, die von 1925 bis 1955 erschienene *Allgemeine Ontologie der Wirklichkeit*, stellt er fest: „Anstoß zu der Abfassung des Buches gab [...] 1920 das Versagen der Erkenntnislehre von M. Schlick in Wirklichkeitsfragen." Es soll daher am Beispiel der Ontologie Jacobys gezeigt werden, inwieweit auch die zeitgenössische Seins-Lehre auf Gedanken Schlicks reagiert hat und wie sie unter Beibehaltung zentraler Aspekte der *Allgemeinen Erkenntnislehre* ihre eigenen Konzepte entworfen hat. Damit wird ein bisher kaum beachtetes Kapitel der Rezeptionsgeschichte des Werkes Schlicks erstmals eingehender gewürdigt.

Unter der abschließenden Rubrik „Archiv“ steht der Beitrag von Fynn Ole Engler „Moritz Schlicks Beitrag zum Einstein-Wettbewerb des *Scientific American*“. Dieser beleuchtet die Hintergründe des im Jahre 1920 durch die *Scientific American* auf Vorschlag von Eugene Higgins initiierten Preisausschreibens, dessen Aufgabe darin bestand, einen gemeinverständlichen Text zur Relativitätstheorie zu verfassen. Schlick hat an diesem Wettbewerb teilgenommen. Bisher galt sein Beitrag als verschollen. Das Manuskript Schlicks ist nun entdeckt worden. Der Aufsatz wird den Text Schlicks vorstellen, seinen Entstehungshintergrund darlegen und diesen in Beziehung zu den bekannten Arbeiten Schlicks zur Relativitätstheorie setzen.

Wien und Rostock, Dezember 2007

Fynn Ole Engler
(Universität Rostock)

Hans Jürgen Wendel
(Universität Rostock)

Biographie

Massimo Ferrari
1922: Moritz Schlick in Wien[1]

Die Berufung Schlicks

Die Berufung Moritz Schlicks nach Wien im Herbst 1922 darf berechtigterweise als ein entscheidender Wendepunkt in der Geschichte des Logischen Empirismus betrachtet werden. Schon in der berühmten, 1929 veröffentlichten programmatischen Schrift des Wiener Kreises wird dieses Ereignis wie folgt kommentiert: „Im Jahre 1922 wurde Moritz Schlick von Kiel nach Wien berufen. Seine Wirksamkeit fügte sich gut in die geschichtliche Entwicklung der Wiener wissenschaftlichen Atmosphäre. Er, selbst ursprünglich Physiker, erweckte die Tradition zu neuem Leben, die von Mach und Boltzmann begonnen und von dem antimetaphysisch gerichteten Adolf Stöhr in gewissem Sinne weiter geführt worden war [...] Um Schlick sammelte sich im Laufe der Jahre ein Kreis, der die verschiedenen Bestrebungen in der Richtung wissenschaftlicher Weltauffassung vereinigte“[2]. Sowohl die späteren Memoiren einiger Vertreter des Wiener Kreises als auch die philosophische Geschichtsschreibung seit den 50er Jahren haben übrigens die gleichsam ‚epochemachende‘ Bedeutung der Berufung Schlicks an die Wiener Universität immer wieder in den Vordergrund gerückt. Es geht tatsächlich um eine Wende nicht

[1] Ich bedanke mich bei der Alexander-von-Humboldt-Stiftung (Bonn), die einen Teil der diesem Aufsatz zugrundeliegenden Untersuchungen großzügig finanziert hat.

[2] R. Carnap, H. Hahn, O. Neurath, *Wissenschaftliche Weltauffassung*, Wien, Wolf Verlag, 1929, S. 13.

nur in seiner intellektuellen Biographie, sondern auch in der Entwicklung der philosophischen Ansichten, die (um Alberto Coffa zu zitieren) auf dem „Wiener Bahnhof" entstanden sind. Philipp Frank, Edgar Zilsel, Herbert Feigl, Karl Menger, Rudolf Carnap haben uns diesbezüglich wertvolle Zeugnisse hinterlassen, die einerseits auf die akademische Tätigkeit Schlicks aufmerksam machen und andererseits die entscheidende Wirkung betonen, die seine Schriften auf die künftigen Mitglieder des Wiener Kreises ausübten[3]. Eminente Forscher wie Victor Kraft, Francesco Barone und neuerdings Friedrich Stadler haben dann wiederum die grundlegende Rolle hervorgehoben, die der Begegnung Schlicks mit dem Wiener Milieu zugesprochen werden soll; und insbesondere durch die Forschungsergebnisse Stadlers ist der kulturelle Hintergrund der Berufung Schlicks aufgeklärt worden, namentlich der Widerstand ihm gegenüber von Seite der traditionellen akademischen Körperschaft, die Schlick für mehr naturwissenschaftlich als echt philosophisch eingestellt hielt[4].

[3] Edgar Zilsel schrieb kurz nach der brutalen Ermordung Schlicks: „Besonders die Wiener Lehrtätigkeit Schlicks gestaltete sich höchst fruchtbar. Eine zahlreiche Schar lernbegieriger und verehrungsvoller Schüler sammelte sich bald um den neuen Ordinarius, und die gereifteren unter ihnen schlossen sich mit einigen akademischen Lehrern – unter ihnen der Philosoph Rudolf Carnap, der Mathematiker Hans Hahn und andere Mathematiker – zu einem Zirkel enger zusammen, der unter Schlicks Leitung Probleme der Wissenschaftslogik und der mathematischen Grundlagenforschung diskutierte und gemeinsam an der Weiterbildung der gewonnenen philosophischen Einsichten arbeitete" (E. Zilsel, *Moritz Schlick*, „Die Naturwissenschaften", XXV, 1937, S. 161). Vgl. außerdem P. Frank, *Nachruf auf Moritz Schlick*, „Erkenntnis", VI, 1936, S. 292 (aber von Frank ist auch *Modern Science and its Philosophy*, Cambridge Mass., Harvard University Press, 1949, Neudruck: New York, Collier Books, 1961, S. 42 zu erwähnen); H. Feigl, *Inquiries and Provocations. Selected Writings 1929-1974*, edited by R. S. Cohen, Dordrecht/Boston/London, Reidel, 1981, S. 59-60; K. Menger, *Reminiscences of the Vienna Circle and the Mathematical Colloquium*, edited by L. Golland, B. McGuinness and A. Sklar, Dordrecht/Boston/London, Kluwer, 1994, S. 54-57; R. Carnap, *Intellectual Autobiography*, in *The Philosophy of Rudolf Carnap*, edited by P.A. Schilpp, La Salle (Illinois), Open Court, 1963, S. 20-22.

[4] Vgl. V. Kraft, *Der Wiener Kreis. Der Ursprung des Neopositivismus*, 3. Auflage, Wien-New York, Springer, 1997, S. 1 und F. Barone, *Il neopositivismo logico*,

Als der vierzigjährige Schlick im Oktober 1922 in der österreichischen Hauptstadt ankam, war er aufgrund der Publikation seiner *Allgemeinen Erkenntnislehre* sowie der einflussreichen Beiträge zum erkenntniskritischen Verständnis der Einsteinschen Relativitätstheorie bereits berühmt geworden. Nicht zufällig hatte Einstein einmal Schlick als einen „Künstler der Darstellung" gelobt[5] und seinerseits hatte Max Born ihn als den „Propheten" einer streng naturwissenschaftlich orientierten Philosophie definiert[6]. Es ist ganz gut bekannt, dass eben aus diesen Gründen Hans Hahn, seit 1921 Ordinarius für Mathematik an der Wiener Universität, sich dafür einsetzte, dass Schlick auf die Lehrkanzel für Naturphilosophie berufen werden konnte[7]. Lange Zeit sind aber die komplizierten Ereignisse fast unbekannt geblieben, die mit der Entscheidung zusammenhängen, Schlick nach Wien zu berufen (Schlick war seit 1921 in Kiel als Ordinarius tätig und hatte 1911 in Rostock seine akademische Karriere begonnen). In der Tat wurde Schlick von den Vertretern des konservativen Flügels der Wiener akademischen Körperschaft bekämpft, insbesondere von dem Germanisten Rudolph Much und dem Historiker Alphons Dopsch, die Schlick eine vermutete jüdische Abstammung zuschrieben und ihn für unangemessen hielten, die geistigen

2. revidierte Auflage, Roma-Bari, Laterza, 1977, Bd. I, S. 39. Vor allem siehe aber F. Stadler, *Aspekte des gesellschaftlichen Hintergrunds und Standorts des Wiener Kreises am Beispiel der Universität Wien*, in: *Wittgenstein, der Wiener Kreis und der kritische Idealismus*, hrsg. von H. Berghel, A. Hübner, E. Köhler, Wien, Hölder-Pichler-Tempsky, 1979, S. 45-46 und F. Stadler, *Studien zum Wiener Kreis. Ursprung, Entwicklung und Wirkung des Logischen Empirismus im Kontext*, Frankfurt a.M., Suhrkamp, 1997, S. 225-229, 568-569.

[5] Einstein an Schlick, 10. Dezember 1918, in: *The Collected Papers of Albert Einstein*, vol. 8: *The Berlin Years: Correspondence, 1914-1918*, edited by R. Schulmann, A.J. Kox, M. Janssen and J. Illy, Princeton, Princeton University Press, 1998, S. 965.

[6] Max Born an Schlick, 11. Juni 1919 (Inv.-Nr. 93).

[7] Auf den akademischen „Einfluss" Hahns und auf seine Rolle hinsichtlich der Berufung Schlicks hatte u.a. schon Philipp Frank aufmerksam gemacht. Vgl. Ph. Frank, *Hans Hahn*, „Erkenntnis", IV, 1934, S. 315.

Bedürfnisse der Studenten „im Sinne einer idealistischen Weltauffassung" zu befriedigen. Aber am Ende wurden diese Widerstände überwunden, vor allem dank der Unterstützung, die Hahn von Seite einiger Kollegen erhielt (wie Emil Reich, außerordentlicher Professor für praktische Philosophie und Ästhetik, und dem Botaniker Richard von Wettstein)[8]. Zusammen mit Schlick wurden Karl Bühler auf den Lehrstuhl für Psychologie und Robert Reininger auf den Lehrstuhl für Geschichte der Philosophie berufen; der Letztere, mit dem Schlick dann in sehr guten Beziehungen stehen sollte, war offensichtlich der erwünschte Kandidat für das Fach Philosophie, da er der philosophischen Tradition treuer als Schlick und zunächst als der beste mögliche Vertreter der Philosophie innerhalb der Fakultät eingeschätzt worden war[9]. Es war also erst aufgrund einer mühsamen Vermittlung und im Zusammenhang mit den Berufungen Bühlers und Reiningers, d.h. dank einer gut gegliederten akademisch-kulturellen Strategie (die Philosophie für Reininger, die Naturphilosophie für Schlick, die Psychologie für Bühler), dass es Schlick gelang, in Wien zu lehren und damit eine neue Phase seines akademischen und wissenschaftlichen Lebens zu eröffnen.

Es ist allerdings angebracht, darauf hinzuweisen, dass es über Schlicks Berufung in Wien ein Missverständniss gibt oder sogar ein Mythos entstanden ist. Es geht um das Missverständniss, nach dem Schlick als Nachfolger auf den ehemaligen Lehrstuhl Ernst Machs

[8] Vgl. F. Stadler, *Studien zum Wiener Kreis*, a.a.O., S. 568-569. Stadler hebt hervor, dass auch Alois Höfler sich gegen Schlick äußerte, da er Schlick angemessener für den Physikunterricht als für den Naturphilosophieunterricht einschätzte.

[9] Nicht zu vergessen ist es, dass Reininger seit 1913 a.o. Professor für Philosophie in Wien war. 1919 wurde ihm der Titel Ordinarius verliehen; seine Ernennung zum ordentlichen Professor sollte also gewissermaßen naturgemäß erscheinen. Zum Leben und Werk Reiningers vgl. R. Meister, *Zum Geleit*, in: *Philosophie der Wirklichkeitsnähe. Festschrift zum 80. Geburtstag Robert Reiningers (28. September 1949)*, Wien, Verlag A. Sexl, 1949, S. 1-4. Die ausführlichste Bibliographie Reiningers befindet sich in *Internationale Bibliographie zur österreichischen Philosophie*, hrsg. von R. Haller, R. Fabian, N. Henrichs, Amsterdam/Atlanta, Rodopi, 1998, S. 28-52.

und Ludwig Boltzmanns berufen worden wäre. Ungeachtet dessen, was nicht selten in der Geschichte des Wiener Kreises bzw. in einigen Zeugnissen seiner Vertreter zu lesen ist, stieg Schlick nicht auf den Lehrstuhl Machs und auch nicht auf denjenigen Boltzmanns (der seinerseits kein Nachfolger Machs war, insofern er tatsächlich den vakanten Philosophielehrstuhl nur mitbetreut hatte): Schlick war also im formalen Sinne nicht der Nachfolger der großen österreichischen Naturforscher und Philosophen[10]. Wie es sich aus einigen Dokumenten ergibt, die im Nachlass vorliegen, wurde Schlick als Nachfolger eines typischen Exponenten der Wiener späten Aufklärung, Friedrich Jodl, berufen (Jodl war 1914 gestorben); außerdem wurde Schlick zum „Professor der Philosophie" ernannt[11], obwohl er tatsächlich die Naturphilosophie oder zumindest *auch* die Naturphilosophie zu vertreten hatte – gleichzeitig wurden außerdem Bühler als Nachfolger Adolf Stöhrs und Reininger als Nachfolger Laurenz Müllers ernannt[12]. All dies schließt selbstverständlich nicht aus, dass Schlick – wie wir unmittelbar sehen werden – sich als Erbe derjenigen Tradition Machs und Boltzmanns fühlte, die seine durch Hahn stark unterstützte Berufung eben fortzusetzen und zu festigen hatte. Die akademische Geschichte, die aufgrund der unveröffentlichten Dokumente ersichtlich wird, unterscheidet sich also von der offiziellen, mehrmals wiederholten Geschichte; und in diesem Sinne sollte auch

[10] Ich möchte meinen herzlichsten Dank an Johannes Friedl aussprechen, der mir geholfen hat, diesen strittigen Aspekt aufzuklären.

[11] Dies geht deutlich aus dem Ernennungsakt selbst hervor (Brief des Ministeriums an Schlick vom 22. September 1922 [Inv.-Nr. 93]).

[12] Vgl. Inv.-Nr. 85, C. 29-3 (*Berufungsakten*: der Resolutionsentwurf trägt das Datum 19. August 1922). Von der „Wiederbesetzung der nach Professor Dr. Jodl erledigten ordentl. Lehrkanzel der Philosophie" spricht auch ein Brief vom 22. September 1922 des Bundesministeriums für Inneres und Unterricht an das Dekanat der Wiener philosophischen Fakultät (Johannes Friedl hat mir eine Kopie des Briefes freundlicherweise zur Verfügung gestellt). Zu Jodls philosophischer und kultureller Rolle in Wien vgl. Th. Uebel, *Vernunftkritik und Wissenschaft: Otto Neurath und der erste Wiener Kreis*, Wien/New York, Springer, 2000, S. 292 ff.

die Anspielung an Stöhr, die im oben erwähnten Manifest des Wiener Kreises vom Jahre 1929 spürbar ist, nicht irreführen: denn der Nachfolger Stöhrs in Wien war, wie schon gesagt, nicht Schlick, sondern Bühler[13].

Auf diese akademische Geschichte darf man übrigens näher eingehen, wenn wir sowohl die Dokumente, die die Berufung betreffen, als auch die kurze Beurteilung betrachten, die der Ernennung (19. August 1922) beigelegt wurde. Dort heißt es: „Der genannte Professor hat eine Reihe gediegener Arbeiten veröffentlicht, in denen er vor allem naturphilosophische und erkenntnistheoretische Probleme sehr erfolgreich behandelt. Als akademischer Lehrer hat er sich bestens bewährt“[14]. Besonders ergiebig ist aber die Lektüre des umfangreichen, gegen Ende 1921 von der Kommission verfassten Berichts über die wissenschaftliche Persönlichkeit Schlicks. In diesem Bericht wird Schlicks wissenschaftlicher Lebenslauf sorgfältig zusammengefasst (vermutlich auch aufgrund der autobiographischen Notizen von Schlick selbst). Von dem Studium bei Max Planck in Berlin bis zur Zeit in Zürich und dann in Rostock, von den jugendlichen Studien zur Ethik bis zur „vielbelobte[n]“ *Allgemeinen Erkenntnislehre*: alles wird hier präzis rekonstruiert, ohne dabei über interessante Aspekte des Schlickschen Denkens zu schweigen – so z.B. in Bezug auf die Kritik Schlicks der Erkenntnistheorie Machs und in Bezug auf seine Abneigung gegen die Husserlsche Phänomenologie. Insbesondere lohnt es sich aber das Endergebnis der Kommission ausführlich zu zitieren. Denn die Kommission anerkannte, dass die „Weltansicht“ Schlicks nicht „nur [als] naturalistisch“ zu deuten war, wenn auch

[13] Es sei nebenbei bemerkt, dass Schlick 1911 Stöhrs *Lehrbuch der Logik in psychologisierender Darstellung* besprochen hatte, ohne dabei eine besonders positive Einschätzung auszudrücken („Dem Buch als Ganzes genommen, zumal als Lehrbuch, kann wohl kein sehr hoher Wert für die Förderung der logischen Wissenschaft zugesprochen werden; im Einzelnen aber finden sich darin viele gute Bemerkungen“). Die Besprechung erschien in „Vierteljahrsschrift für wissenschaftliche Philosophie und Soziologie“, XXXV, 1911, S. 269-270 (hier: S. 270).

[14] Inv.-Nr. 85, C. 29-3.

sie „vor allem den besonderen Bedürfnissen der Naturwissenschaften entsprossen und angepasst" erschien; und die Kommission fügte unmittelbar hinzu:

„Auch bei solcher Einschränkungen hätte es gewiss Wert, diese von Schlick nach der hierin sicherlich kompetenten Auffassung der Vertreter der exakten Wissenschaften scharfsinnig und befriedigend begründete Art der Welterfahrung auf einem unserer Katheder herrschen zu wissen, zumal ja mit gleicher Unparteilichkeit auch anders Gesinnte in Vorschlag gebracht werden. Jedenfalls wird Schlick auch von solchen, die seine Anschauungen nicht teilen, als origineller, selbständiger Denker anerkannt. Die Freunde seiner Ansichten versprechen sich von der weiteren Entwicklung dieses noch jungen Gelehrten viel. Seine Berufung wäre demnach ein Gewinn für unsere Universität."[15]

Die Verhandlungen zwischen Schlick und dem österreichischen Bundesministerium für Unterricht fingen schon gegen Ende Dezember 1921 an, als Schlick erfuhr, dass er *primo loco* in der Liste zur Berufung auf die Lehrkanzel für Naturphilosophie gestellt worden war[16]. Erst Anfang April 1922 orientierte sich Schlick, um den Ruf anzunehmen; die letzte, endgültige Bestätigung kam aber noch später, und zwar am 25. Juli[17]. Seitdem intensivierten sich die Kontakte zwischen Schlick und dem Ministerium, sei es um die Belohnung näher zu bestimmen (am Ende kam es zur Vereinbarung über einen Jahresgehalt von 379.728 Kronen), sei es um die Wohnungsfrage zu lösen und die Erfordernisse Schlicks in Bezug auf die von ihm erwünschte Einrichtung eines *Philosophischen Seminars* zu befriedigen[18]. Im April 1922 reiste Schlick nach Wien und er hatte auch vor (aber dieses Projekt scheiterte), eine zweite Reise im Lauf der Pfingstferien zu unterneh-

[15] Eine Kopie des *Kommissionberichts* über Schlick wird im Nachlass aufbewahrt (Inv.-Nr. 85, C. 29; zu Schlick S. 16-25: hier S. 23).

[16] Der Briefwechsel zwischen Schlick und dem Bundesministerium für Unterricht wird im Nachlass aufbewahrt (Inv.-Nr. 93). Hier beziehen wir uns insbesondere auf einen Brief des Bundesministeriums an Schlick vom 18. Dezember 1921.

[17] Schlick an *Bundesministerium*, 25. Juli 1922.

[18] *Bundesministerium* an Schlick, 6. April 1922. Näheres zu den Besoldungsangelegenheiten befindet sich im Nachlass, Inv.-Nr. 84, C. 25.

men, um eine Wohnung in Aussicht zu nehmen – eine Wohnung, die seiner Meinung nach keineswegs von dem sehr guten Standard in Rostock entfernt sein dürfte[19]. Anfang August war das Bundesministerium endlich imstande, Schlick mitzuteilen, dass er ab 1. Oktober 1922 zum Professor an der Wiener Universität ernannt würde; außerdem hätten er und seine Familie die Wohnung in Prinz-Eugenstraße 68/4 bekommen, nämlich in der eleganten Straße, die entlang des Belvedere in die Innenstadt führt[20]. Nach einem Monat erhielt Schlick die Ernennung zum ordentlichen Professor mit dem Auftrag von mindestens 5 Stunden Unterricht und 2 Stunden Seminar wöchentlich[21]; es blieb also nur übrig, die Einzelheiten der Übersiedlung von Rostock nach Wien zu bestimmen. Schlick erhielt vom Ministerium eine erhebliche finanzielle Unterstützung, allerdings unter der Bedingung, dass eine Wiener Firma statt einer Rostocker Firma (wie Schlick ursprünglich vorgeschlagen hatte) das Ganze erledigte[22]. Aus einem Brief Schlicks vom 24. September an das Rostocker Finanzamt[23] erfahren wir schließlich, dass die Übersiedlung von der Orléans-Straße in Rostock in die Prinz-Eugenstraße in Wien am 7. Oktober stattfand. In den ersten Herbsttagen des Jahres 1922 ging so das Leben Schlicks in Deutschland zu Ende: Es war eine entscheidende und definitive Wende.

Dem Ansehen eines Lehrstuhles in Wien zum Trotz, war der Abschied Schlicks von Deutschland nicht frei von schmerzhaftem Gefühl[24]. Im Sommer hatte Schlick an Einstein geschrieben: „Es wird

[19] Schlick an *Bundesministerium*, 20. April 1922.

[20] *Bundesministerium* an Schlick, 3. August 1922.

[21] *Bundesministerium* an Schlick, 22. September 1922.

[22] *Bundesministerium* an Schlick, 22. September 1922 und Schlick an *Bundesministerium*, 22. September 1922.

[23] Inv.-Nr. 100.

[24] Zweifel bezüglich eines Umzuges nach Wien waren innerhalb des Familienkreises von dem Bruder Hans ausgedrückt worden, der in einem Brief vom 17. Januar 1922 an Moritz auch auf die „zu erwartenden kommunistischen Unruhen“ auf-

mir doch recht schwer nach Wien zu gehen, nicht nur, weil die Zukunft in Österreich so dunkel aussieht, sondern auch, weil ich mich zuletzt unten den Kollegen und Studenten hier überaus wohl gefühlt habe. Aber das Wiener Klima ist besser und die Aufgaben für einen philosophischen Lehrer sind größer“[25]. Es handelte sich übrigens um ein Gefühl, das auch die in Deutschland bleibenden Freunde teilten: so z. B. Heinrich Scholz, der sich für die Berufung Schlicks in Kiel sehr eingesetzt hatte und der ihm nun, kurz nach Schlicks Umzug nach Wien, mit Sehnsucht schrieb: „Wie Sie mir fehlen, klingt mir fast täglich in dem alten Lied entgegen: Ich hatt' einen Kameraden ... “[26]. In Wien fand Schlick jedenfalls einen sehr warmen Empfang. Unter denjenigen, die sich auf das Kommen Schlicks freuten, gab es Karl Bühler, den Schlick schon in Rostock kennengelernt hatte und der – wie schon gesagt – im Jahre 1922 als Ordinarius für Psychologie nach Wien berufen worden war und kurz darauf, im Januar 1923, das bald weltberühmt gewordene Psychologische Institut gründete, das er lange Zeit (und zwar bis 1937) in Zusammenarbeit mit seiner Frau Charlotte leitete[27]. Auch Zilsel, der seit dem Vorjahr mit Schlick in Kontakt war, erwartete sich, dass die neue Stelle Schlicks in Wien eine wünschenswerte und vielversprechende Förderung der „philosophische[n] Behandlung der Grundlagen der Naturwissenschaften“ mit sich bringen würde[28]. Es handelte sich zweifelsohne um eine ganz berechtigte Erwartung, die in kurzer Zeit von den ersten Hörern

merksam machte (vgl. M. Iven, *Die private Korrespondenz von Moritz Schlick. Bausteine zu einer Biographie.* Vortrag auf dem 4. Internationalen Arbeitstreffen des Moritz Schlick Projektes, Wien 17./18. September 2004, S. 19, Anm. 113).

[25] Schlick an Einstein, 13. August 1922 (Inv.-Nr. 98).

[26] Scholz an Schlick, 12. Oktober 1922 (Inv.-Nr. 117).

[27] Vgl. die Briefe von Charlotte Bühler an Schlick (aus Dresden, 3. April 1922) und von Bühler selbst an Schlick (aus Berchtesgaden, 4. Oktober 1922) (Inv.-Nr. 93). Zu Bühler und dem Psychologischen Institut siehe M.H. Hacohen, *Karl Popper – The Formative Years, 1902-1945. Politics and Philosophy in Interwar Vienna*, Cambridge, Cambridge University Press, 2000, S. 135-139.

[28] Zilsel an Schlick (Postkarte) 5. Mai 1922 (Inv.-Nr. 122).

der Vorlesungen Schlicks bestätigt sein sollte. Im Juli 1923 brachte z. B. Feigl, der unmittelbar die Vorlesung zur Naturphilosophie besucht hatte, eine schon verbreitete Meinung zum Ausdruck, als er an Schlick schrieb, dass er erst aus seiner Lehrtätigkeit erfahren habe, was eigentlich bedeute, „wissenschaftlich zu philosophieren“[29]. Von dem ersten Jahr in Wien an schien also Schlick dazu bestimmt, zu einem unersetzbaren Bezugspunkt für jeden zu werden, dem die „wissenschaftliche Philosophie“ am Herzen lag; und diese Rolle sollte in den darauffolgenden Jahren noch maßgebender werden, was sich dadurch belegen lässt, dass seine Vorlesungen von einem ungewöhnlich großen Publikum besucht wurden[30].

Es lässt sich übrigens sagen, dass Schlick sich im Lauf der Zeit immer mehr als ein ‚Wiener‘ fühlen sollte, und dies jedem Verdacht und Widerstand zum Trotz, die die Möglichkeit seiner Berufung in Wien innerhalb eines Teiles des akademischen Milieu erweckt hatte. Selbst die Entscheidung, im Jahre 1929 den Ruf der Universität Bonn

[29] Feigl an Schlick, 26. Juli 1923 und 15. Juli 1925 (Inv.-Nr. 99). Zur Wiener Zeit Feigls vgl. R. Haller, *On Herbert Feigl*, in: *Logical Empiricism in North America*, edited by G. L. Hardcastle and A. W. Richardson, Minneapolis/London, University of Minnesota Press, 2003, S. 117-122.

[30] Diese Vorlesungen – nach der persönlichen Erfahrung Ernst Nagels gegen Mitte der 30er Jahre – standen immer mehr im offenbaren Kontrast mit dem dunklen geistigen Klima in Österreich, als ob sie „a potent intellectual explosive“ wären. Vgl. E. Nagel, *Impressions and Appraisal of Analytic Philosophy in Europe*, „The Journal of Philosophy“, XXXIII, 1936, S. 5-24, 29-53, abgedruckt in *Logic Without Metaphysics and Other Essays in the Philosophy of Science*, Glencoe (Illinois), The Free Press, 1956, S. 191- 246 (hier S. 196): „Professor Schlick's lectures were delivered in an enormous auditorium packed with students of both sexes, and in his seminar a stray visitor was lucky if he did not have to sit on the window sill. The content of the lectures, though elementary, was on a high level; it was concerned with expounding the theory of meaning as the mode of verifying propositions. It occurred to me that although I was in a city foundering economically, at a time when social reaction was in the saddle, the views presented so persuasively from the Katheder were a potent intellectual explosive. I wondered how much longer such doctrines would be tolerated in Vienna. And I thought I understood at least the partial reason for the vitality and appeal of analytic philosophy“.

abzulehnen (und dies war bekanntlich der Anlass zur Verfassung der programmatischen Schrift des Wiener Kreises), kann in diesem Zusammenhang als der klarste Beweis gedeutet werden, dass die ‚Assimilation' Schlicks in der Wiener Atmosphäre vollständig vollzogen war. Noch ein Jahr vor seinem Tode teilte Schlick seinem alten Lehrer in Zürich Gustav Störring mit, er habe keinen Grund, diese Entscheidung in Frage zu stellen: Wenn sich auch die Lebensumstände in Wien genau wie in ganz Europa verschlechtert hatten, konnte er „doch noch zufrieden sein". Und Schlick fügte hinzu, indem er weniger an die kulturellen Implikationen der österreichischen Hauptstadt dachte, als vielmehr an die Sehenswürdigkeiten der Natur und der Umwelt, die ihm unzweifelhaft sehr lieb waren: „Besonders genießen wir die schöne Lage Wiens: die Osterferien verbringe ich meist an der Adria oder im Süditalien, während des Sommers sind wir meist in den Kärntener Bergen, und den Herbst bringe ich fast regelmäßig im nördlichen Italien zu. In diesen Gegenden kann ich herrlich arbeiten, und mehrere größere Publikationen sind schon ziemlich weit fortgeschritten"[31].

Ein deutscher Professor in Wien

Schlick fing mit den Wiener Vorlesungen im Herbst 1922 an. Die dreistündige Vorlesung war der *Einführung in die Naturphilosophie* gewidmet, d.h. einem Thema, worüber Schlick – wie wir noch sehen werden – schon in der Rostocker Zeit (und auch in dem einzigen in Kiel verbrachten Jahr) vorgelesen hatte. Aber am Anfang seiner Lehrtätigkeit in Wien fühlte sich Schlick verständlicherweise vor allem dazu verpflichtet, die bedeutende Erbschaft, die mit den Namen Machs und Boltzmanns verbunden war, dadurch zu würdigen, dass er seinen Philosophiebegriff im Zusammenhang mit einigen erhellenden autobiographischen Betrachtungen in einer kurzen, im Nachlass aufbewahrten Vorrede zur Vorlesung ausführte. Es handelte sich um

[31] Schlick an Störring, 12. Februar 1935 (Inv.-Nr. 118).

einen erforderlichen Akt für den seit wenigen Wochen in Wien berufenen ordentlichen Professor; für den Historiker des Logischen Empirismus ist es doch ein glücklicher Fall, dass Schlick diese einleitenden Worte nicht nur mündlich ausgesprochen, sondern auch in Form von Aufzeichnungen niedergeschrieben hat[32].

Schlick beginnt mit einer persönlichen Erinnerung. Er hatte nämlich als Abschiedsgeschenk der Schule Machs *Mechanik in ihrer Entwicklung historisch-kritisch dargestellt* erhalten[33]. Nach zwanzig Jahren konnte er nicht umhin, diesem Umstand einen symbolischen Wert zuzuschreiben, indem die „ungeheuer[e] Verantwortung" ihm betraut war, die durch Mach und Boltzmann etablierte „große Tradition" aufrechtzuerhalten und fortzusetzen (S. 1). Schlick bemerkt in diesem Zusammenhang, dass er Mach seit seiner jugendlichen Lektüre als die Verkörperung „einer eigentlichen Methode des Philosophierens" bewundert habe – eine Methode, die durch die Einheit von „historischer Darstellung, Naturforschung, philosophischer Betrachtung" gekennzeichnet sei. Es geht um ein Vorbild, das auch im Falle Boltzmanns zur Geltung kommt, wenn auch erhebliche Differenzen von Mach sich zeigen lassen. Es geht aber zugleich um ein Vorbild, das nicht nachgeahmt werden darf, indem es fast unmöglich erscheint, etwas wie das Oeuvre von Mach und Boltzmann zu schaffen; doch – fügt Schlick hinzu – kann eine solche Tradition in dem Sinne weitergeführt werden, dass der wissenschaftliche Geist dieser beiden Naturforscher am Leben zu erhalten ist. „Welcher ist dieser Geist?", fragt sich Schlick vor dem Publikum seiner Wiener Zuhörer; und die Antwort lautet: „Schilderung gibt zugleich Begriff von der Grundstimmung, die in diesen Stunden walten soll, die wir hier miteinander verbringen. Be-

[32] Der aus 4 handschriftlichen Blättern bestehende Text dieser *Vorrede* (der Titel stammt aber aus der Hand von Barbara van de Velde Schlick) wird im Nachlass mit Signatur Inv.-Nr. 9, A. 14a aufbewahrt (mit Signatur A. 14b liegt die dreiseitige maschinengeschriebene Abschrift vor, aus der die Zitate entnommen werden).

[33] Schlick hatte schon an diese erste Begegnung mit Machs Werk in einer autobiographischen Skizze erinnert, die vermutlich zur späten Rostocker Zeit zurückgreift und auf jeden Fall erst nach 1915 verfasst wurde (Inv.-Nr. 82, C. 2a).

griff von der *Art* des Philosophierens, die wir gemeinsam pflegen – Begriff von der Auffassung, die uns leitet, gegenüber den höchsten Fragen der Wissenschaft und des Lebens". Der Geist, der Mach und Boltzmann gemeinsam war, stellt damit, wenn auch nicht nur im eng philosophischen Sinne, die eigentliche Kontinuität der Wiener Tradition dar, die Schlick seinerseits vorfindet und nun zu vertreten hat.

Die Bezugnahme auf Mach und Boltzmann bietet Schlick den Anlass, um einige Überlegungen zur Frage der Nationalität der Philosophie zu entwickeln – ein Thema, worüber Schlick sich im ganz anderen Zusammenhang, nämlich in der Rostocker Nietzsche-Vorlesung vom WS 1914/1915 schon geäußert hatte, als er dezidiert in Abrede stellte, dass eine Philosophie, oder sogar das „Wesen" einer Philosophie, aufgrund ihres nationalen Charakters definierbar sei[34]. Einerseits behauptet nun Schlick, gibt es Mach und Boltzmann, „beide Oesterreicher, in engerer Heimat wirkend, beiden jene Innerlichkeit eigen, wie sie etwa in der liebenswerten Bescheidenheit des B.schen Charakters zutage trat"; aber andererseits, und dank des „Wohlwollen[s] der Fakultät und Regierung", ihrer Nachfolger (obwohl kein direkter Nachfolger, wie schon oben aufgeklärt wurde), d.h. Schlick selbst, der keiner österreichischen Tradition angehört und doch sich keineswegs entfernt von dem Geiste fühlt, der die beiden Wiener Naturforscher belebt hat.

> „Ich nicht in Oesterreich geboren, aber bitte, nicht Fremdling, Ausländer, sondern Deutscher im selben Sinne wie M.[ach] und B.[oltzmann] Deutsche waren (Wien deutsche Universität!). Die politischen Grenzen bestehen nicht und bestanden nie für die geistigen Beziehungen des wiss. und künstl. Austausches, nicht für die Beziehungen von Forscher zu Forscher, von Lehrer zu Schüler. Existieren hier nicht, weil unnatürlich und vor dem Gefühl des Herzens und der Vernunft der Wissenschaft hat nur das Natürliche Geltung. Kam hier in dem Gefühl, wahre Heimat

[34] Inv. Nr. 5, <A 6a>, S. 01. Näheres dazu findet sich in meinem Beitrag *Die frühe Zeit in Rostock: Materialien zu Schlicks intellektueller Biographie* (Referat zum Internationalen Arbeitstreffen des Moritz-Schlick-Projekts, Graz, 15. September 2003).

und Vaterland nicht verlassen zu haben; Hoffnung: Verstärkung und Bestätigung in Zusammenarbeit. Herkunft aus dem Norden des gemeinsamen Heimatlandes kein Hindernis, eine Aufgabe weiter zu führen, die hier im Süden erwachsen ist" (S. 2-3)

Über die Persönlichkeiten und die nationalen Differenzen hinaus, profiliert sich damit der Geist der wissenschaftlichen Philosophie in Schlicks erster Wiener Vorlesung als eine bestimmte Aufgabe, die auf die Vereinigung der ‚deutschen' mit der ‚österreichischen' Tradition hinzielt, und zwar im Sinne eines einzigen wissenschaftlich-philosophischen Vorhabens. Es geht hierbei um keine Frage nach der vermuteten Besonderheit der österreichischen Philosophie, die – wie später Otto Neurath behaupten sollte – das verhängnisvolle „Intermezzo" der kantischen Philosophie glücklicherweise vermieden habe[35]. Es gilt vielmehr vor Augen zu haben, dass jede Philosophie, die die Wissenschaften und ihre Methoden verachtet, notwendigerweise zum Scheitern verurteilt ist: Nur in diesem letzten Sinne darf man von einer eindeutig bestimmten ‚Tradition' sprechen. Es gibt, so Schlick, „keinen bequemeren Weg zur Lösung der größten Erkenntnisfragen als durch die Einzelwissenschaften hindurch. Kein königlicher Weg" (S. 3). Die großen philosophischen Systeme scheitern eben darum, weil sie sich der Illusion hingeben, dass ein „königlicher Weg" existiere – der einzige mögliche Weg, der zur Philosophie hinführt, ist indessen der Weg der Wissenschaft, und die Philosophie macht ihrerseits die Vollendung der wissenschaftlichen Forschung aus. Mach und Boltzmann, bemerkt noch Schlick, haben all dies am klarsten gezeigt, obwohl ihre gedankliche Fährte und ihre Endergebnisse recht verschieden sind. War Mach von der Physiologie, von der Kritik der physikalischen Begriffe und der physikalischen Theorien ausgegangen, um dann die erkenntnistheoretischen Probleme zu behandeln, ohne dabei einen wesentlichen Verdacht gegenüber der Philosophie zu verstecken, so hatte sich Boltzmann, der der Phi-

[35] Cfr. O. Neurath, *Le développement du Cercle de Vienne et l'avenir de l'empirisme logique*, Paris, Hermann, 1935, S. 12-17.

losophie ebenso misstrauisch gegenüberstand, von der Physik zur Naturphilosophie erhoben, obwohl er bezüglich zentraler Probleme, wie die Atomistik und die Realismusfrage, ganz anders als Mach eingestellt war. Beide aber hatten den Gedanken geteilt (und genau auf diesem Umstand besteht Schlick), dass die Strenge und die Präzision der Naturwissenschaft bzw. der „feste Boden der Erfahrung“ niemals verlassen werden dürfen. Anders gesagt: es ist keineswegs berechtigt, sich einer „luftige[n] Spekulation“ hinzugeben (ebd.). Und in diesem Sinne vergegenwärtigte sich vielleicht Schlick die Worte, mit denen Boltzmann seinen Wiener Antrittsvortrag zur Naturphilosophie (1903) abgeschlossen hatte: „Wir werden daher die verschiedenen Grundbegriffe aller Wissenschaften durchgehen und alle mit Rücksicht auf dieses vorgesteckte Ziel betrachten, sub specie philosophandi“[36].

Was ist eigentlich Philosophie? Worin besteht der wissenschaftliche Geist, der für die Philosophie unabdingbar ist? Solche Fragen werden von Schlick mit einem gewissen Pathos gestellt. Aber Schlick brauchte nicht, um diese Fragen zu beantworten, die Erbschaft Machs und Boltzmanns in Wien zu entdecken. Für den Verfasser der *Allgemeinen Erkenntnislehre* gab es seit langem keinen Zweifel darüber, dass die Philosophie, wie es in der Vorrede zur Wiener Vorlesung heißt, keine selbständige „Disziplin“ sei, da sie jedem Wissensgebiet innewohnt: Die Philosophie bildet vielmehr den „wahrer Lebensgeist“ jeder Wissenschaft und sie stellt sich damit auf das Niveau der „höchsten allgemeingültigen Sätze“[37]. Schlick bekräftigte also die

[36] L. Boltzmann, *Populäre Schriften*, Leipzig, Barth, 1905, S. 344.

[37] Es geht um Formulierungen, die fast mit denjenigen übereinstimmen, die in die *Allgemeine Erkenntnislehre* einführen und die Schlick seit seiner *Antrittsrede* von 1911 in Rostock immer wieder durchgearbeitet hatte. Wie es in der *Vorrede* zur ersten Auflage der *Allgemeinen Erkenntnislehre* zu lesen ist: „das Philosophische steckt in allen Wissenschaften als deren wahre Seele, kraft deren sie überhaupt erst Wissenschaften sind“. Vgl. M. Schlick, *Allgemeine Erkenntnislehre*, Berlin, Springer, 1918, S. VII; siehe außerdem *Die Aufgabe der Philosophie in der Gegenwart* (Inv.-Nr. 1, A. 2a, S. 6).

Ansichten, die er im Laufe eines Jahrzehntes entwickelt hatte; indem er sich aber an die Wiener Studenten richtete, verwandte er eine besonders eindrucksvolle Formulierung: „Der Philosoph *macht* nicht die Philosophie, sondern *findet* sie“; anders gesagt ist der Philosoph kein „Goldmacher“, sondern ein „Goldsucher“ (S. 2)[38]. Die Philosophie ist immer Philosophie von etwas: Philosophie der Geschichte, Philosophie der Sprache, der Religion, der Moral und selbstverständlich auch der Natur. Die Philosophie stellt sich keineswegs außerhalb der verschiedenen Wissensgebiete bzw. über die Wissenschaften, sondern liegt schon innerhalb aller Wissenschaft. Der Philosoph, der auf eigene Faust philosophieren will, ist für Schlick – wie übrigens für den zeitgenössischen Neukantianismus, den Schlick gut kannte – eine total veraltete und zu vergessende Figur. Schlick hebt so zugleich hervor, dass jede philosophische Besinnung sich auf der Methode der Naturwissenschaften stützen muss. Dies ist nicht im Sinne eines Naturalismus *à la* Haeckel gemeint, sondern um zu verdeutlichen, dass die Methode der Naturerkenntnis ein „Vorbild“ ausmacht, das im Prinzip für jede Art von Erkenntnis gilt. Die Einheit des Wissens, die Schlick von seinen philosophischen Anfängen an immer wieder gefordert hatte, wird damit zur programmatischen Absicht, die ein zentrales Anliegen des Wiener Kreises vorwegnimmt: „Kein Gegensatz zwischen Natur und Geist. Unterschied nur praktisch – methodisch, nicht prinzipiell im Wesen der Dinge, sondern Betrachtungs-

[38] Eine ähnliche Metapher hatte Schlick zum ersten Mal in seinem glänzenden Aufsatz zum Relativitätsprinzip vom Jahre 1915 verwendet: Vgl. M. Schlick, *Die philosophische Bedeutung des Relativitätsprinzips*, „Zeitschrift für Philosophie und philosophische Kritik“, CLIX, 1915, S. 129-175, hier S. 148: „Jede Wissenschaft birgt wohl das Philosophische in sich als eigentliches Lebensprinzip, der Philosoph aber ist der Schatzgräber, der es ans Tageslicht bringt und läutert“. Es sei hier gestattet, auch auf meinen Beitrag zu verweisen: *Der Philosoph als Schatzgräber. Moritz Schlick und das „Weltbild“ der Relativitätstheorie Einsteins*, in *Zeit und Geschichte. 28. Internationales Wittgenstein Symposion* (7.-13. August 2005), hrsg. von F. Stadler und M. Stöltzner, Kirchberg am Wechsel, Österreichische Internationale Ludwig Wittgenstein Gesellschaft, 2005, S. 66-69.

weise gegründet. Selbst geschichtliche Vorgänge sind Naturprozesse" (S. 3).

Es gibt aber noch mehr. Für Schlick gehören selbst die Kulturgebiete der Religion und der Moral nicht einer über die Natur hinaus liegenden Region des Geistes, sondern sie sollen innerhalb der Natur betrachten werden. Die Wirklichkeit und die Welt des Menschen zu verstehen, die Frage nach dem moralischen Handeln zu lösen, all dies setzt voraus, dass man von der Gesetzmäßigkeit der Natur ausgeht, denn selbst die Moral ist aufgrund von Naturvorgängen zu erklären. Es geht offensichtlich um keine Neuheit im Denken Schlicks. Seit den Anfängen der Rostocker Zeit hatte Schlick nach wie vor auf diesem Thema bestanden und er war sich auch später ohne Zögern dessen bewusst, dass eine Weltanschauung erst auf der Basis der wissenschaftlichen Erkenntnis entstehen kann, wenn auch dies keineswegs bedeutet, dass eine solche Weltanschauung die grundlegenden Fragen des Lebens und des Geistes beiseite lassen darf[39]. Schlick war also vollständig konsequent, als er die Vorrede zu seiner ersten Vorlesung in Wien mit dem Hinweis auf das „Hauptziel" einer solchen Einführung in die Naturphilosophie abschloss: „Hauptziel: Verständlichkeit. Nicht bloß vom Katheder herab vortragen, sondern lebendiger Wechselverkehr. Fast *alle* Philosophie Naturphilosophie" (S. 3). Schlick war bei dieser Gelegenheit der gute Prophet seines eigenen Schicksals: während seiner Zeit in Wien sollte er wirklich „nicht bloß vom Katheder herab vortragen", sondern auf die jeweiligen dringenden naturwissenschaftlichen und kulturphilosophischen Fragen der Gegenwart immer wieder eingehen und im „lebendigen Wechselverkehr" mit dieser Fragen die Tätigkeit des Philosophierens neu gestalten.

[39] Vgl. *Die Aufgabe der Philosophie in der Gegenwart*, S. 4, 8-16. Eine detailliertere Darlegung dieses Aspekts in Rahmen einer Analyse der Rostocker Vorlesungen findet sich in meinem schon erwähnten Beitrag *Die frühe Zeit in Rostock: Materialien zu Schlicks intellektueller Biographie.*

Die erste Wiener Vorlesung zur Naturphilosophie

Wie schon angedeutet, hatte Schlick bereits in der Rostocker Zeit zahlreiche Vorlesungen zur Naturphilosophie gehalten (und zwar sechs Vorlesungen); auch in Kiel hielt Schlick im SS 1922 eine Vorlesung zur *Naturphilosophie auf Grund der modernen Naturforschung*[40]. In Wien sollte dann Schlick bis zum Jahr seines Todes verschiedene Vorlesungen zur Naturphilosophie veranstalten, insgesamt sieben Vorlesungen, aus denen auch zwei wichtige Publikationen entstanden sind: die ausführliche Behandlung der *Naturphilosophie*, die im Rahmen des von Max Dessoir herausgegebenen *Lehrbuches der Philosophie* erschien (1925), und die postum veröffentlichten *Grundzüge der Naturphilosophie*, die 1948 Walter Hollitscher und Josef Rauscher herausgaben[41]. Die erste Wiener Vorlesung bildet also keinen isolierten Meteor, sondern sie gehört zu einem dauernden und organischen Ganzen, das nur zum Teil durch die veröffentlichen Schriften belegt ist und das erst aufgrund der Erschließung des im Nachlass aufbewahrten Materials (Manuskripte, Entwürfe, Aufzeichnungen usw.) eingehend bewertet werden kann[42].

[40] In Rostock hielt Schlick Vorlesungen zur *Naturphilosophie* bzw. zur *Einführung in die Naturphilosophie* in SS 1912, SS 1914, SS 1916, WS 1918/1919, SS 1919, SS 1921. Für ein Verzeichnis der Rostocker Vorlesungen vgl. *Joachim Jungius und Moritz Schlick*, hrsg. von H. Parthey und H. Vogel, Rostock, Rostocker philosophische Manuskripte Sonderheft, 1969, S. 34-35.

[41] Vgl. M. Schlick, *Naturphilosophie*, in: *Lehrbuch der Philosophie*, hrsg. von M. Dessoir, Bd. II: *Die Philosophie in ihren Einzelgebieten*, Berlin, Ullstein, 1925, S. 393-492 (im Folgenden als *Naturphilosophie 1925* zitiert) und M. Schlick, *Grundzüge der Naturphilosophie*. Aus dem Nachlass hrsg. von W. Hollitscher und J. Rauscher, Wien, Gerold & Co., 1948.

[42] Die Wiener Vorlesungen zur Naturphilosophie wurden in WS 1922/1923, WS 1924/1925, SS 1927, WS 1929/1930, WS 1932/1933, SS 1934 und SS 1936 veranstaltet. Für die Lehrveranstaltungen Schlicks in der Wiener Zeit vgl. F. Stadler, *Studien zum logischen Empirismus*, a.a.O., S. 779-782. Das im Nachlass vorliegende Material zu den naturphilosophischen Vorlesungen bzw. zur Naturphilosophie überhaupt findet sich unter den folgenden Signaturen: Inv.-Nr. 12, <A. 35>, 13 <A 40>, 29 <B 8>, 31-32 <B 10-12>, 34 <B 14>, 34 <B 15>, 40 <B 20>, 42 <B

Als Schlick mit der Vorlesung zur *Einführung in die Naturphilosophie* seine Wiener akademische Tätigkeit anfing, konnte er sich auf der vorangehenden Vorlesungen in Rostock und Kiel stützen; und es scheint überhaupt nicht unplausibel zu sein, dass allen diesen Vorlesungen das Manuskript von 25 Blättern zugrunde liegt, das im Nachlass mit der Signatur 161 A. 121a aufbewahrt wird (und 161 A. 121b für die aus unbekannter Hand stammende Abschrift, die vermutlich aber von Rauscher angefertigt wurde). Man kann außerdem annehmen, dass dieses Manuskript das Wesentliche der ersten oder spätesten der zweiten Vorlesung in Rostock wiedergibt (es sollte also im Jahre 1912 bzw. im Jahre 1914 entstanden sein). Dafür spricht auch der Umstand, dass Schlick Ausdrücke wie „das Relativitätsprinzip“ oder sogar „das sogenannte Relativitätsprinzip“ gewissermaßen vorsichtig benutzt: Es geht also um eine Redeweise, die Schlick offensichtlich seit 1915, und um so weniger später, als seine erkenntniskritische Deutung und Darstellung der Relativitätstheorie Einsteins festere Konturen annimmt, kaum gebraucht hätte[43]. Auf jeden Fall stellt dieses Manuskript nur eine Basis für die jeweiligen Vorlesungen dar, die Schlick vermutlich mündlich ergänzt hat: Diese Ergänzungen und Hinzufügungen sind prinzipiell nicht schwer zu rekonstruieren (z. B. eben in Bezug auf die Relativitätstheorie), wenn man die Schriften Schlicks zwischen der Kriegszeit und dem Anfang der 20er Jahre berücksichtigt und zugleich in die spätere Darstellung der Naturphilosophie für das von Dessoir herausgegebene *Lehrbuch*

22>, 45 <B 25>, 161 <A 121a und 121b>, 162 <B 64>, 163 <A 122>, 163 <A 124>, 163 <A 125>, 163 <A 126>.

[43] Vgl. *Naturphilosophie* (161 A. 121a), S. 13, 21-22. Vgl. besonders S. 21-22: „wenn dieses Prinzip richtig ist [d.h. „das sog. Relativitätsprinzip“], so folgt mit absolut unwidersprechlicher Logik, dass ein Äther überhaupt nicht existiert“. Und S. 22 heißt es: „Das Rel.-Prinzip hat die Physiker nun *gezwungen*, diesen Gedanken [d.h. die Ablehnung des Äthers als „Träger“] zu fassen gegenüber bestehenden Vorurteile; ist er aber einmal gefasst, so bleibt seine Richtigkeit auch evident, wenn das Rel. Pr. falsch sein sollte, er bleibt auch richtig, wenn die ganze elektr. Theorie der Materie falsch sein sollte“.

Einsicht nimmt. Zusammenfassend scheint es damit plausibel, dass die oben erwähnte Vorlesung in Rostock den Terminus *a quo* für die darauffolgenden Vorlesungen Schlicks zur Naturphilosophie bildet, während der Terminus *ad quem* der frühen Zeit in Wien mit der großen Arbeit zur Naturphilosophie vom Jahre 1925 identifiziert werden kann. Es ist übrigens Dessoir selbst, der in seinem *Vorwort* zum *Lehrbuch* (August 1925) darauf aufmerksam macht, dass der Band schon im Herbst 1923 fast vollständig fertig war[44]; hinzuzufügen ist außerdem, dass der Briefwechsel zwischen Schlick und Dessoir sowie zwischen Schlick und dem Berliner Verlag Ullstein in diesem Zusammenhang sich als aufschlussreich erweist[45]. Schlick hatte den Publikationsvertrag seines Beitrages am 29. Dezember 1922 unterschrieben (also gerade im WS der Vorlesung zur Naturphilosophie) und war dazu verpflichtet, Anfang April 1923 das Manuskript abzuliefern. Wie üblich in solchen Fällen zog sich aber alles in die Länge und am 28. November 1923 drängte Dessoir Schlick auf die Übersendung des Textes bis zum Jahresende; doch wahrscheinlich wurde dieser Termin von Schlick eingehalten und schon Mitte Januar war der Band im Satz. Am 14. März 1924 freute sich Dessoir darauf, Schlick mitzuteilen, dass er in kurzer Zeit die Korrekturfahnen erhalten würde. Aus diesen Umständen kann man also berechtigterweise feststellen, dass zwischen der Vorlesung von WS 1922/1923 und der Darstellung der Naturphilosophie für das *Lehrbuch* eine zeitliche Kontinuität und eine innere thematische Homogenität besteht.

Davon ausgehend ist es nun möglich, die Darlegung der Naturphilosophie im Wesentlichen zu rekonstruieren, mit der Schlick seine Unterrichtstätigkeit in Wien anfing. Diese Vorlesung hatte höchstwahrscheinlich als Vorbild die Struktur der Rostocker Vorlesungen und des späteren Beitrags zu Dessoirs *Lehrbuch*. Beide sind namentlich in drei Hauptkerne gegliedert: zunächst die Bestimmung der Aufga-

[44] Vgl. M. Dessoir, *Vorwort*, in: *Lehrbuch der Philosophie*, a.a.O.

[45] Siehe insbesondere zwei Postkarten Dessoirs an Schlick (Inv.-Nr. 96) sowie das Material, das mit Signatur Inv.-Nr. 120 aufbewahrt wird.

ben und des systematischen Ansatzes der Naturphilosophie, sowohl in ihrem Verhältnis zur Philosophie überhaupt als auch zur Erkenntnistheorie insbesondere; als zweites Thema kommen die Probleme, die einerseits die Philosophie der Substanz (Atomistik, Energetik, Elektro-Atomistik usw.) und andererseits den Status der naturwissenschaftlichen Gesetze betreffen (Kausalität, Raum, Zeit, Aufbau des Kosmos usw.): dieser letztere Abschnitt ist also eine „Philosophie der Physik". Der dritte Teil thematisiert schließlich die Philosophie der Biologie, mit besonderem Bezug auf die Widerlegung des Vitalismus. Es handelt sich um eine Gliederung, die übrigens auch in den Vorlesungen zur Naturphilosophie der späten 20er Jahre und der frühen 30er Jahre aufrechterhalten wird, obwohl Schlick, inhaltlich betrachtet, viele erhebliche Veränderungen hinzufügen sollte (*in primis* bezüglich der ausführlicheren und eingehenderen Behandlung der Quantentheorie).

Es ist sinnvoll zu vermuten, dass Schlick bis etwa 1925 den ersten thematischen Kern ähnlich der früheren Rostocker Vorlesungen behandelt habe. Nachdem die Naturphilosophie im Lauf des 19. Jahrhunderts deshalb in Vergessenheit geraten war, weil die romantische Philosophie den unberechtigten Anspruch erhoben hatte, die Naturwissenschaften durch eine spekulative Naturphilosophie zu ersetzen, habe die Naturphilosophie um die Jahrhundertwende eine Wiederbelebung erfahren (Schlick erwähnt des öfters Wilhelm Ostwalds *Vorlesungen zur Naturphilosophie*). Sie muss aber streng verfahren und präzis ihre Grenze bestimmen. Schon in der Rostocker Zeit hatte Schlick in dieser Perspektive die These vertreten, nach der die Naturphilosophie denselben Gegenstand wie die Wissenschaft thematisiere, d.h. die Natur, unterscheide sie sich aber von der Naturwissenschaft dadurch, dass sie eine andere Betrachtungsweise bzw. einen anderen „Standpunkt" annehme. Anders gesagt, die Naturphilosophie erforscht die wissenschaftlichen Gesetze und die wissenschaftlichen Phänomene; sie versucht, den philosophischen Inhalt zu begreifen, der in jeder Wissenschaft eingeschlossen ist, und schließlich fordert sie die engere Verbindung der Philosophie mit den Naturwissenschaften. Diese gegenseitige Abhängigkeit erlaubt den Aufbau eines „naturphilosophischen System[s]“, einer allgemeinen Ansicht der Erkenntnis und der Welt, eines *Weltbildes* sowie einer *Weltanschauung*, ohne dabei die Selbständigkeit der Naturwissenschaften zu übertreten bzw. ihre unaufhörlichen und erstaunlichen Fortschritte außer Betracht zu lassen. In diesem Sinne ist die *Naturphilosophie* keine *Philosophie der Natur*, sie ist indessen nichts als „die Theorie der naturwissenschaftlichen Erkenntnis“[46]. Schlick hat solche Thesen ganz kurz auch in der *Allgemeinen Erkenntnislehre* ausgearbeitet[47]; sie tauchen aber in ähnlicher Weise in dem Beitrag zu Dessoirs *Lehrbuch* auf, wo die Notwendigkeit einer Reflexion über den „philosophischen Kern der Naturwissenschaft“ noch einmal in den Vordergrund gerückt wird. Diese Reflexion hegt nicht nur „unsere Weltanschauung“, sondern unterscheidet sich insofern von der Philosophie allgemein verstanden, als es darum geht, statt der Grundlagen menschlicher Erkenntnis überhaupt das engere Gebiet der wissenschaftlichen Erkenntnisse zu erörtern[48].

[46] *Naturphilosophie* (Inv.-Nr. 61, A. 121a), S. 1-4. Vgl. besonders S. 3: „Die wissenschaftliche Philosophie hat kurz gesagt die Aufgabe, die Voraussetzungen und Prinzipien der Einzelwissenschaften zu klären, zu begründen, miteinander zu verknüpfen und in ein System zu bringen. Während also die Wissenschaften uns die eigentlichen konkreten Erkenntnis vermitteln, sucht die Philosophie (1) das Wesen und die Bedeutung dieser Erkenntnisse im Allgemeinen zu erfassen und sie zu (2) einer Gesamtauffassung, zu einer Weltanschauung zusammenzuschließen; sie ist in ihrer heute allein noch berechtigten Bedeutung die Wissenschaft von den Erkenntnissen. So ist denn die Philosophie des Geistes in Wahrheit nichts als die Wissenschaft von der geisteswissenschaftlichen Erkenntnis, und Naturphilosophie ist die Theorie der naturwissenschaftlichen Erkenntnis“.

[47] Vgl. die *Vorrede* zur ersten Auflage der *Allgemeinen Erkenntnislehre*, a.a.O., S. IX, in der die Naturphilosophie als „Theorie der Naturerkenntnis“ definiert wird.

[48] Vgl. M. Schlick, *Naturphilosophie 1925*, a.a.O., S. 397-398. Ein unzweideutiges Beispiel des Unterschiedes zwischen Naturphilosophie und Erkenntnistheorie ergibt sich aus der Bemerkung Schlicks zur Realität der Atome und der Elektronen. Versteht die Naturphilosophie diese Realität in demselben Sinne, wie sie die Tatsache annimmt, dass der Mond existiert, so stellt sich die Erkenntnistheo-

Seit den Vorlesungen der frühen 30er Jahre erfahren aber solche Argumentationen eine offensichtliche Veränderung, namentlich im Sinne der sprachlichen „Wende der Philosophie“ Wittgensteins. Als Schlick im WS 1932/1933 seine Vorlesung zur Naturphilosophie einführt, charakterisiert er die Aufgabe der Naturphilosophie als „die Deutung des Sinnes der natur-wissensch. Sätze“ bzw. der „Naturgesetze“. Und von diesem Standpunkt aus muss selbst die Naturphilosophie als eine Art philosophischer „Tätigkeit“ à la Wittgenstein, keineswegs als eine „Lehre“ konzipiert werden: „Die Nat. Phil. hat als Tätigkeit die Nat. Wiss. und nicht die Natur selber [zum Gegenstand]“[49]. Nichtsdestoweniger betont Schlick auch in diesem Zusammenhang die Bedeutung des Begriffs vom *Weltbild*[50], und er hält noch immer an dem Gedanken fest, dass man auf die einheitliche Ansicht der Erkenntnis, die die Naturphilosophie uns darbietet, nicht verzichten darf. Dies bleibt durchaus gültig, wenn auch die Rolle der Philosophie anders als früher aufgefasst wird, nämlich als Sinnanalyse der Sätze, die die Wissenschaft konstituieren[51].

Kehren wir aber zur ersten Wiener naturphilosophischen Vorlesung zurück. Die in Rostock dargestellte Philosophie der Physik wurde zweifellos seit der letzten Zeit in Rostock allmählich ergänzt, um der Relativitätstheorie und später, in dem Beitrag zum *Lehrbuch*, auch der Quantentheorie Rechnung zu tragen. Letztere enthüllt, um Schlicks bedeutende Worte aus dem naturphilosophischen Aufsatz vom 1925 zu zitieren, „eine ganz fundamentale Gesetzmäßigkeit des

rie die Frage nach der Realität der Außenwelt und löst diese Frage in einer Art und Weise, die die Naturphilosophie nicht betrifft. Dies bedeutet freilich nicht, dass die Naturphilosophie auf die Ergebnisse der Erkenntnistheorie zu verzichten habe: Es handelt sich jedoch um zwei Gebiete, die voneinander getrennt werden müssen (ebd., S. 427-428).

[49] *Naturphilosophie* (Inv.-Nr. 34, B. 14), S. 18-23; siehe auch *Grundzüge der Naturphilosophie*, a.a.O., S. 2.

[50] Zu diesem Punkt vgl. auch M. Schlick, *Philosophie und Naturwissenschaft*, „Erkenntnis“, IV, 1934, S. 383-384.

[51] Vgl. dazu *Naturphilosophie* (Inv.-Nr. 34, B. 14), S. 16.

Naturgeschehens. Sie nötige aber zugleich zu einer Revision der ‚klassischen' Physik"[52]. Während jedoch die Abschnitte zur Relativitätstheorie keine wesentliche Neuheit gegenüber den veröffentlichten Schriften Schlicks aufzeigen (die einzige Ausnahme ist vielleicht die ausführlichere Behandlung der vierdimensionalen Welt Minkowskis)[53], bildet gerade die Quantentheorie das neue wissenschaftliche Faktum, das seit 1925 Schlick dazu zwingt, eine eingehende und kritische Darlegung in Rahmen seiner Vorlesungen zu unternehmen. In den 30er Jahren wird Schlick die Quantentheorie sogar als „ein grundlegendes, alles umfassendes Schema für die Naturforschung überhaupt" definieren; und eben darum sollte man nach Schlick „von der quantenmäßigen Auffassung der Natur" sprechen. Ist nun für Schlick die Relativitätstheorie vollendet und damit zu einer „klassischen" physikalischen Theorie geworden[54], so setzt sich indessen die Quantentheorie als eine Wende durch, die die Erkenntnistheorie und die Naturphilosophie dazu nötigt, ihre eigenen erkenntniskritischen Voraussetzungen zu revidieren (wenn auch Schlick sich diesbezüglich noch sehr vorsichtig äußert)[55]. Dies gilt vor allem in Bezug auf den kausalen Zusammenhang, den Schlick seit 1931 aufgrund einer erneuten Argumentationsstrategie berücksichtigt, indem er zugleich eine gewisse Revision seines früheren, kantisch eingestellten Standpunktes unternimmt, der mit der Relativitätstheorie Einsteins noch kompatibel war[56]. Man könnte übrigens aus dem Beitrag zum *Lehrbuch* einige Passagen erwähnen, die den Anfang einer Übergangsphase dokumentieren, die sich dann im Laufe der 30er Jahre entwickelte und Schlick dazu führen sollte, das Kausalprinzip, d.h. die Suche nach der

[52] *Naturphilosophie 1925*, a.a.O., S. 462.

[53] Ebd., S. 443 ff.

[54] Vgl. dazu die Vorlesung zur *Naturphilosophie* vom SS 1934 (Inv.-Nr. 40, B. 20), S. 3.

[55] Vgl. *Naturphilosophie 1925*, a.a.O., S. 460-462.

[56] Siehe vor allem M. Schlick, *Naturphilosophische Betrachtungen über das Kausalprinzip*, „Die Naturwissenschaften", VIII, 1920, S. 461-474.

Gesetzmäßigkeit der Natur, im Sinne einer pragmatischen Maxime der wissenschaftlichen Forschung auszulegen[57]. Diese Phase belegt aber zugleich die Art und Weise, in der Schlick sich von einer typisch „österreichischen", zweifellos nicht „deutschen" wissenschaftstheoretischen Richtung, nämlich vom „Wiener Indeterminismus", abhebt und damit eine eigenständige Position einnimmt[58].

Bis Mitte der 20er Jahre zeigen jedoch die Vorlesungen zur Naturphilosophie eine wesentliche Kontinuität bezüglich dreier Hauptpunkte (die auch in der *Allgemeinen Erkenntnislehre* ausführlich behandelt werden): die Zurückführung des Substanzbegriffes auf den Gesetzbegriff; die Auffassung der Kausalität als Gesetzmäßigkeit; und schließlich die kritische Stellungnahme gegenüber dem phänomenalistischen Positivismus (von Mach bis Petzoldt). Der Kürze wegen wird es hier ausreichend sein, die ersten zwei Aspekte aufgrund einiger Zitate aus der Rostocker Vorlesung (also zwischen 1912 und 1914) zu belegen. „Die beiden Begriffe [d.h. Substanz und Gesetz] gehen in eine so enge Vereinigung ein, dass sie sich nicht mehr reinlich von einander trennen lassen. Der Gesetzbegriff aber ist der ursprünglichere und grundlegende"[59]. Was dann das Prinzip der Kausalität als Voraussetzung für die ganze Naturforschung betrifft, so behauptet Schlick: „Es ist aber eigentlich kein Gesetz, sondern die Voraussetzung aller Gesetzmäßigkeit, der Ausdruck dafür, dass alles

[57] Vgl. M. Schlick, *Die Kausalität in der gegenwärtigen Physik*, „Die Naturwissenschaften", XIX, 1931, S. 145-162, abgedruckt in: M. Schlick, *Gesammelte Aufsätze 1926-1936*, Wien, Gerold & Co., 1938 (Nachdruck: Hildesheim, Olms, 1969), S. 41-82, bes. S. 66-67.

[58] Siehe dazu M. Stöltzner, *Vienna Indeterminism II. From Exner to Frank and von Mises*, in: *Logical Empiricism: Historical & Contemporary Perspectives*, edited by P. Parrini, W. C. Salomon and M. H. Salomon, Pittsburgh, University of Pittsburgh Press, 2003, S. 194-229 (bes. S. 204), sowie M. Stöltzner, *Vienna Indeterminism: Mach, Boltzmann, Exner*, „Synthese", 119, 1999, S. 85-111. Zu Schlick und der Quantenphysik vgl. auch den Beitrag von Tobias Fox in diesem Band der „Schlick-Studien", S. 212-??.

[59] *Naturphilosophie*, S. 14.

gesetzmäßig geschieht"[60]. In beiden Fälle sind die Thesen Schlicks gewissermaßen mit einer kantischen Einstellung verbunden (obwohl dabei auch Helmholtz stillschweigend berücksichtigt zu sein scheint); und es ist ja Schlick selbst, der in Bezug auf das Kausalprinzip anerkennt, es gehe tatsächlich um „die Bedingung aller Begrifflichkeit". Es wäre unschwer, ähnliche Formulierungen auch in der *Naturphilosophie* von 1925 aufzufinden; nicht weniger wichtig ist es aber, dass eben aus diesen Gründen Schlick in seiner Rostocker und Wiener Vorlesung eine bedeutsame Auseinandersetzung mit Mach und dem Positivismus unternimmt. Er wirft beiden vor, nicht verstanden zu haben, dass der Aufbau einer physikalischen Theorie aus einfachen Sinneselemente bzw. unmittelbar beobachtbaren Daten nicht durchführbar sei. Im Gegensatz dazu ist das Weltbild der Wissenschaften für Schlick „nicht aus Empfindungen, sondern aus unanschaulichen Elementen aufgebaut"[61]. Berücksichtigt man, dass ein solcher Einwand möglicherweise auch in der Wiener Vorlesung wiederholt wurde[62] und dass Schlick mindestens bis Anfang der 20er Jahre mit dem Ansatz seines Lehrers Planck zum Teil noch verbunden war, so wird es besser verständlich, wieso Schlick sich in der Vorrede zu seiner ersten Wiener Vorlesung dazu verpflichtet fühlte, für die fruchtbare Vereinigung zwischen Deutschland und Österreich zu plädieren und die Kontinuität der von ihm selbst vertretenen Tradition mehr im Sinne des Geistes wissenschaftlicher Philosophie überhaupt als in demjenigen Machs zu würdigen[63].

[60] Ebd., S. 14.

[61] Ebd., S. 22.

[62] Vgl. *Naturphilosophie 1925*, a.a.O., S. 446: „Die physikalische Wirklichkeit baut sich eben *nicht* aus direkt erlebbaren, beobachtbaren Daten auf, sondern ist nur an sie angeschlossen, und der Physiker hat allein dafür zu sorgen, dass dieses Anschluss an die Erfahrung jederzeit für *alle* Beobachtung aufrechterhalten bleibt".

[63] Schlicks Stellung zu Planck Mitte der 20er Jahre spiegelt sich in seiner Besprechung von Plancks *Physikalische Rundblicke* wider (die Besprechung erschien in „Deutsche Literaturzeitung", XLV, 1924, 10. Heft, Sp. 818-823). Bezüglich

Der letzte Punkt, der die erste Wiener Vorlesung charakterisiert und sich auf der vorangehenden Rostocker Vorlesung stützt, ist die Philosophie der Biologie, insbesondere die Kritik des Vitalismus bzw. des Neovitalismus aufgrund einer „physikalistischen" Einstellung – nämlich einer Einstellung, die für plausibel hält, die biologischen Gesetze auf Gesetze physikalischer Art zurückzuführen. Noch in der publizierten *Naturphilosophie* von 1925 erläutert Schlick diese auf die Rostocker Zeit zurückgreifende Problematik: Es geht um die Kritik des Finalitätsbegriffs sowie um die sorgfältige Überprüfung der in der Sicht Schlicks unhaltbaren Argumente, die für die Autonomie des Lebendigen sowie für den prinzipiellen Unterschied zwischen physikalischen und biologischen Phänomenen sprechen. Schlick setzt sich damit mit Hans Driesch, mit der Dominantentheorie und dem Entelechiebegriff auseinander und verbindet diese Konfrontation mit einer auch später nicht mehr verabschiedeten physikalistischen Ansicht des Lebendigen. Schon in seiner Rostocker Vorlesung hatte sich Schlick für die Zurückführbarkeit der biologischen Gesetze auf physikalische Gesetze ausgesprochen[64]. Aber auch in Wien, wie es aus der *Naturphilosophie* von 1925 hervorgeht, sollte Schlick eine derartige These formulieren; eben deshalb lässt sich aber vermuten, dass er

des Kausalprinzips heißt es dort: „Diese vorsichtige Haltung, die unter keinen Umständen das Kausalprinzip ohne Not opfern möchte, ist gewiss auch vom philosophischen Standpunkt aus zu billigen. Aber so sympathisch sie auch dem Referenten ist, so möchte er doch betonen, dass rein logisch die Möglichkeit zugegeben werden muß, die letzten Gesetze der Natur möchten statistischer und nicht kausaler Art sein" (Sp. 820). Und die Frage nach dem Realismus wird wie folgt dargestellt: „Die erkenntnistheoretische Grundeinstellung ist die eines gesunden und lebendigen *Realismus*, den Planck in bewusstem Gegensatz zu der besonders von Mach vertretenen streng positivistischen Interpretation der Naturforschung verficht [...] Planck versucht nicht, den Realismus auf rein logischen Wege zu begründen, aber er weist mit dem größten Recht darauf hin, dass er auf diesem Wege ebensowenig zu widerlegen sei [...] Entscheidend sei das praktische Prinzip der wissenschaftlichen Fruchtbarkeit" (Sp. 822-823; kursiv im Original gesperrt).

[64] *Naturphilosophie*, S. 24: „Für die Naturphilosophie sind also die Organismen unter allen Umstände nichts als Natursysteme von besonderer, komplizierter Bauart, die sich völlig harmonisch einordnen in das physikalische Weltbild".

sich von der Zuhörer seiner ersten Vorlesung in der österreichischen Hauptstadt mit Worten verabschiedete, die ungefähr die folgenden sein konnten: „So darf denn wohl geschlossen werden, dass die bisher vorgebrachten Argumente für die Autonomie des Lebens nicht überzeugend sind; die Behauptung des Vitalismus ist nicht bewiesen. Im Gegenteil, die Tatsachen der Biologie ermutigen durchaus dazu, die Versuche der Zurückführung der biologischen Gesetze auf physikalische mit frischer Hoffnung immer weiter zu verfolgen“[65].

Schopenhauer und Nietzsche

Es lohnt sich nun ganz kurz auf die anderen Lehrveranstaltungen einzugehen, mit denen Schlick seine Unterrichtstätigkeit in Wien inaugurierte. Die zweistündige Vorlesung wurde einem von der Naturphilosophie weit entfernten Thema gewidmet, worüber aber Schlick schon in Rostock mehrmals vorgelesen hatte, nämlich *Schopenhauer und Nietzsche* – ein Titel, der denjenigen eines einflussreichen Buches von Georg Simmel in Erinnerung bringt und der zugleich auf zwei von Schlick seit seiner Jugend sehr geliebte Autoren hinweist. Es gehört außerdem zum Kreis der sozusagen unwissenschaftlichen Interessen Schlicks, die allerdings sein ganzes Leben kennzeichnen, auch das seit 8. November 1922 gehaltene Seminar *Übungen zur Moralphilosophie*, in welchem klassische Probleme und Denker gelesen und erläutert wurden (unter anderen die Freiheit des Willens, Kant und Schopenhauer). Die Protokolle dieses Seminars sind im Nachlass aufbewahrt[66].

Auch im Falle der Vorlesung über Schopenhauer und Nietzsche sind wir imstande, die Grundrisse ihres Inhaltes indirekterweise darum zu rekonstruieren, weil Schlick sich höchstwahrscheinlich auf die Manuskripte stützte, die er für die Rostocker Vorlesungen sowohl

[65] *Naturphilosophie 1925*, a.a.O., S. 490.

[66] Vgl. *Protokoll der Übungen zur Moralphilosophie*, Inv.-Nr. 48, B. 28-1 (es handelt sich um 17 handschriftliche Blätter).

über Nietzsche (WS 1912/1913, WS 1914/1915 und SS 1916) als auch über Schopenhauer und Nietzsche (SS 1919 und SS 1921) vorbereitet hatte[67]. In der Tat beschränkt sich das Manuskript, das den Titel *Schopenhauer und Nietzsche* trägt, auf die Darstellung von Schopenhauers Leben und Denken; aber Schlick las sicher in seinem ersten Wiener Semester auch über Nietzsche vor, wie es aus einem späteren Brief Alfred Sterns ersichtlich wird, in dem Stern Schlick daran erinnert, im Jahre 1923 „ein unvergessliches Nietzsche-Kolleg" besucht zu haben[68]. Aufgrund der im Nachlass aufbewahrten Materialien können wir also diese Vorlesung beschreiben und die große Bedeutung der Auseinandersetzung Schlicks mit diesen künstlerisch-philosophischen „Genies" belegen – denn Schopenhauer und Nietzsche haben zwar keine eigentliche „neue Wahrheit" erarbeitet, doch haben sie neue Standpunkte verbreitet, sodass beide als ‚groß' nicht im Sinne einer philosophischen Systematik gepriesen werden können, sondern insofern, als sie als kraftvolle „Anreger" gegenüber der modernen Kultur wirksam gewesen sind[69].

Was Schopenhauer betrifft, dessen Leben und Lehre Schlick auch aufgrund der Monographie Kuno Fischers eingehend darstellt, ist es vor allem hervorzuheben, dass Schlick den Beitrag Schopenhauers zur in Deutschland recht verbreiteten Debatte über den Pessimismus betont und zugleich auf die Rezeptionsgeschichte Schopenhauers in Europa hinweist, interessanterweise mit bezug u.a. auf den Aufsatz von Francesco De Sanctis über Leopardi und Schopenhauer (S. 7). Schlick geht dann auf die Schopenhauersche Deutung von Kant ein: Er wirft ihm vor, die erste Auflage der *Kritik der reinen Vernunft* vorzuziehen, räumt aber ein, dass die Widerlegung des Idealismus in

[67] Der Text der Nietzsche Vorlesungen liegt im Nachlass mit Signatur Inv.-Nr. 5, A. 6a und A. 6b vor; für die Vorlesung zu Schopenhauer und Nietzsche siehe Inv.-Nr. 7, A. 10a und A. 10b.

[68] Stern an Schlick, 26. März 1935 (Inv.-Nr. 118).

[69] *Schopenhauer und Nietzsche*, S. 1-2; vgl. bes. S. 2: „Man kann groß sein, ohne als Philosoph groß zu sein".

der zweiten Auflage „sachlich schwach" sei, obgleich „keineswegs aus dem System herausfallend" (S. 6). Interessant ist auch die durchaus positive Einschätzung Schlicks der *Aphorismen zur Lebensweisheit*, ein Buch, das seiner Meinung nach „jeden bezaubern [musste], der für geistreich überlegene Betrachtungen alles Menschlichen empfänglich [ist]" (S. 7). Der Titel dieser Aphorismensammlung Schopenhauers versetzt uns andererseits auf Schlicks philosophische Anfänge zurück, und zwar auf seine jugendlichen, zum Teil durch Schopenhauer, noch mehr aber durch Nietzsche stark geprägten Untersuchungen zur *Lebensweisheit*. Und nicht zufällig besteht Schlick in seiner Vorlesungen darauf, dass Schopenhauer zweifellos die Grundfragen der Ethik genau gestellt habe: „Das Problem der Ethik hat Schopenhauer ganz richtig erfasst: *Erklärung* des moralischen Handelns [...] Auch Schopenhauers Lösung des ethischen Problems durch Mittleid = Liebe, Sympathie enthält fraglos höchste Wahrheit, nur muss an die Stelle der metaphysischen Begründung eine empirische treten" (S. 16)[70].

Was dann Nietzsche angeht, so ist zunächst daran zu erinnern, dass Schlick in der Rostocker Vorlesungen insbesondere Nietzsches „Kulturphilosophie" und seine ungeheure Sensibilität für die modernen Lebensfragen thematisiert hatte. Nietzsche ist für Schlick der Vertreter einer optimistischen Lebensanschauung, die „das Problem des modernen Geistes überhaupt" bilde und zugleich uns vergönne, „in die verborgene Seele der modernen Kultur" tief einzusehen[71]. Schlick unterscheidet drei Perioden in Nietzsches „Kulturphilosophie" (S. 11; siehe auch S. 14, 44), und zwar eine erste, durch die Kunst beherrschte Zeit, eine zweite, die durch das Erkenntnisproblem dominiert sei, und schließlich eine dritte, ausschließlich auf das Leben konzentrierte Phase. Nietzsches Frühphilosophie, wie sie in

[70] Zum Thema des Mitleidens vgl. M. Schlick, *Lebensweisheit. Versuch einer Glückseligkeitslehre*, München, Beck, 1908, S. 281 ff.

[71] *Nietzsche*, S. 2-3. Näheres über die Vorlesungen Schlicks zu Nietzsche findet sich in meiner schon erwähnten Studie *Die frühe Zeit in Rostock: Materialien zu Schlicks intellektueller Biographie.*

dem „Weltanschauungsbuch" zur *Geburt der Tragödie* Ausdruck findet (S. 14), erscheint Schlick als eine Art romantischer Kulturphilosophie, die „ganz auf künstlerische und metaphysische Ideen eingestellt" ist. Aber in Nietzsches Denken taucht in der zweiten Phase eine Wende auf, als Nietzsche die Romantik überwindet und seine eigentlich philosophische Reflexion vom „Geist der Erkenntnis" getrieben wird (S. 22). Hier spielt der Einfluss des Positivismus und eines Denkers wie Friedrich Albert Lange eine wichtige Rolle, so dass Nietzsche in dieser Epoche als „Positivist" betrachtet werden kann (S. 23)[72]. Schlick hebt in diesem Sinne hervor, dass ein Werk wie *Menschliches, allzu Menschliches* „den Classikern der positivistischen Philosophie" zuzurechnen sei und ein „Bild des wissenschaftlichen Geistes" anbietet (S. 24-25). Der „Positivismus" Nietzsches wird somit zum Leitmotiv der Schlickschen Deutung und eine solche Einschätzung will Schlick auch in Bezug auf die dritte Periode von Nietzsches Denken geltend machen.

Daß das Thema Leben sich als das neue Zentrum der Philosophie Nietzsches durchsetzt, ist nach Schlick nur deshalb möglich, weil Nietzsche zwar das Leben an die Stelle der Erkenntnis setzt, ohne jedoch auf das Prinzip des Phänomenalismus zu verzichten und zu einer Metaphysik irgendwelcher Art zu gelangen (S. 32). Schlick meint andererseits, dass Nietzsche in der *Fröhlichen Wissenschaft* ganz richtig gesehen habe, dass die Erkenntnis nicht der höchste Wert des Lebens sein könne. Darin stimmt also Schlick mit Nietzsche überein, „dass Erkenntnis, so wertvoll sie ist, doch nicht der höchste Wert sein kann, sondern ihren Wert doch erst dadurch empfängt, dass sie dem Leben in irgend einer Weise dient, dass sie das Wesen des Erkennenden erhöht und ihm eine neue Art von Gesund-

[72] Interessanterweise macht Schlick auf Nietzsches Lektüre des Hauptwerkes von Friedrich Albert Lange aufmerksam, d.h. auf die *Geschichte des Materialismus*: „ein Werk – bemerkt Schlick – von außerordentlicher philosophischer Besonnenheit, das schon vielen eine höchst nutzbringende Einführung und Erziehung zum philos. Denken geworden ist" (S. 8). Diese letzte Behauptung klingt auch gewissermaßen autobiographisch.

heit und Kraft verleiht" (S. 27). In diesem Sinne versucht Schlick zu zeigen, dass der Gedanke selbst des Übermenschen zunächst als Projekt eines neuen Menschen bzw. eines neuen Lebens entstanden ist – der Übermensch ist nicht anders als der Zukunftsmensch, obwohl Nietzsche dann den Übermenschen im Sinne eines schon existierenden Menschen uminterpretiert hat (S. 32). Mit dieser Auslegung von Nietzsches Hauptgedanken meint Schlick zugleich, den Willen zur Macht von einer regressiven oder reaktionären Interpretation zu befreien, indem die Macht bei Nietzsche nur „*geistige* Macht, Willenstärke" bedeute. Nichtsdestoweniger hält Schlick die Idee des Willens zur Macht für unplausibel, da sie vor allem aus psychologischen Gründen – im Sinne einer Psychologie der Triebe – fraglich sei: „Macht bedeutet nicht den höchsten Wert im Leben, der Wille zur Macht ist nicht der erste aller Triebe. Macht ist naturgemäß vielmehr nicht letzter Zweck, sondern Mittel; Macht wird nicht *an sich* gewollt, sondern nur weil sie Freunde bringt und nur sofern sie Freunde bringt" (S. 38).

Damit ist allerdings die Bedeutung Nietzsches für die Kultur und die Philosophie der Gegenwart nicht in Frage gestellt. Schlick macht vielmehr darauf Aufmerksam, dass Nietzsches philosophische Leistung ihn zum Rang eines zweiten und besseren Rousseau erhöhe (S. 39)[73]. Diese Einschätzung passt sehr gut zur Weltanschauung des jungen Schlick, der besonders in seinem Buch zur *Lebensweisheit* die Kritik der Zivilisation und die Notwendigkeit für den modernen Menschen, ein neues Verhältnis zur Natur zu schaffen, in den Mittelpunkt gestellt hatte[74]. Und Schlick pointiert demgemäß, dass Nietzsche „der Sehnsucht der Zeit nach einer *natürlichen* Cul-

[73] Die Auslegung von Nietzsche als ein moderner Rousseau hat Schlick gemeinsam mit einem einflussreichen und Schlick selbst gut bekannten Buch von Alois Riehl. Vgl. A. Riehl, *Friedrich Nietzsche. Der Künstler und der Denker*, sechste Auflage, Stuttgart, Frommann, 1920, S. 77-78. Das Buch Riehls versteht sich übrigens als ein Beitrag zum Verständnis von Nietzsches „Kulturphilosophie" (siehe z. B. S. 55, 165-166).

[74] Vgl. *Lebensweisheit*, a.a.O., S. 72 ff.

tur einen eigentlichen wirklich ergreifenden Ausdruck verliehen und damit die Sehnsucht selbst angestachelt hat. Nicht zurück zum kulturellen Zustand soll der Mensch, sondern hinauf in eine Cultur, die ihm natürlich wäre, die ihn fasst, und nicht bloß übergeworfen und angezwängt ist. Das Leben Zarathustras in seiner Höhle in den Bergen ist ein Symbol für die Befreiung des Menschen von der künstlichen Cultur“ (ebd.). Aufgrund dieses Befreiungsimpetus sieht Schlick in Nietzsches Leben und Werk die Verkündung eines „neuen Optimismus“. „Dafür – so Schlick – wird man ihm in alle Zukunft Dank wissen, und die glänzende Gestalt Nietzsches in der Culturwelt wird stets erscheinen – um es mit Zarathustra's Werk zu sagen – ‚wie eine Sonne, die aus dunklen Bergen kommt‘“ (ebd.).

Schlick und das Wiener Milieu

Aus alledem wird ersichtlich, dass der auf den Wiener Lehrstuhl berufene deutsche Philosoph darauf hinzielte, eine große Tradition zum Ausdruck zu bringen, ohne dabei auf die Spezifik seines eigenen philosophischen Werdeganges zu verzichten. Dieser Werdegang lässt sich nicht so einfach mit dem *standard view* des logischen Empirismus harmonisieren. Es sind genau die bedeutenden Rollen der Ethik, der Lebensphilosophie und der Kulturphilosophie sowie das Interesse für Autoren wie Schopenhauer und Nietzsche, die offensichtlich von der „wissenschaftlichen Philosophie“ der 20er Jahre weit entfernt waren, die uns heute gestatten, ein Porträt von Schlick – auch vom „Wiener“ Schlick – zu skizzieren, das seine komplizierten intellektuellen Abenteuer getreu wiederzugeben vermag[75]. Wie wir schon gesehen haben, war Schlick der Meinung, in Wien seine „wahre Heimat und [sein] Vaterland nicht verlassen zu haben“; und er war sich auch des-

[75] In seinem Nachruf auf Schlick bemerkte Herbert Feigl sehr richtig: „Von Anfang an waren ihm [Schlick] die Probleme der Lebensanschauung mindestens so wichtig wie die Aufgaben der Erkenntnislogik, deren Bearbeitung er wohl vornehmlich seinen Weltruf als Philosoph verdankt“ (H. Feigl, *Moritz Schlick*, „Erkenntnis“, VII, 1937/38, S. 395).

sen bewusst, dass kein Gegensatz zwischen dem „Wiener Geist“ und dem „Geist vom Norden“ (oder, wenn man so will, zwischen Wien und Berlin) denkbar sein könnte. Indem aber Schlick sich in die Wiener geistige Atmosphäre einfügte, war es ihm zweifellos nicht schwer, zu konstatieren, dass dort eine spezifisch „österreichische“ Tradition wirksam war – eine Tradition, die Schlick sicher nicht fremd war, von welcher jedoch er sich in vielfacher Hinsicht unterschied. Auch für Schlick bedeutete Wien das Zentrum einer typisch österreichischen philosophisch-wissenschaftlichen Kultur, derer Wirkung auch in der darauffolgenden gedanklichen Entwicklung Schlicks spürbar ist. Um die akademischen Anfänge Schlicks in dem Zeitraum 1922-1923 besser zu verstehen, scheint es angemessen zu sein, auf einige Beiträge näher einzugehen, die Schlick im Lauf der 20er Jahre eminenten Vertretern des Wiener kulturellen Milieus widmete. Es geht um bei verschiedenen Gelegenheiten verfasste Reden bzw. kleine Schriften, die allerdings zeigen, wie Schlick sich auf Schlüsselfiguren der „Wiener Tradition“ sowie des akademischen Umfeldes bezieht – so z. B. Mach, Josef Popper-Lynkeus, Wilhelm Jerusalem und Robert Reininger.

Im Vordergrund steht selbstverständlich Mach. Mit dem österreichischen Philosophen und Wissenschaftler hatte Schlick eine Auseinandersetzung schon in seiner Bildungsjahren unternommen, vermutlich durch seinen Zürcher Lehrer Störring angeregt, zugleich aber unter dem Einfluss von Plancks Polemik gegen die Machsche Wissenschaftstheorie[76]. Diese von einem realistischen Standpunkt aus

[76] Vgl. vor allem die Aufzeichnungen Schlicks, die vermutlich 1909 in Hinblick auf den (gescheiterten) Habilitationsversuch in Zürich verfasst wurden (Inv.-Nr. 151, A. 98-3). Dort findet sich eine Mach-Kritik, die schon die späteren Einwände Schlicks vorwegnimmt: insbesondere bezüglich des „Dogmatismus“ einer auf der Empfindungen gegründeten Erkenntnistheorie sowie bezüglich des „metaphysischen“ Charakters, der der Leugnung „transzendenter Größe“ zukommt. Auf der Rückseite eines dieser Blätter, kann man (randgeschrieben) Folgendes lesen: „Wenn ich, wie es Mach tut, z. B. sage, Atome existieren nicht, so ist dies selbstverständlich eine metaphysische Behauptung“. Und noch immer auf diesem Blatt (aber *recto*) bemerkt Schlick: „Die Behauptung fassen, dass *nur* Empfindungen existieren, trägt dogmatischen Charakter, da sie nicht bewiesen wird und

durchgeführte Auseinandersetzung betrifft die Machsche Theorie der Elementen und die „Immanenzphilosophie" überhaupt, und sie wird nicht nur in den Rostocker Vorlesungen sowie in der *Allgemeinen Erkenntnislehre*, sondern auch in dem Beitrag vom Jahre 1925 zur *Naturphilosophie* fortgesetzt, in dem – wie schon angedeutet – die Auseinandersetzung mit Mach noch immer eine Rolle spielt[77]. Kurz darauf, im Juni 1926, nahm Schlick an den Veranstaltungen anlässlich der Enthüllung des Ernst-Mach-Denkmals teil; bei dieser Gelegenheit hielt er eine im Nachlass aufbewahrte Rede und verfasste einen Artikel für die „Neue Freie Presse" – zwei Beiträge, die einander ergänzen und die zugleich Schlicks Stellungnahme zum Machschen Werk dokumentieren[78].

Einerseits erläutert Schlick vorsichtig und wesentlich in neutraler Weise das Werk Machs, wenn auch er seinen innerlich philosophi-

natürlich nicht abgeleitet werden kann aus der Tatsache, dass wir in unserem Bewusstsein nichts ausser ihnen vorfinden" (S. 65). Bemerkenswert werden diese Aufzeichnungen mit der Berufung auf einen „gesunden Realismus" abgeschlossen (S. 66). Zu erwähnen ist auch das wichtige, aber schwer zu datierende Ms. *Über den Machschen Positivismus* (Inv.-Nr. 12, A. 34 a), in dem Schlick eine strenge Kritik von Mach entwickelt und wiederum seinen „Dogmatismus" in Frage stellt. Eine sehr kritische Stellungnahme gegenüber dem „extreme[n] Positivismus Machs" findet sich auch in der Rostocker Vorlesung *Die Philosophie der Gegenwart* (SS 1912 und WS 1915/1916), Inv.-Nr. 6, A. 8, bes. S. 27.

[77] Vgl. *Naturphilosophie 1925*, a.a.O. S. 434 (wo es sich um den Machschen Funktionsbegriff versus Kausalität handelt). Siehe auch *Allgemeine Erkenntnislehre*, a.a.O., S. 52, 81 ff., 169 ff.

[78] Die *Rede zur Enthüllung des Ernst Mach Denkmals* liegt im Nachlass mit Signatur Inv.-Nr. 18, <A. 73> vor und besteht aus einer maschinengeschriebenen Seite. Eine Zusammenfassung dieser Rede, mit dem Titel *Die Festrede Professor Schlicks*, erschien in der „Neuen Freien Presse" (Abendblatt), 12. Juni 1926, S. 3. Der Artikel *Ernst Mach, der Philosoph* wurde am selben Tag in der „Neuen Freien Presse" („Chronikbeilage"), Nr. 22177, S. 11-12 veröffentlicht. Zusammen mit Schlick trugen der *Dem Gedächtnis Ernst Machs. Anläßlich der heutigen Enthüllung seines Denkmals* betitelten Beilage auch Albert Einstein, J.E. Ehrenhaft und Hans Thirring bei. Alle diese Artikel sind in Faksimile abgedruckt worden in *Ernst Mach. Werk und Wirkung*, hrsg. von R. Haller und F. Stadler, Wien, Hölder-Pichler-Tempsky, 1988, S. 59-62.

schen Charakter und die „originelle Färbung“ des Machschen Positivismus bzw. Empirismus betont, und dies trotz der Ansprüche Machs, kein Philosoph sein zu wollen[79]. Aber die kurze Darstellung der Elementenlehre, der Verhältnisse zwischen Physischem und Psychischem, des Ökonomieprinzips und schließlich der Machschen Kritik von Kants Ding an sich lässt keinen Raum für eine kritische Würdigung seines Denkens. Schlick will vielmehr seine Anerkennung Mach gegenüber darum ausdrücken, weil er maßgebend dazu beigetragen habe, die moderne Naturwissenschaft mit „philosophischem Geist“ neu zu beseelen[80]; hinsichtlich aber einer erschöpfenden Einschätzung von alledem, was noch „Unvollkommenes, Widerspruchvolles, Unhaltbares“ in Machs Denken übrigbleibt, verweist Schlick unmittelbar auf den in derselben Nummer der „Neuen Freien Presse“ publizierten Artikel von Einstein, in dem Einstein eine kritische Bilanz zieht, mit der auch Schlick einverstanden zu sein scheint:

> „Philosophen und Naturforscher haben Mach oft mit Recht getadelt, weil er die logische Selbständigkeit der Begriffe gegenüber den ‚Empfindungen‘ verwischte, weil er die Realität des Seins, ohne deren Setzung keine Physik möglich ist, in der Erlebnisrealität aufgehen lassen wollte und weil er durch solche Einseitigkeit des Standpunktes zeitweilig fruchtbare physikalische Theorien (Atomtheorie, kinetische Gastheorie) verworfen sehen wollte. Aber anderseits gab ihm gerade jene grandiose Einseitigkeit die Kraft zur fruchtbaren Kritik, welche auf anderen Gebieten der Entwicklung den Weg freilegte. Deshalb hat sein Werk die Entwicklung des letzten Jahrhunderts entscheidend mitbestimmt.“[81]

Nichtsdestoweniger zollt Schlick in seiner vor dem Mach-Denkmal gehaltenen Rede einen vielsagendes Lob des Machschen Weltbildes

[79] *Ernst Mach, der Philosoph*, a.a.O., S. 11.

[80] „Es ist nicht in letzter Linie ihm zu verdanken, dass die moderne Naturwissenschaft sich allmählich wieder mit philosophischen Geist beseelte. Mit Recht wurde sein Name auf dem ganzen Erdball unter der allerersten Denkern seiner Zeit genannt“ (Ebd., S. 12).

[81] A. Einstein, *Zur Enthüllung von Ernst Machs Denkmal*, in: *Dem Gedächtnis Ernst Machs*, a.a.O., S. 11.

und dessen Bedeutung für die „Geisteskultur unserer Zeit". In diesem Sinne hebt Schlick hervor, und ganz gemäß dem von Mach stark beeinflussten Wiener kulturellen Klima, dass Mach „ein *Aufklärer* in des Wortes bestem Sinne" gewesen war, da er die Grenzen der Aufklärung (wie beispielsweise der Materialismus) überwunden hätte, ohne dabei ihre beste Implikationen aufzugeben, und zwar die „völlige Freiheit des Geistes". Die von Schlick in diesem Zusammenhang verwendeten Worte sind eben darum der Erwähnung wert: „[...] Ernst Mach, der gütige Mensch und treue Diener der Erkenntnis, wird stets in erster Linie ein Vorbild sein als Künder und Förderer eines der allerhöchsten Güter des Menschengeschlechts, nämlich der *Freiheit des Geistes*"[82].

Das Bekenntnis Schlicks zur Spätaufklärung des Wiener Milieus um die Jahrhundertwende lässt sich auch einem kurzen Artikel entnehmen, den Schlick 1927 einer typischen Figur wie Josef Popper-Lynkeus widmete, d.h. dem wohlbekannten Freund und Anhänger Machs, der auch von Einstein und Frank, von Max Adler und Sigmund Freud, von Arthur Schnitzler und Stefan Zweig geschätzt war[83]. Noch mehr als den Philosophen bewunderte Schlick bei ihm den „Ethiker", der imstande war, jede Seite seines vielfältigen Œuvres

[82] Bemerkenswert ist es, dass Schlick am Ende seiner Rede wiederum daran erinnert, er habe Machs *Mechanik* als Abschiedsgeschenk der Schule erhalten; zugleich fühlt sich aber Schlick in Anwesenheit des Wiener Bürgermeisters dazu verpflichtet, seinen Dank für die Berufung auf den ehemaligen Lehrstuhl Machs auszusprechen, zumal denn, dass er eine solche Ehre im fernen Jahre 1900 keineswegs vorausahnen dürfte, als er noch als junger Student das Buch Machs zum ersten Mal durchgeblättert hatte.

[83] M. Schlick, *Enthüllung des Popper-Lynkeus Denkmals*, „Zeitschrift Allgemeine Nährpflicht", X, 1927, Heft 40, S. 2; im Nachlass ist auch eine maschinengeschriebene Fassung mit dem Titel *Über Popper-Lynkeus* aufbewahrt (Inv.-Nr. 18, A. 69). Zum „aufklärerischen Optimismus" von Popper-Lynkeus vgl. W. M. Johnston, *The Austrian Mind. An Intellectual and Social History 1848-1938*, Berkeley-Los Angeles-London, University of California Press, 1983, bes. S. 308-311 und F. Stadler, *Vom Positivismus zur „wissenschaftlichen Weltauffassung"*, Wien-München, Löcker Verlag, 1982, S. 127-132.

mit einem tiefen menschlichen Gefühl zu erfüllen. In Popper-Lynkeus' aufklärerischer Ansicht hängt der Fortschritt der Menschheit genau von ethischen Gefühlen ab, d.h. von Gefühlen wie der Beachtung des Lebens und der Gesundheit jedes Menschen, im Allgemeinen aber der Beachtung alles Lebendigen. Es geht um eine Ansicht – kommentiert Schlick –, die jedem Anschein zum Trotz der Weltanschauung Kants und Goethes oder sogar Nietzsches und der konfuzianischen Religion nahe kommt. Aber Schlick spürte bei Popper-Lynkeus, diesem vorbildlichen Protagonisten des späten 19. Jahrhunderts in Wien, vor allem etwas, das ihm selbst, oder mindestens einem Teil seiner eigenen kulturphilosophischen Orientierung, angehörte „In der Tat – bemerkte nicht zufällig Schlick – ist die Ehrfurcht vor dem Menschlichen ein ethisches Grundgefühl, ohne welches sich keine Moral aufbauen lässt".

In diesem Zusammenhang ist auch eine andere ‚kleine Schrift' von Schlick zu erwähnen, nämlich das in der „Neuen Freien Presse" vom Juli 1928 publizierte Porträt von Wilhelm Jerusalem[84]. Auch im Falle Jerusalems handelt es sich um einen besonders bedeutenden Vertreter desjenigen Wiener kulturellen Umfeldes, innerhalb dessen einerseits Mach eine maßgebende Rolle spielte und andererseits aufklärerische Reformprogramme sowie verschiedene Veranstaltungen zur Wissenschaftspopularisierung verbreitet waren, welche u.a. auch den philosophischen Werdegang von Otto Neurath stark beeinflussten[85]. Schlick hob seinerseits hervor, dass Jerusalem nur zwei Seme-

[84] M. Schlick, *Wilhelm Jerusalem zum Gedächtnis*, „Neue Freie Presse", 22. Juli 1928, S. 27-28. Vgl. auch F. Stadler, *Vom Positivismus zur „wissenschaftlichen Weltauffassung"*, a.a.O., S. 43.

[85] Eine unentbehrliche Quelle zum Verständnis von Jerusalems Leben und Werk bilden seine autobiographischen Schriften: *Gedanken und Denker. Gesammelte Aufsätze. Neue Folge*, Wien und Leipzig, Braumüller, 1925, S. 1-35 und *Meine Wege und Ziele*, in: *Die Philosophie der Gegenwart in Selbstdarstellungen*, hrsg. von R. Schmidt, Bd. III, Leipzig, Meiner, 1924, S. 53-99. Zu Jerusalem ist noch heute sehr ergiebig die Darstellung von W. Eckstein, *Wilhelm Jerusalem. Sein Leben und Werk*, Wien und Leipzig, Gerold, 1935 (mit Berücksichtigung der unveröffentlichten Korrespondenz). Zu Jerusalem als typischem österreichischem

ster lang sein Kollege an der Wiener Universität gewesen war (Jerusalem starb im Jahre 1923); doch behielt Schlick noch ein lebendiges Bild des Menschen, der nicht nur „ein Professorkopf", sondern auch „ein Denkerkopf" war. Von seinem umfangreichen Œuvre würdigte Schlick sehr die viel gelesene *Einleitung in die Philosophie* und noch mehr die psychologischen Studien, namentlich die wohl bekannte Arbeit zum Fall der taubstummen Laura Bridgman – ein Buch, das große Resonanz auch im Ausland erfuhr. Weniger überzeugend waren indessen für Schlick die Beiträge Jerusalems zu einer psychologisch-soziologischen Begründung der Erkenntnistheorie, die indessen – sei es am Rande hinzugefügt – die Aufmerksamkeit Otto Neuraths erwecken sollte. Abgesehen aber davon, das kurze, doch sympathetische Porträt von Jerusalem endet mit einer relevanten Bemerkung: Schlick betont nämlich die unersetzbare Rolle Jerusalems für die Verbreitung des amerikanischen Pragmatismus in Deutschland und in deutschsprachigen Ländern, vor allem dank seiner Übersetzung des berühmten Buches von William James *Pragmatism. A New Name for Some Old Ways of Thinking* (erste amerikanische Auflage 1907, deutsche Übersetzung 1908). Schlick erwähnt in diesem Zusammenhang den III. Internationalen Kongress für Philosophie zu Heidelberg (September 1908), im Lauf dessen die Diskussion über den Pragmatismus virulent wurde und „zu einer empiristischen Aufrüttelung der Geister beitrug, die auf jedem Fall heilsam war, wenn auch die prag-

Denker siehe auch *Festschrift für Wilhelm Jerusalem zu seinem 60. Geburtstag von Freunden, Verehren und Schülern*, Wien und Leipzig, Braumüller, 1915 (mit Beiträge, u.a., von Mach, Max Adler, Anton Lampa und Josef Popper-Lynkeus). Näheres zu Jerusalem und seiner Tätigkeit innerhalb des akademischen und intellektuellen Milieus von Wien um die Jahrhundertwende, dem auch Neurath innerlich angehörte, findet sich in Th. Uebel, *Vernunftkritik und Wissenschaft: Otto Neurath und der erste Wiener Kreis*, a.a.O., bes. S. 164-167, 292-295. Sehr wahrscheinlich war schon Wilhelm Neurath, der Vater Otto Neuraths, mit der Tätigkeit Jerusalems in Wien ganz gut vertraut (siehe die Andeutung von W. M. Johnston, *The Austrian Mind*, a.a.O., S. 193).

matistische Lehre selbst bald wieder überwunden wurde“[86]. Jerusalem hätte vermutlich dieser Einschätzung nicht zugestimmt; doch spiegelt sich in der Behauptung Schlicks auch ein autobiographisches Element ab. Es ist uns unbekannt, ob Schlick bei dem Kongress anwesend war, und wahrscheinlich war es nicht so; allerdings war sicher sein Zürcher Lehrer Störring dabei, und Störring nahm an der regsamen Diskussion über den Pragmatismus teil; insbesondere setzte er sich mit Royce auseinander, um darauf aufmerksam zu machen, dass es gilt, zwischen psychologischer und logischer Frage bzw. zwischen Wahrheitskriterien und logischem Status der Wahrheit streng zu unterscheiden[87]. Es geht um eine Unterscheidung, die Schlick selbst aufnehmen sollte. Zwar hatte ursprünglich der junge Schlick die Wahrheit im Sinne der „Nützlichkeit eines Urteils“ gedeutet, obwohl ihm damals eine direkte Kenntnis des Pragmatismus noch fehlte[88]. Schlick sollte sich aber im Lauf seines Zürcher Aufenthalts die Ansicht Störrings aneignen, und in der Tat taucht sie in der Habilitationsschrift *Das Wesen der Wahrheit* auf: Denn Schlick polemisiert hier mit der pragmatistischen Wahrheitstheorie (oder, besser gesagt, mit dem zu dieser Zeit dominierenden *standard view* diesbezüglich) und er stützt sich nun dabei auf die Lektüre von James, obgleich nicht auszuschließen ist, dass eine Rolle auch die Vermittlung von Jerusalem gespielt habe[89]. Zwischen Störring

[86] *Wilhelm Jerusalem zum Gedächtnis*, a.a.O., S. 28. Auf die Debatte über den Pragmatismus anlässlich des Heidelberger Kongresses wies Schlick auch in der oben erwähnten Rostocker Vorlesung *Die Philosophie der Gegenwart* hin (S. 28).

[87] Vgl. *Bericht über den III. Internationalen Kongress für Philosophie zu Heidelberg*, hrsg. von T. Elsenhans, Heidelberg, Winter, 1909, S. 92, 729.

[88] Vgl. die schon erwähnten autobiographischen Aufzeichnungen (Inv.-Nr. 82, C. 2b, S. 15-16). Nach Schlicks Angabe gehen diese „pragmatistischen“ Überlegungen auf den Winter 1904-1905 zurück.

[89] Vgl. M. Schlick, *Das Wesen der Wahrheit nach der modernen Logik*, „Vierteljahrsschrift für wissenschaftliche Philosophie und Soziologie“, XXXIV, 1910, S. 386-477, abgedruckt in: M. Schlick, *Philosophische Logik*, hg. von B. Philippi, Frankfurt a.M., Suhrkamp, 1986, S. 31-109 (hier S. 57-64; Schlick bezieht

und Jerusalem, könnte man sagen, beginnt die Auseinandersetzung Schlicks mit dem Pragmatismus, die ihn noch im Jahre 1928 dazu führte, eine recht kritische Einschätzung zum Ausdruck zu bringen. Dies war jedoch im Gegensatz zum Wiener Milieu, in dem der von Jerusalem gestreute pragmatistische Keim den Boden befruchtet hatte, wie es z. B. im Falle Neuraths ersichtlich wird[90].

Anders ist indessen der Fall von Robert Reininger, d.h. jenem Kollegen Schlicks, der zusammen mit Schlick im Jahre 1922 auf einen Wiener Lehrstuhl als Ordinarius berufen worden war. 1929, anlässlich seines 60. Geburtstages, hielt Schlick eine Rede zu Reininger, die aus zwei guten Gründen von gewissem Interesse erscheint, abgesehen davon, dass diese Rede auch die freundlichen Verhältnisse und einige menschliche Affinitäten zwischen Schlick und Reininger belegt (so z. B. in Bezug auf die Skileidenschaft)[91]. Schlick betont vor allem den Neukantianismus Reiningers, der von der Notwendigkeit ausgeht, den metaphysischen Rest der kantischen Philoso-

sich aber auf die englische Ausgabe des Buches von James). Es ist zu vergegenwärtigen, dass zwischen 1908 und 1910 eine Reihe von Auseinandersetzungen mit dem Pragmatismus und insbesondere mit James erscheinen; und dabei spielt Jerusalem selbst eine erhebliche Rolle: Vgl. z. B. W. Jerusalem, *Der Pragmatismus. Eine neue philosophische Methode*, „Deutsche Literaturzeitung", XXIX, 25. Januar 1908, Sp. 197-206 (abgedruckt in: *Gedanken und Denker*, a.a.O., S. 130-139). Dieser Artikel wird im Wesentlichen auch in der vierten Auflage von Jerusalems *Einleitung in die Philosophie*, Wien und Leipzig, Braumüller, 1909, §26, S. 84-87 aufgenommen.

[90] Ich erlaube mir, diesbezüglich auf den §3 meiner Studie *Da sponda a sponda. „Spirito tedesco" e „tecnica americana"*, in *Politiche della tecnica. Immagini, ideologie, narrazioni*, hrsg. von M. Nacci, Genova, Name, 2006, S. 189-211 zu verweisen.

[91] Die *Festrede zum 60. Geburtstag von Robert Reininger* ist im Nachlass aufbewahrt (Inv.-Nr. 10, A. 26) und besteht aus drei handschriftlichen Blätter. Die Erforschung der persönlichen, akademischen und wissenschaftlichen Beziehungen Schlicks zu Reininger bildet noch ein *desideratum*, das erst aufgrund der Durcharbeitung des Nachlasses von Reininger befriedigt sein könnte. Vgl dazu J. Valent, *Zur Bearbeitung des Nachlasses Robert Reiningers*, „FDOEP – Nachrichten", Nr. 10, 2002, S. 115-121.

phie, d.h. die Metaphysik des Ich, zu überwinden. Eben darum habe der ehemalige Schüler Kuno Fischers in seinen wertvollen historisch-systematischen Arbeiten versucht, die Erbschaft Kants in einer empiristisch-positivistischen Perspektive weiterzuführen und damit seine Deutung von Kants Denken im Zusammenhang mit der Frage nach dem Verhältnis des kritischen Ansatzes zum Empirismus zu entwickeln[92]. Schlick erinnert zweitens daran, dass Reininger nicht nur theoretische Probleme durchgearbeitet, sondern zugleich sich mit gravierenden ethischen Fragen auseinandergesetzt habe, namentlich in seinem Buch zu *Friedrich Nietzsches Kampf um den Sinn des Lebens*, das 1922 publiziert wurde und den Preis des Nietzsche-Archivs in Weimar erhielt. Bei diesem Buch handelt es sich um einen wichtigen Beitrag – wie Schlick bemerkt – zur heutigen Kulturphilosophie[93]; hinzuzufügen ist allerdings, dass die Nietzsche-Interpretation Reiningers tatsächlich interessante Verwandtschaften mir derjenigen Schlicks zeigt, gerade darum, weil es um den Kampf „um den Sinn des Lebens" handelt (dies ist bekanntlich ein typisches Thema Schlicks, der darüber in Februar 1921 vor dem Berliner Deutschen Monistenbund vorgetragen hatte)[94]. So ist es interessant zu sehen, dass Rei-

[92] Näheres zu Reiningers ‚Korrektur' von Kants transzendentalem Idealismus kann man aus seinem Kant-Buch vom Jahre 1923 entnehmen. Dort interpretiert Reininger den theoretischen Begriff des Dinges an sich als Grenzbegriff, jedoch weist er darauf hin, dass „der Mensch als ‚Vernunftwesen' [...] ohne Zweifel als reales Ding an sich zu denken [ist]". Dieser metaphysische Hintergrund solle damit in Frage gestellt werden, und zwar so, dass der empirische Realismus Kants auch in Bezug auf das Ich bzw. auf das Bewusstsein *qua* natürliches Bewusstsein geltend gemacht werden müsse. Diese antimetaphysische und antisubstantialistische Auffassung des Ichs hängt andererseits mit der allgemeineren Deutung der Transzendentalphilosophie als „Methode" zusammen, d.h. „als eine Methode immer sich erneuernder, vor nichts haltmachender Fragestellung" (R. Reininger, *Kant. Seine Anhänger und seine Gegner*, München, Reinhardt, 1923, Nachdruck: Nendeln/Lichtenstein, Kraus Reprint, 1973, S. 245-251).

[93] Vgl. *Festrede zum 60. Geburtstag von Robert Reininger*, S. 2.

[94] Siehe dazu F. Stadler, *Vom Positivismus zur „wissenschaftlichen Weltauffassung"*, a.a.O., S. 164 sowie *Studien zum Wiener Kreis*, a.a.O., S. 216. Vgl. au-

ninger Nietzsches Willen zur Macht als „Wille zum Sinn des Lebens“, als „Wille zum Wert“ deutet und zugleich die Frage nach einer neuen Moral als die Frage nach einer neuen Lebensform bzw. nach dem Wert der „ethischen Persönlichkeit“ in den Vordergrund rückt[95]. Mit Reiningers kulturphilosophischer Auslegung konnte Schlick auch sympathisieren; doch unterschied sich Schlick von Reininger darin, dass Reininger ganz anders als Schlick versuchte, Nietzsche als „gewissermaßen Kantianer“ zu lesen, indem Nietzsche – Reininger zufolge – sowohl die völlige Autonomie des Willens als auch den absoluten Wert des moralischen Sollens anerkannt habe. Es ging nach Reininger um ein echtes ethisches a priori, das allerdings nur für das Individuum zu gelten habe, nicht aber im Sinne eines universalistischen Anspruches auszulegen[96]. Es lässt sich aber mühelos verstehen, dass Schlick einem solchen Bild von Nietzsche als „Kantianer“ keineswegs zustimmen dürfte.

Selbstverständlich gehört eine Festrede zum Genre des rhetorischen Sprechens und Schlick konnte dabei nichts anderes als die Laudatio seines Kollegen anstimmen. Doch ist darauf zu bestehen, dass der „deutsche“ und aus der kantischen Tradition entstammende Schlick gerade im Jahre 1929, als die berühmte programmatische Erklärung des Wiener Kreises erschien, den Vertreter des österreichischen Neukantianismus huldigte – den Vertreter also einer Tradition, die

Neurath für bloße Scholastik gehalten hätte, oder, wenn man so will, den Vertreter desjenigen „unmöglichen Gegenstandes“ im Sinne Mei-

ßerdem den später publizierten Aufsatz von M. Schlick, *Vom Sinn des Lebens*, „Symposion“, I, 1927, S. 331-354 (besonders S. 332-333 zu Nietzsches Auffassung vom „Sinn des Lebens„: „das Leben [hat] solange keinen Sinn, als es ganz unter der Herrschaft der *Zwecke* steht“).

95 R. Reininger, *Friedrich Nietzsches Kampf um den Sinn des Lebens. Der Ertrag seiner Philosophie für die Ethik*, zweite durchgesehene und ergänzte Auflage, Wien und Leipzig, Braumüller, 1925, S. 81 ff., 131 ff., 164 ff.

96 Ebd. S. 181-189.

nongs, der der österreichische Neukantianismus zu sein scheint[97]. In diesem Zusammenhang sollte man sich aber auch fragen, ob Reininger selbst nach 1929 durch Schlick beeinflusst worden sei. Dies scheint nicht unplausibel, besonders aufgrund der zweiten Auflage von Reiningers *Metaphysik der Wirklichkeit* (die erste Auflage von 1931 wurde von Schlick eingehend gelesen), in der der Begriff vom „Satz" sowie das Problem der Sprache überhaupt eine bedeutende Rolle spielen[98]. Auch in diesem Sinne geht es also um eine Geschichte (oder um eine Mikrogeschichte) von unbestreitbarer Relevanz hinsichtlich der Biographie Schlicks; diese Geschichte weist aber zugleich auf eine andere, allgemeinere Frage hin, und zwar auf die Frage einerseits nach der Art und Weise, in der der Wiener Kreis sich mit anderen Strömungen der österreichischen Philosophie auseinandergesetzt hat, und andererseits nach der Wirkungsgeschichte des Wiener Kreises innerhalb der österreichischen Philosophie. Es handelt sich um Schwerpunkte einer möglichen und wünschenswerten weiteren Forschung, die nicht zufällig schon in der kurz nach dem Ende des zweiten Weltkrieges erschienenen Festschrift für Reiningers 80. Geburtstag ihre ersten Konturen anzunehmen scheint[99].

[97] Zu diesem letzten Punkt siehe K. Zeidler, *Der Neukantianismus Robert Reiningers. Ein Beitrag zur Geschichte des „Österreichischen Neukantianismus"*, „Wiener Jahrbuch für Philosophie", XXIX, 1997, S. 135-146.

[98] Vgl. dazu K. Nawratil, *Robert Reininger und die analytische Philosophie*, „Wiener Jahrbuch für Philosophie", XXVII, 1996, pp. 47-51. In Reiningers *Metaphysik der Wirklichkeit* wird jedoch Schlick nur zweimal zitiert, und zwar mit Bezug auf die in der *Allgemeinen Erkenntnislehre* ausgeführten Thesen über den kategorischen Charakter jedes Urteils und der Identifizierung des Erkennens mit dem Anerkennen (vgl. R. Reininger, *Metaphysik der Wirklichkeit*, unveränderter Nachdruck der zweiten, gänzlich neubearbeiteten und erweiterten Auflage, München/Basel, Reinhardt Verlag, 1970, S. 152, 225).

[99] Siehe beispielsweise die Beiträge von E. Heintel, *Der „Wiener Kreis" und die Dialektik der Erfahrung*, V. Kraft, *Kants Erkenntnistheorie der Mathematik kritisch betrachtet* und E. Topitsch, *Kant in Österreich*, in: *Philosophie der Wirklichkeitsnähe*, a.a.O., S. 40-79, 134-145, 236-253.

Schluss

Die dem Wiener Milieu gewidmeten kleinen Schriften Schlicks stellen uns somit wiederum die Frage nach seiner „Assimilation" bzw. nach seiner Einfügung in die österreichische wissenschaftlich-philosophische Tradition. Es kann kein Zweifeln darüber bestehen, dass Schlick mit diesen kurzen und zum Teil unveröffentlichten Beiträgen der Stadt und der dort beherrschenden geistigen Atmosphäre, die ihn Anfang der 20er Jahre aufgenommen hatten, seine Ehrerbietung erweisen wollte. In diesem Sinne bieten diese Gelegenheitsschriften auch eine wertvolle Aussicht auf die intellektuelle Biographie Schlicks in der goldenen Ära der Konstituierung des Wiener Kreises und zugleich ergänzen sie das Bild des Schlickschen Denkens, das aus seiner ersten Vorlesungen in Wien hervorgeht. Die Bedeutung dieser Vorlesungen und Schriften, die mit der frühen Wiener Phase Schlicks eng verbunden sind, erschöpft sich aber nicht in einer bloß biographischen Perspektive, denn sie erheben die weitere Frage nach dem geschichtlich-philosophischen Kontext, innerhalb dessen Schlick nach seiner Berufung in Wien mit Wittgenstein und Carnap in Beziehung trat und damit wirklich eine neue „Tradition" gründete[100]. Die Frage, die Schlick in seiner Vorrede zur ersten Vorlesung über die Naturphilosophie gestellt hatte, ist in diesem Sinne eine zentrale Frage für das Verständniss der Entstehung des logischen Empirismus. Es geht auch um den Zusammenhang des „Norden" mit dem „Süden", der deutschen mit der österreichischen Tradition – philosophische Traditionen, die freilich nicht bloß als „nationale" gelten, doch deutlich verschieden und nicht unmittelbar miteinander vereinbar sind. Im akademischen und philosophischen Werdegang Schlicks taucht

[100] Eine gute Übersicht bietet R. Cirera, *Carnap and the Vienna Circle. Empiricism and Logical Syntax*, Amsterdam-Atlanta, Rodopi, 1994, bes. S. 45-82. Ich gestatte mir auch auf meinen Beitrag *Il mentore di Rudolf Carnap: Moritz Schlick e la genesi dell „Aufbau"*, in: *Le ragioni del conoscere e dell agire. Scritti in onore di Rosaria Egidi*, hrsg. von M.R. Calcaterra, Milano, Franco Angeli, 2006, S. 277-306 zu verweisen.

all dies am klarsten auf. Selbstverständlich lassen sich keineswegs die Ursprünge des Wiener Kreises und des logischen Empirismus auf die intellektuelle Entwicklung Schlicks reduzieren; aber diese mit Neurath, Hahn, Carnap oder Wittgenstein zusammenhängende philosophische Geschichte ist von der „Vienna Station" ausgegangen: Sie hat zweifelsohne andere „Bäume der Erkenntnis" gespeist, doch sie war auch dadurch möglich, dass Schlick – *dieser* Schlick, der in Wien einen neuen Abschnitt seines Lebens inauguriert – eine unersetzbare Rolle gespielt hat[101].

[101] Cfr. G. von Wright, *The Tree of Knowledge and Other Essays*, Leiden-New York-Köln, Brill, 1993, S. 34-37.

Mathias Iven

Wittgenstein und Schlick. Zur Geschichte eines Diktats

Vorbemerkung. In dem von Georg Henrik von Wright Ende der sechziger Jahre zusammengestellten und zu Beginn der achtziger Jahre überarbeiteten Inventarverzeichnis zum Nachlass von Ludwig Wittgenstein findet sich am Ende eine Reihe von sogenannten *Diktaten*, darunter auch sieben Diktate für Schlick.[1] Zu dieser Gruppe von Typoskripten hieß es damals:

> „Eine genaue Datierung dieser Diktate ist nicht möglich. Keines kann jedoch vor 1926[2] entstanden sein, und es ist unwahrscheinlich, dass eines der verzeichneten Typoskripte aus der Zeit nach 1933 stammt."[3]

Während der Arbeit des Verfassers an dem im *Noord-Hollands Archief* in Haarlem (NL) befindlichen Nachlass von Moritz Schlick, insbesondere an der für eine öffentliche Nutzung bisher gesperrten Privatkorrespondenz,[4] fanden sich einige Dokumente, die nähere Aufschlüsse zur Entstehung eines dieser Diktate, des im Nachlass von

[1] Es handelt sich dabei um die Inventarnummern *D 302* bis *D 308* (vgl. v. Wright, „Wittgensteins Nachlass", in: ders., *Wittgenstein.* Frankfurt/M.: Suhrkamp 1990, S. 58/59).

[2] Da das erste persönliche Zusammentreffen erst 1927 stattfand, kann frühestens zu diesem Zeitpunkt ein erstes Diktat entstanden sein (vgl. Anm. 19).

[3] v. Wright, „Wittgensteins Nachlass", a. a. O., S. 70.

[4] Insgesamt sind rund 2.500 Stücke der privaten Korrespondenz überliefert. Den weitaus größten Anteil hat dabei der Schriftverkehr mit seiner Frau (Blanche Guy Schlick, geborene Hardy, geboren 20. August 1879 in Moultonville/New Hampshi-

Wittgenstein unter der Nummer *D 302* verzeichneten, sogenannten *Diktats für Schlick*, erlauben.

Ausgehend vom bisherigen Forschungsstand und der Schilderung eines Treffens zwischen Wittgenstein und Schlick im September 1933 in Medea wird einerseits gezeigt, dass die *Urschrift* dieses Diktats von Schlick stammt, und andererseits, dass sie das Ergebnis der hier beschriebenen Zusammenkunft in Istrien ist.

Datierungsversuche. In den vergangenen Jahren wurden mehrfach Überlegungen zur zeitlichen Einordnung von *D 302* angestellt. So vermutete v. Wright in seinen Anmerkungen zum Nachlaßverzeichnis eine Entstehungszeit zwischen 1931 und 1933.[5] Brian McGuinness schloß sich dem an und verwies mit seiner Datierung indirekt auf die Jahre 1931 bzw. 1933.[6] Gordon Baker seinerseits gab den Zeitpunkt des Diktats mit Dezember 1932 an.[7] Und Alois Pichler ordnete es mit „frühestens 2. Hälfte 1933“ ein.[8]

Hinzu kommt der Umstand, dass ein dem überlieferten Typoskript später hinzugefügtes Deckblatt den möglicherweise von Rush Rhees stammenden handschriftlichen Vermerk trägt: „Diktat für

re/USA, gestorben 9. Juni 1964 in Wien), der – wie später auch der Briefwechsel mit den beiden Kindern – fast durchgängig in Englisch geführt wurde. Im Vergleich dazu zählt die im Nachlass vorhandene wissenschaftliche Korrespondenz – es gibt (leider) mehr Schreiben *an* als *von* Schlick – nur rund 1.500 Stücke, wobei aber durchaus immer noch bisher unbekannte Briefe auftauchen. Im Rahmen der *Moritz Schlick Gesamtausgabe* ist für die nächsten Jahre eine Veröffentlichung des gesamten wissenschaftlichen Briefwechsels geplant; eine Auswahl wird vorbereitet. Alle nachfolgend zitierten Briefe befinden sich als Originale oder Kopien im Schlick-Nachlass, es werden nur Absender, Empfänger und das Datum angegeben.

[5] v. Wright, „Wittgensteins Nachlass“, a. a. O., S. 58.

[6] Vgl. *Wittgenstein und der Wiener Kreis.* Frankfurt/M.: Suhrkamp 1989, S. 26 sowie S. 196.

[7] Baker (Hrsg.), *The Voices of Wittgenstein. The Vienna Circle.* London/New York: Routledge 2003, S. xv/xvi.

[8] Pichler, *Untersuchungen zu Wittgensteins Nachlass.* Bergen: Working Papers from the Wittgenstein Archives at the University of Bergen (Nr. 8) 1994, S. 123.

Schlick. This typescript was found among Waismann's papers. Dictated by Wittgenstein, probably to Waismann. Date: 1932-1933".[9]

Von diesen zwar differierenden, aber im Zeitrahmen doch grundsätzlich übereinstimmenden Auffassungen ausgehend hat Peter Keicher vor einigen Jahren in einer ersten umfangreichen Abhandlung versucht, die Entstehungszeit des *Diktats für Schlick* genauer zu bestimmen.[10] Anhand einer hervorragend geführten Argumentation, die das Diktat in Beziehung zu anderen Wittgenstein-Texten setzte, datierte er das Stück auf den Zeitraum 1933/34.[11]

Im Diktat *D 302*, dem „nicht nur innerhalb der Entwicklung des Wittgensteinschen Gesamtwerkes im allgemeinen, sondern auch innerhalb der spezifischen Zielsetzungen Wittgensteins in den Jahren 1933 und 1934 besondere Bedeutung" zukommt[12], wird – so Keicher – von „Wittgenstein hinsichtlich Stil, Inhalt, Argumentationsweise und Gedankenentwicklung auf höchstem Niveau" operiert.[13] Der Text ist – so verdeutlicht es der Vergleich mit anderen Nachlaßstücken – „außergewöhnlich reich an ausdrucksstarken Bildern und Vergleichen [...] Verdichtet auf zweiunddreißig Seiten tritt das erstaunliche Spektrum Wittgensteinscher Metaphern und

[9] Zitiert nach Keicher, „Untersuchungen zu Wittgensteins ‚Diktat für Schlick'", in: Krüger/Pichler (Hrsg.), *Arbeiten zu Wittgenstein.* Bergen: Working Papers from the Wittgenstein Archives at the University of Bergen (Nr. 15) 1998, S. 73 (nachfolgend „Untersuchungen").

[10] Ebd., S. 43-90.

[11] Wobei er zum damaligen Zeitpunkt aber doch 1934 den „Vorzug" gab (ebd., S. 83). In einer neueren Studie schreibt er – seine früheren Untersuchungen aufgreifend –, dass das Diktat „wahrscheinlich zwischen 1933 und 1934 entstanden" sei (Keicher, „Aspekte musikalischer Komposition bei Ludwig Wittgenstein. Studienfragmente zu D 302 und Opus MS 114 ii/115 i", in: Neumer (Hrsg.), *Das Verstehen des Anderen.* Frankfurt/M. u. a.: Peter Lang 2000 [= *Wittgenstein-Studien,* Bd. 1], S. 210 [nachfolgend „Aspekte"]).

[12] Keicher, „Aspekte", ebd., S. 211.

[13] Keicher, „Untersuchungen", a. a. O., S. 65.

Analogiebildungen besonders deutlich zutage."[14] Die inhaltliche Gegenüberstellung zeigt, dass „D 302 in Beziehung zum *Blauen Buch*; zur *Philosophischen Grammatik* und im weitesten Sinne auch zum *Big Typescript* [steht]; besonders starke Affinitäten existieren aber zu MS 114 ii/115 i und MS 140".[15] Und weiter stellte Keicher fest:

„Beiden Stücken, MS 114 ii/115 i und D 302, liegt im wesentlichen die gleiche Komposition zugrunde. [...] mit dem 32 Seiten umfassenden D 302 [verfolgte Wittgenstein] das Ziel [...], eine Art Kompositionsskizze des insgesamt 345 Seiten umfassenden Opus MS 114 ii/115 i anzufertigen. In jedem Fall zielt D 302 auf eine inhaltlich und formal komprimierte Erfassung des Opus MS 114 ii/115 i."[16]

Dergestalt markiert *D 302* „also auch einen qualitativen Höhepunkt der verschiedenen Umarbeitungsprojekte der Jahre 1933 und 1934", enthält doch der Text „gleichsam eine Art Substrat der Wittgensteinschen Arbeit aus diesen Jahren".[17]

Zeitabläufe. Moritz Schlick versuchte seit Ende 1924[18] mehrmals vergeblich, in persönlichen Kontakt zu Wittgenstein zu treten. Schließlich erreichte ihn im Februar 1927 ein Brief von dessen Schwester, Margaret Stonborough, in dem es hieß:

„Er bittet mich nun, Ihnen mit seinen Grüßen und wärmsten Entschuldigungen zu sagen, dass er glaubt, noch immer nicht im Stande zu sein, sich neben seiner jetzigen, ihn ganz und gar in Anspruch nehmenden Arbeit auf die logischen Probleme conzentrieren zu können. [...] Mit Ihnen, Verehrter Herr Professor, allein diese Dinge zu besprechen hielte er für möglich. Dabei würde es sich, wie er meint, zeigen ob er momentan überhaupt fähig ist Ihnen in dieser Angelegenheit von Nutzen zu sein."[19]

[14] Ebd., S. 68. Vgl. dazu Arnswald/Kertscher/Kroß (Hrsg.), *Wittgenstein und die Metapher*. Berlin: Parerga Verlag 2004.

[15] Keicher, „Aspekte", a. a. O., S. 210.

[16] Ebd., S. 211, auch ders. „Untersuchungen", a. a. O., S. 81.

[17] Keicher, „Aspekte", a. a. O., S. 212.

[18] Vgl. Moritz Schlick an Ludwig Wittgenstein, 25. Dezember 1924.

[19] Margaret Stonborough an Moritz Schlick, 19. Februar 1927.

Unmittelbar nach Erhalt dieses Briefes trafen sich Schlick und Wittgenstein in Wien.[20] Zahlreiche Zusammenkünfte – auch mit anderen Mitgliedern des Wiener Kreises – schlossen sich in der Folgezeit an.

Am Ende des Sommersemesters 1933 reiste Moritz Schlick gemeinsam mit seiner Tochter Barbara[21] in den Urlaub.[22] Zum wiederholten Male ging es in Richtung Süden, nach Istrien.[23] Im nördlich des Gardasees gelegenen Molveno al Lago machten sie für fast einen Monat Station und fuhren dann über Venedig weiter nach Laurana (Lovran), in der Nähe von Fiume, dem heutigen Rijeka. In dem kleinen Ort nahmen sie zunächst Quartier in der „Villa Souvenir".[24]

Anfang September erreichte Schlick dort ein Brief Wittgensteins, der darauf schließen lässt, dass beide eine Begegnung in Schlicks Urlaubsort schon länger ins Auge gefaßt hatten.

„Lieber Herr Professor Schlick!

Ich glaube nicht, dass ich so zu Ihnen kommen kann, dass ich am 15ten d M. schon wieder nach Wien fahre. Es käme dabei nichts heraus. Ich hatte gerade gehofft um den 18ten herum *zu* Ihnen zu kommen. Meine Arbeitskraft ist nicht so gut, wie es zu wünschen wäre + umsomehr hatte ich es nun verlangt Ihnen einmal die Ergebnisse meiner Arbeit *gründlich* zu erklären, wenn es Ihnen damit voller Ernst gewesen wäre. Denn wer weiß, ob ich sie je werde veröffentlichen können.

[20] Vgl. dazu auch die Bemerkungen von Blanche Schlick über dieses Treffen (in: *Wittgenstein und der Wiener Kreis*, a. a. O., S. 14).

[21] Barbara Franziska Blanche Schlick (geboren 30. Juni 1914 in Rostock, gestorben 7. Juni 1988 in Bilthoven/NL).

[22] Geht man von einer Bemerkung Schlicks in einem Brief vom 5. Juli 1933 an seine langjährige Bekannte Gerda Tardel aus, so reisten Vater und Tochter am 19. Juli aus Wien ab. In diesem Brief skizzierte Schlick auch die geplante Reiseroute (vgl. dazu auch Moritz Schlick an Gerda Tardel, 3. Februar 1934).

[23] Die wechselvolle Geschichte Istriens brachte es mit sich, dass die staatliche Zugehörigkeit mehrmals wechselte: Seit 1797 zu Österreich gehörig, kam es 1805 zu Italien und zehn Jahre später erneut zu Österreich. Zum Zeitpunkt von Schlicks Besuch gehörte es (seit 1919/20) zu Italien, 1945/47 kam es (mit Ausnahme von Triest) zu Jugoslawien und ist heute ein Teil von Kroatien.

[24] Vgl. Moritz Schlick an Blanche Schlick, 17. August 1933.

Soll es aber damit nichts sein, so wird die Welt auch so nicht zu Grunde gehen. – Ich wünsche dass es Ihnen (wie auch mir selbst) halbwegs gut gehen möge.

Ihr Ludwig Wittgenstein“[25]

Möglicherweise unterbreitete Schlick daraufhin einen anderen Terminvorschlag. Jedenfalls wurde ihm am 7. September ein Telegramm zugestellt, worin Wittgenstein seinerseits mitteilte, „that he is coming here on the 12th“.[26] Unklar war indes, wie lange er bleiben wollte.

„I don't know how long W[ittgenstein] will stay, but surely 8 days at least. I have spoken to the landlady again, and she thinks now that she will not close [...] W[ittgenstein] can stay here too; but I know he wants to be very economical and may want to have a private room and get his own food.“[27]

Bereits zwei Tage später – noch vor dem Eintreffen Wittgensteins – wurde der Zeitplan in einem Schreiben an den Sohn Albert[28] präzisiert:

„I shall probably stay till the 20th with Wittgenstein, and then go to Costalovara[29] for a short time to finish my work in the refreshing mountain air.“[30]

Schlicks Tochter Barbara kehrte am 11. September zurück nach Wien.[31] Am Bahnhof wartend schrieb Schlick ihr am darauffolgenden Tag eine Postkarte:

[25] Ludwig Wittgenstein an Moritz Schlick, [31. August 1933].

[26] Moritz Schlick an Blanche Schlick, 6.[/7.] September 1933.

[27] Ebd.

[28] Friedrich Albert Moritz Schlick (geboren 14. Juli 1909 in Zürich, gestorben 19. August 1999 in Portland/Oregon/USA).

[29] An diesem Ort hielt sich Schlick mehrmals während seiner Ferien auf.

[30] Moritz Schlick an Schlick, 9. September 1933.

[31] Die Rückkehr war – wenn auch nicht terminiert – bereits geplant (vgl. Moritz Schlick an Gerda Tardel, 5. Juli 1933).

„I received a wire from Wittg[enstein] that he is coming to-night, and now I am sitting in the station at Mattuglie[32] again waiting for his train, which is due at 20^{40}."[33]

Wittgenstein kam in offensichtlich guter Laune und voller Arbeitseifer in Mattuglie, dem jetzigen Matulji, an.

„He is in very good spirits, and I am sure we shall have a pleasant, though exceedingly busy time. [...] and Mr. W[ittgenstein] and I were the only guests in the house [die letzten Gäste waren am Morgen abgereist]. Although it is very quiet, it is still much too civilized for Wittg[enstein] and he kept expressing his wish to move to a more rural place. So I took him to Medea this afternoon [...] and he liked it immensely and immediately made up his mind to move there if our landlady were willing to cancel the arrangement. We spoke to her this evening, and she was very nice about it. We had supper in a little restaurant (this was W[ittgenstein]s idea) where we ate shrimps and drank a little Muscato wine [...] and to-morrow noon we are going to move."[34]

Nach dem geglückten Arrangement mit der Wirtin in Laurana wechselten sie den Aufenthaltsort und nahmen nunmehr Quartier in der „Villa Corazza" in Medea (Medveja).

Im Interesse Wittgensteins lag es, jede Minute für die Diskussion seiner Überlegungen zu nutzen. Das geschah. Offensichtlich waren aber schon die ersten Gespräche für Schlick äußerst anstrengend, berichtete er doch nach Wien:

„I had to speak about philosophy and listen to Mr. W[ittgenstein] nearly all day, and [I] am very sleepy."[35]

Selbst dann, wenn man einen Ausflug machte, stand die Arbeit im Mittelpunkt:

[32] Laurana, ca. 10 km südlich von Mattuglie gelegen, verfügte über keine eigene Bahnstation.

[33] Moritz Schlick an Barbara Schlick, 12. September 1933.

[34] Moritz Schlick an Blanche Schlick, [13.] September 1933. Auch wenn der Brief eigentlich das Datum vom 12. trägt, so weist doch sein Inhalt eindeutig darauf hin, dass er am 13. geschrieben wurde.

[35] Ebd.

„I cannot write much, because we are so busy here, and nothing happens, anyway. To-day we took a little trip to Fiume, because W[ittgenstein] had to do a few errands, but we discussed philosophy on the boat all the way there and back.“[36]

Über die Atmosphäre, die – im Gegensatz zu Überlieferungen anderer derartiger Treffen – offenbar sehr entspannt war, ist zu erfahren:

„Mr. W[ittgenstein] is gay and seems to be extremely happy. We are working hard and having a very good time.“[37]

Auch einige Tage danach noch die gleiche Situation:

„Mr. W[ittgenstein] and I are very happy here and enjoy our stay and our work immensely.“[38]

Kurz vor der geplanten Abreise informierte Schlick seine Frau zum wiederholten Male über den Stand der Dinge:

„I cannot write much, because Mr. W[ittgenstein] and I are extremely busy, and the Lard thinking makes us very tired. We are going to leave to-morrow morning soon after 6 o'clock,[39] and we regret very much that we do not have a little more time together. Yesterday we took a nice long trip on a steamer, but we worked nearly all the time on the way. Mr. W[ittgenstein] has been quite exhausted to-day, too. [...] Mr. W[ittgenstein] has been exceedingly nice all these days.“[40]

Am 20. September reiste Wittgenstein schließlich ab. Schlick wechselte ein weiteres Mal den Urlaubsort und ging – wie angekündigt[41] – für ein paar Tage nach Costalovara, in der Nähe von Bozen. Von

[36] Moritz Schlick an Blanche Schlick, 15. September 1933.

[37] Die Postkarte an seine Tochter hat Schlick mit dem Datum „Saturday, Sep 16th 1933“ versehen – hier hat er sich aber offenbar geirrt, da der 16. ein Freitag war und der Stempel noch dazu den 13. als Bearbeitungstag ausweist.

[38] Moritz Schlick an Schlick, 18. September 1933.

[39] Vgl. Moritz Schlick an Blanche Schlick, 15. September 1933 sowie Moritz Schlick an Albert Schlick, 18. September 1933.

[40] Moritz Schlick an Blanche Schlick, 19. September 1933.

[41] Vgl. Moritz Schlick an Schlick, 9. September 1933, dazu auch Moritz Schlick an Gerda Tardel, 5. Juli 1933 (vgl. Anm. 22).

dort aus schilderte er zusammenfassend die Eindrücke der vergangenen zehn Tage:

„Did I tell you that we went to Mattuglie together by auto and then took our respective trains? W[ittgenstein] was extremely pleasant all the time (although he seemed tired the last two days) and expressed his intention of joining me again some day in Italy or Dalmatia. [...] I am not yet feeling very well, and my pulse was very rapid in the night. It may be nothing but the effect of the hard work at Medea, and it may also be due to my stomach which seems to be a little out of order.“[42]

Und an anderer Stelle schrieb Schlick rückblickend:

„Mein Sommer war märchenhaft schön u[nd] ich fühle keine Gewissensbisse, dass ich nur wenig gearbeitet habe. Auch Wittgenstein hat mich an der Adria auf 10 Tage besucht, in der besten Verfassung.“[43]

Textüberlieferung. Nach dem heutigen Erkenntnisstand liegen uns vier Fassungen des *Diktats für Schlick* vor:

D 302/I	Typoskript im Wittgenstein-Nachlass[44]
D 302/II	Typoskript im Waismann-Nachlass[45]
D 302/III	Stenogramm im Schlick-Nachlass[46]
D 302/IV	Typoskript im Schlick-Nachlass[47]

[42] Moritz Schlick an Blanche Schlick, 22. September 1933.

[43] Moritz Schlick an Rudolf Carnap, 25. Oktober 1933. Die Arbeit des Sommers hatte Wittgenstein aber insgesamt sehr erschöpft, schrieb er doch – wieder zurück in Cambridge – an seine Schwester Hermine: „Ich bin hier in einem ziemlich müden Zustand angekommen und habe gefunden, dass ich nicht recht arbeiten kann. Ich habe mich daher nach längerem Zweifeln entschlossen einen 8tägigen Urlaub zu nehmen, den ich zu einer Fußtour verwenden will, um mich physisch müde zu machen und so mechanisch am denken zu hindern.“ (Ludwig Wittgenstein an Hermine Wittgenstein, [15. Oktober 1933], in: McGuinness/Ascher/Pfersmann (Hrsg.), *Wittgenstein – Familienbriefe.* Wien: Hölder-Pichler-Tempsky 1996, S. 142).

Der bisherige Textvergleich der einzelnen Fassungen hat gezeigt, dass *D 302/III*, das von Schlicks Hand stammende Stenogramm[48], ganz offensichtlich als die *Urschrift* des Diktats zu gelten hat, dass also ausgehend von der Reinschrift dieses Stenogramms alle anderen Exemplare gefertigt wurden. Wann oder in welcher Reihenfolge die vorhandenen Typoskripte entstanden, kann aber nur vermutet werden.

Eine Möglichkeit wäre die, dass Schlick bei seiner Rückkehr von Medea nach Wien zunächst eine Abschrift anfertigen ließ. Es liegt nahe zu sagen, dass es sich dabei um das ebenfalls im Schlick-Nachlass befindliche Exemplar *D 302/IV* handelt, das einige wenige handschriftliche Korrekturen Schlicks enthält. Schlick wird bestrebt gewesen sein, möglichst umgehend ein Exemplar des Diktats Wittgenstein zukommen zu lassen. Die Korrekturen in *D 302/IV* lassen darauf schließen, dass er – selbst wenn eine Durchschrift angefertigt wurde – Wittgenstein ein „ordentliches" Exemplar zusenden wollte. Somit spricht einiges dafür, dass *D 302/I* als Abschrift von *D 302/IV* entstanden ist.

Auf eine andere Eventualität verweist die Schlick-Korrespondenz. In einem Brief an David Rynin lesen wir mit Bezug auf das oben geschilderte Treffen: „I dictated the chief results to Waismann after

[44]Zuerst veröffentlicht im Rahmen der *Bergen Electronic Edition.*

[45]Vgl. *The Voices of Wittgenstein*, a. a. O., S. 2-83 (es handelt sich dabei um eine dt./engl. Parallelausgabe; eine gesonderte franz. Fassung erschien in dem Band *Dictées de Wittgenstein à Friedrich Waismann et pour Moritz Schlick.* Paris: Presses Universitaires de France 1997, Bd. 1, S. 1-42).

[46]Nachlass Schlick, Inv.-Nr. 183, D. 1.

[47]Ebd., Inv.-Nr. 183, D. 3.

[48] Schlick hat seine Stenogramme in der Kurzschrift Stolze-Schrey (mit Elementen von Neu-Stolze) abgefaßt. Noch während seiner Schulzeit hatte er sich am Berliner *Luisenstädtischen Realgymnasium* mit diesem System vertraut gemacht. Das von ihm dabei verwendete Lehrbuch (Alge, *Lehrbuch der Vereinfachten Stenographie, Einigungssystem Stolze-Schrey.* Wetzikon bei Zürich: Verlag von Hermann Bebie [22]1897) hat sich erst unlängst im Nachlass gefunden.

my return“.[49] Ob das nun ausgehend vom Stenogramm oder von einer zu diesem Zeitpunkt bereits angefertigten Abschrift geschah, sei dahingestellt. Natürlich könnte ebensogut auch erst Waismann auf der Grundlage des Stenogramms die maschinenschriftliche Abschrift erstellt haben.

Bleibt zuletzt *D 302/II*, das Exemplar im Nachlass von Waismann.

Der Protokollant. Noch vor wenigen Jahren vermuteten Antonia Soulez[50] und Gordon Baker[51] – vielleicht ausgehend und beeinflußt von der auf dem Deckblatt befindlichen Anmerkung „probably to Waismann“[52] –, dass Wittgenstein den Text von *D 302* Friedrich Waismann diktiert hätte. Vollkommen unberücksichtigt blieb bei dieser Auffassung der von Keicher geäußerte Einwand, „daß ein so dezidiertes und prägnantes Arbeitspapier eher für Schlick bestimmt war, der das Diktat dann auch Waismann zukommen ließ“.[53]

Welche Textgrundlage auch immer Waismann zur Verfügung stand: das in seinem Nachlass befindliche Exemplar *D 302/II* hat gegenüber der *Urschrift* des Diktats eine grundsätzliche Veränderung erfahren. Waismann „bearbeitete“ den Text und versah ihn mit zusätzlichen, „oft reichlich platten und bisweilen unpassenden Zwischenüberschriften“, die vor allem von der Art und Weise ablenken, „wie Wittgenstein seine Gedanken entwickelt“ hat.[54]

[49] Moritz Schlick an David Rynin, 4. November 1933 (vgl. Anm. 56).

[50] Vgl. *Dictées de Wittgenstein* [...] (Anm. 45), a. a. O., Bd. 1, S. vii.

[51] Vgl. *The Voices of Wittgenstein* (Anm. 7), a. a. O., S. xlvi.

[52] Vgl. Anm. 9.

[53] Keicher, „Untersuchungen“, a. a. O., S. 61.

[54] Ebd., S. 67, dort Anm. 43. Unabhängig von Waismanns Eingriffen enthält die zweisprachige Ausgabe (vgl. Anm. 45) leider zahlreiche, nicht notwendige Druckfehler.

Wir wissen, dass Waismann in dem hier behandelten Zeitabschnitt an seinem bereits für 1928 angekündigten, aber erst posthum erschienenen Buch *Logik, Sprache, Philosophie*[55] arbeitete und dass er dafür nachweislich Teile des *Diktats für Schlick* genutzt hat.[56] Der Entstehungsprozeß dieses Buches – vor allem aber die Zusammenarbeit mit Wittgenstein[57] – gestaltete sich recht kompliziert und lässt

[55] Das Buch sollte als erster Band der *Schriften zur wissenschaftlichen Weltauffassung* erscheinen (Hrsg. Philipp Frank und Moritz Schlick). Posthume Ausgabe: Waismann, *The Principles of Linguistic Philosophy.* London/New York: Macmillan and St Martin's Press 1965 (deutsche Ausgabe: *Logik, Sprache, Philosophie.* Stuttgart: Reclam 1976).

[56] In einem Brief vom Herbst 1933 ist zu lesen: „Waismann's book on Wittgensteins philosophy is now nearly finished – at last! I am really quite satisfied with it, and I feel sure it will do a lot of good. I think I wrote you that Wittgenstein came to see me in Italy, and we had a very pleasant and profitable time together. I dictated the chief results to Waismann after my return, and he could put them in his book."(Moritz Schlick an David Rynin, 4. November 1933). Vgl. auch Keicher, „Untersuchungen", a. a. O., S. 61.

[57] Waismann arbeitete gemeinsam mit Wittgenstein im März/April bzw. im August 1934 an seinem Buch (vgl. Moritz Schlick an Rudolf Carnap, 12. März 1934; Friedrich Waismann an Moritz Schlick, 12. April 1934 sowie Moritz Schlick an Rudolf Carnap, 10. Mai 1934). Gegenüber Schlick klagte er im Sommer: „Allein es zeigte sich, dass W[ittgenstein] gleich mit dem Anfang nicht einverstanden war u. erklärte, *so* könne doch das Buch nicht beginnen. Das Seltsame ist, dass gerade dieser Anfang von ihm stammt. Er hatte mir nämlich zu Ostern, als er den Plan des Ganzen entwickelte, vor allem erklärt, wie er sich den Anfang vorstellt u. sogar auf einem Bogen Papier ziemlich ausführliche Bemerkungen niedergeschrieben, – eben die Sätze, an denen er jetzt Anstoss nahm. Als ich ihm das sagte, wollte er es durchaus nicht glauben, bis ich zum Glück den Bogen fand u. ihm nun schwarz auf weiss zeigen konnte, dass diese Sätze von ihm sind. Ich schreibe Ihnen dieses Detail durchaus nicht, um etwa W. einen Vorwurf zu machen. Er hat ja die wunderbare Gabe, die Dinge immer wieder wie zum ersten Mal zu sehen. Aber es zeigt doch, meine ich, wie schwer eine gemeinsame Arbeit ist, da er eben immer wieder der Eingebung des Augenblicks folgt u. das niederreisst, was er vorher entworfen hat." (Friedrich Waismann an Moritz Schlick, 9. August 1934).

sich bis zu einem gewissen Grad anhand von zahlreichen Bemerkungen im Schlick-Briefwechsel nachvollziehen.[58]

Schon Soulez und Baker wäre es möglich gewesen, die hier erwähnte Korrespondenz in ihre Überlegungen miteinzubeziehen, liegt doch das Verzeichnis von Schlicks Nachlass bereits seit mehr als 10 Jahren vor.[59] Und nicht nur das. Im Nachlass wären sie dann auch auf die bis zum jetzigen Zeitpunkt unbeachtet gebliebene *Urschrift* des Diktats *D 302* gestoßen.

Noch ein Diktat. Fassen wir die bisherigen Punkte zusammen, so ergibt sich ein Bild, das vorerst nur die „Protokollantenschaft" Schlicks als gesichert erscheinen lässt. Bleibt also die Frage nach dem Entstehungszeitpunkt, die einesteils dahingehend zu beantworten wäre, dass es derzeit keinerlei gesicherte Anhaltspunkte dafür gibt, dass sich Wittgenstein und Schlick in der unmittelbar an das Treffen in Medea anschließenden Zeit (beispielsweise zu Weihnachten 1933 bzw. im März oder August 1934) erneut getroffen haben.[60] Demgegenüber spricht somit einiges dafür, dass das Diktat *D 302* tatsächlich während des oben geschilderten Zusammentreffens von Wittgenstein und Schlick im Sommer 1933 in Istrien entstanden sein könnte.

Greifen wir aber in diesem Zusammenhang noch auf ein anderes Nachlaßstück zurück: In dem Notizbuch, dass das Stenogramm von

[58] Vgl. auch das Nachwort in der oben genannten deutschen Ausgabe (Anm. 55), S. 647-662; s. außerdem den Briefwechsel zwischen dem *Verlag Julius Springer* und Schlick.

[59] Vgl. *Inventarverzeichnis zum Wiener-Kreis-Archiv*, Nachlass Moritz Schlick (1. Version), bearbeitet von Reinhard Fabian, 6. Dezember 1993. Im April 2007 legte Fabian eine vollständig überarbeitete Fassung des Verzeichnisses vor, das unter www.moritz-schlick.de zum Download bereit steht.

[60] Zu den Zeitabläufen im Jahre 1934 lässt sich folgendes rekonstruieren: Schlick verließ Wien am 26. März und reiste nach Italien, ohne dass eine Begegnung mit Wittgenstein – der am 19. oder 20. in Wien eintraf – stattgefunden hätte (vgl. Ludwig Wittgenstein an Moritz Schlick, [9.] März 1934 sowie Moritz Schlick an Rudolf Carnap, 25. März 1934). Ende Juli bis Ende August verbrachte Schlick seinen Urlaub in Millstatt (Kärnten) (vgl. auch Anm. 57).

D 302 enthält, finden sich weitere Aufzeichnungen in Kurzschrift. Es handelt sich dabei um das im Wittgenstein-Nachlass unter *D 303* verzeichnete Diktat „Die normale Ausdrucksweise [...]“.[61] Zu diesem Umstand lässt sich zunächst folgendes festhalten:

> *Erstens.* Schlick hat für das Diktat *D 302* ein gesondertes, neues Notizbuch begonnen. Der fortlaufende Text wurde von ihm, auf der ersten Seite beginnend, fast durchgängig jeweils auf der rechten Seite notiert.
>
> *Zweitens.* Um nun den neuen Text, also *D 303*, mitzuschreiben, benutzte er gleichfalls dieses Notizbuch, drehte es aber um und begann von hinten mit den Eintragungen.[62]

Im Hinblick auf die Bestimmung der Entstehungszeit von *D 303* – und damit auch von *D 302* – darf vor allem der nachfolgend beschriebene „Rückgriff“ Schlicks auf dieses Diktat nicht unbeachtet bleiben.[63]

Im Nachlass von Schlick findet sich die Mitschrift zu der im Wintersemester 1933/34 von ihm abgehaltenen 5stündigen Vorlesungsreihe „Die Probleme der Philosophie in ihrem Zusammenhang“. Das vorletzte, 22. Kapitel dieser Aufzeichnungen ist überschrieben mit „Vom ‚Ich‘ oder von der ‚Psyche‘“, die entsprechende Lehrveranstaltung dürfte ca. Mitte März 1934 stattgefunden haben.

In diesem Kapitel finden wir – wie gesagt, im Rückgriff auf Wittgenstein – folgendes Zitat:

[61] Nachlass Schlick, Inv.-Nr. 183, D. 2 sowie D. 4. Pichler vermutet für die Diktate D 303, D 305 sowie D 306 eine Entstehungszeit von „frühestens 1930“ (Pichler, *Untersuchungen zu Wittgensteins Nachlass*, a. a. O., S. 117).

[62] Vorder- und Rückseite des Notizbuches sind eindeutig zu unterscheiden, auf dem vorderen Deckel befindet sich ein Aufkleber mit der von Schlicks Hand stammenden Aufschrift „Wittgenstein“.

[63] Den Hinweis auf den hier nachfolgend dargestellten Zusammenhang verdanke ich Johannes Friedl.

„Wittgenstein (unveröffentlicht): ‚Hätten die siamesischen Zwillinge eine gemeinsame Hand und würde diese gestochen, so müsste man nun festsetzen, ob man sagen wollte, sie fühlen beide denselben Schmerz oder verschiedenen'. Wir müssen eine Unterscheidung treffen, wann wir sagen wollen, dass es sich um zwei verschiedene Schmerzen handelt, wann es nur ein Schmerz ist. Zwei Schmerzen könnten wir unterscheiden, wenn sie verschieden beschrieben sind. Die Frage, ob es sich um ein und denselben Schmerz handelt oder nicht, kann nicht früher entschieden werden, als bis gesagt ist, wie diese Schmerzen zu unterscheiden sind: *es handelt sich also um eine grammatische Festsetzung, eine Sprechweise und nicht um eine Tatsache; es kommt also auf die grammatische Struktur an, die die Beziehungen des Wortgebrauches wiedergibt.*"[64]

Mit dem hier offenbar aus dem Gedächtnis zitierten und deshalb leicht abweichenden Gedankengang bezieht sich Schlick ganz augenscheinlich auf das Diktat *D 303*, wo es heißt:

„Wer sagt: ‚Zwei Menschen können nicht denselben (identischen) Schmerz empfinden', den kann man fragen: Wie ist es etwa im Falle der siamesischen Zwillinge? Diese könnten Schmerz an einer Stelle ihres Doppelkörpers empfinden. War das nun ein Schmerz, oder waren es zwei Schmerzen, und welcher Art ist die Untersuchung, ob es das eine oder das andere war?"[65]

Das bis hierher Gesagte lässt drei Schlussfolgerungen zu:

> *entweder* das Diktat *D 303* ist früher (spätestens jedoch im Februar/März 1934) als *D 302* entstanden – Schlick hätte dann aber, was hier vielleicht merkwürdig klingen mag, für die Aufzeichnungen das Notizbuch unbewusst oder aus Versehen von hinten beginnen müssen,
>
> *oder* es fand doch noch ein weiteres, bisher nicht nachzuweisendes Treffen statt – bei dem *D 302* bzw. *D 303* diktiert worden wären –,

[64] Vgl. Nachlass Schlick, Inv.-Nr. 36, B. 16 a, Bl. 165 bzw. Inv.-Nr. 37, B. 17, Bl. 316/317 (in Buchform erschienen: Schlick, *Die Probleme der Philosophie in ihrem Zusammenhang. Vorlesung aus dem Wintersemester 1933/34.* Frankfurt/M.: Suhrkamp 1986, dort S. 241/242).

[65] Nachlass Schlick, Inv.-Nr. 183, D. 4, Bl. 6/7 bzw. Nachlass Wittgenstein, *D 303*, S. 6/7.

> *beziehungsweise* – diese Vermutung drängt sich hier auf – gleichfalls auch *D 303* ist das Ergebnis der von Schlick und Wittgenstein gemeinsam verbrachten Tage in Istrien.

All diese Überlegungen berücksichtigend kommen wir zu dem Ergebnis: *D 302* (und möglicherweise auch *D 303*) ist (sind) das Ergebnis des oben beschriebenen Treffens von Wittgenstein und Schlick im September 1933 in Medea.

Somit wäre also das *Diktat für Schlick* nicht nur als eine der „Zusammenfassungen der damaligen Arbeiten Wittgensteins" zu lesen[66], sondern als eine Art von „Vorgriff" auf die Wittgenstein in der Folgezeit beschäftigenden Problemstellungen. Und dieser „*Vor*griff" wäre – wenn beide Diktate zum gleichen Zeitpunkt entstanden sind – noch dazu mit einem „*Rück*griff" verbunden, denn die eben zitierte Textstelle aus *D 303* ist überdies aus einem anderen Grund von besonderem Belang, findet sich doch der hier von Wittgenstein geschilderte „Fall der siamesischen Zwillinge" an mehreren Stellen seines Nachlasses. Allerdings entstanden all die betreffenden Aufzeichnungen erst in den vierziger Jahren, rund zehn Jahre nach der von Schlick gehaltenen Vorlesung.[67] Wittgenstein hat also unter Umständen erst auf Grund einer erneuten Lektüre von *D 303* dieses Beispiel nochmals aufgegriffen.

Wittgensteiniana im Schlick-Nachlass. Für die weitere Erforschung der Beziehungen zwischen Wittgenstein und Schlick ist es zukünftig sicherlich von Belang, auf die entsprechenden, im Haarlemer *Noord-Hollands Archief* archivierten Dokumente zurückzugreifen.

Die nachfolgende Übersicht basiert auf dem von Reinhard Fabian erstellten und jüngst überarbeiteten Inventarverzeichnis zum Nachlass Moritz Schlick.[68] Die dort verwendeten Nummern, Beschreibun-

[66] Keicher, „Aspekte", a. a. O., S. 212.

[67] Bei den Textstellen handelt es sich um *MS* 129, S. 40; *TS* 227 a bzw. 227 b, S. 165, § 253; *TS* 241 a bzw. 241 b, S. 8, § 32 sowie *TS* 242, S. 2, § 253.

[68] Vgl. Anm. 59.

gen und Titel, die teilweise von Schlick selbst und teilweise vom Bearbeiter des Nachlasses stammen, werden hier übernommen.

Inv.-Nr. 183, D. 1 (Stenogramm, undatiert, 37 S.)
„Versteht man einen Satz, oder ist es erst ein Satz, wenn man es versteht?"

Inv.-Nr. 183, D. 2 (Stenogramm, undatiert, 13 S.)
„Die normale Ausdrucksweise ‚Ich habe Zahnschmerzen' [...]"

Inv.-Nr. 183, D. 3 (Typoskript, undatiert, 32 S., *Abschrift von D. 1*)[69]
„Versteht man einen Satz, oder ist es erst ein Satz, wenn man es versteht?"

Inv.-Nr. 183, D. 4 (Typoskript, undatiert, 11 S., *Abschrift von D. 2*)[70]
„Die normale Ausdrucksweise ‚Ich habe Zahnschmerzen' [...]"

Inv.-Nr. 184, D. 5 (Typoskript, undatiert, 57 S.)[71]
„Wie kann man von dem ‚Verstehen' und ‚Nichtverstehen' eines Satzes reden?"

Inv.-Nr. 184, D. 6 (Manuskript, undatiert, 4 S.)[72]
Wittgenstein (Ambrose)

Inv.-Nr. 184, D. 7 (Stenogramm, undatiert, 3 S.)
Wittgenstein (Mathematik)

Inv.-Nr. 184, D. 8 (Stenogramm, undatiert, 6 S.)
Waismann – Wittgenstein

Inv.-Nr. 184, D. 9 (Stenogramm, undatiert, 1 S.)
Wittgenstein [*Tractatus*] 4.112

[69] Vgl. Nachlass Wittgenstein, *D 302*.

[70] Vgl. ebd., *D 303*.

[71] Vgl. ebd., *MS 140*.

[72] Dem Äußeren nach handelt es sich hierbei um Auszüge aus einem umfangreichen Diktat Wittgensteins für Alice Ambrose.

Inv.-Nr. 184, D. 10 (Stenogramm, undatiert, 1 S.)[73]
Aufzeichnungen zum *Tractatus*

Inv.-Nr. 184, D. 11 (Stenogramm, undatiert, 2 S.)
Aufzeichnungen zu Wittgenstein

Inv.-Nr. 184, D. 12 (Manuskript, undatiert, 1 S.)[74]
„Fragen wie diese: ‚hat jede gerade Zahl die Goldbachsche Eigenschaft?' sind unsinnig [...]"

Inv.-Nr. 184, D. 13 (Typoskript, undatiert, 1 S.)[75]
„Nur die Erfahrung des gegenwärtigen Augenblickes hat Realität [...]"

Inv.-Nr. 184, D. 14 (Typoskript, undatiert, 4 S.)[76]
„Hat es Sinn zu sagen, zwei Menschen hätten denselben Körper?"

Inv.-Nr. 184, D. 15 (Typoskript mit handschriftl. Zusatz, undatiert, 7 S.)
„Alle Erkenntnis ist mitteilbar."

[73] Die Rückseite dieser Aufzeichnungen – Schlick verwendete eine Einladung zu einer Veranstaltung mit dem sowjetischen Schriftsteller Ilja Ehrenburg (1891-1967) – lässt den Schluss zu, dass die Aufzeichnungen frühestens im Dezember 1929 gemacht wurden.

[74] Vgl. Nachlass Wittgenstein, *D 305*.

[75] Hier handelt es sich um einen Auszug aus Wittgensteins *MS 114* (21 v bis 23 r, Eintragung vom 4. Juni 1932).

[76] Vgl. Nachlass Wittgenstein, *D 304*.

Renate Lotz-Rimbach

Mord verjährt nicht: Psychogramm eines politischen Mordes

Der Philosoph Moritz Schlick wurde am 22. Juni 1936, Ende des Sommersemesters an der Universität Wien von einem ehemaligen Studenten auf der Feststiege der Aula vor zahlreichen Anwesenden erschossen. Vom Mörder Johann Nelböck gibt es außer Generalien nicht vieles zu berichten, was ohne den Mord[1] an Moritz Schlick und dessen spektakuläre Inszenierung als Mord auf offener Bühne die Nachwelt erreicht hätte. Gegensätzlicher in Herkunft, Persönlichkeit und Lebensweg, gegensätzlicher in Ausstrahlung und Erfolg können Lehrer und Student kaum sein. Aus eigenem Antrieb und Durchsetzungswillen vom Kleinbauernsohn aus sehr kargen Lebensumständen zum mäßig erkenntnisfähigen Philosophen geworden, wäre Nelböck wahrscheinlich als Unbekannter in der Geschichte verschwunden, hätte er nicht seinen international beachteten Philosophieprofessor und Doktorvater Moritz Schlick in seine wahnhaften Projektionen hineingezogen und vernichtet.

Politischer Hintergrund der Berufung des Philosophen Moritz Schlick 1922 an die Universität Wien war ein Zeitfenster beginnender Demo-

[1] Zum Mordfall: Dokumentation in Friedrich Stadler, Studien zum Wiener Kreis, S. 920-961; Lit.: Peter Malina, Tatort: Philosophenstiege, S. 231-253 in M. Benedikt und R. Burger, Bewusstsein, Sprache und die Kunst, Wien 1988; Peter Mahr, Erinnerung an Moritz Schlick, Textbeiträge und Ausstellungskatalog anlässlich des 60. Todestages, Wien 1986; Michael Siegert, Der Mord an Professor Moritz Schlick, S. 123-131 in Leopold Spira, Attentate, die Österreich erschütterten, Wien 1981.

kratisierung der Ersten Republik. Nach einer grundlegenden Nachkriegskonsolidierung, durch die existentielle Mindeststandards gesichert werden sollten, hatte sich, inmitten der notwendig gewordenen Neuorientierung des sozialdemokratisch regierten Wien, eine außergewöhnliche kulturelle und intellektuelle Vielfalt entwickeln können. Noch heute beeindrucken nicht nur Armutsbekämpfung und die Bandbreite der Leistungen sozialdemokratischer Wohlfahrt, sondern auch Bildungsförderung, Gesellschaftsbild und politische Ethik der damaligen Stadtregierung von Wien.

In dieser nur kurzen Zeit beginnender Demokratisierung in der Ersten Republik wurden auch an der Universität Wien wesentliche Führungspositionen von Persönlichkeiten[2] repräsentiert, deren Handeln geprägt war von bürgerlicher Liberalität und humanitären Idealen. Es gab eine Chance zur Mitgestaltung des nach dem Kriege im Wandel begriffenen neuen Staates, der sich als Kleinstaat neu zu definieren und administrativ neu zu organisieren hatte. Im progressiven Wiener Stadtklima wurde politische Ethik der Sozialdemokratie mit neuen Handlungsinhalten zu erfüllen versucht. Der Magistrat kooperierte mit progressiven Persönlichkeiten der Universität[3]. Innerhalb der Universitätsgremien war Professor Hans Hahn[4] treibende Kraft für die Berufung von Moritz Schlick. Hahn war Mathematiker und Philosoph, der sein Fach nicht nur hervorragend vertrat, sondern auch hochschulpolitisch prägte.

Die demokratische Neuorientierung von Universität und Stadt Wien in den Zwanzigerjahren bot vielversprechende Wirkungsfelder für Menschen, welche an modernen weltzugewandten Entwicklungen teilhaben und mitwirken wollten. Der Boden mag bereitet ge-

[2] Stellvertretend sei hier Heinrich Gomperz genannt, der einer Wiener Bürgerfamilie entstammte, welche in den letzten Jahrzehnten der Habsburger Monarchie das kulturelle und demokratisch-liberale Klima der Stadt Wien mit geprägt hatte. Zum Gomperz-Kreis Friedrich Stadler (1997), Studien zum Wiener Kreis, S. 500ff.

[3] Stellvertretend sei hier auf die Fächer Pädagogik und Soziologie hingewiesen.

[4] Biografie in Friedrich Stadler (1997), Studien zum Wiener Kreis, S. 693f.

wesen sein für den Wiener Kreis, dieses Reservat philosophischer Erkenntnisarbeit, zum Entstehen des Wiener Kreises aber war Moritz Schlicks Berufung nach Wien, sein interdisziplinäres Interesse, und seine von vielen sehr unterschiedlichen Leuten gerühmte Integrationsfähigkeit ausschlaggebend. In den der Berufung folgenden Jahren gestaltete Schlick die österreichische Philosophie des Wiener Kreises zu einem Brennpunkt wissenschaftstheoretischen Denkens in Europa.

Zwischen 1930 und dem Mord 1936 veränderte sich das politische Klima in Wien und an der Universität gegenüber dem ersten Wiener Jahrzehnt von Moritz Schlick in jeder Hinsicht: Bespitzelung, Denunziation, Mobbing und randalierende Prügelbanden wurden in Wien und an der Universität als Folge einer protofaschistischen autoritären Politik üblich. Es war eine Politik, die Demokraten ins Abseits trieb, blind für Folgen gesellschaftlicher Spaltung Sozialisten verfolgte, aber illegale Nationalsozialisten unangemessen gewähren ließ. An der Universität unübersehbar wurde diese Radikalisierung 1930 im Streit um die Universitätsordnung, der von Nationalismus, Antisemitismus und persönlicher Diffamierung beherrscht wurde. Der Streit gipfelte in der Drohung von Universitätsprofessoren gegen den Verfassungsrechtler Prof. Hans Kelsen, dem mit dem Maldiktum „es wird sich doch ein Rothstock[5] finden“ mit Mord gedroht wurde. Hans Kelsen kapitulierte vor dieser Drohung und emigrierte 1930. Wenige Jahre nach dem Staatsstreich des Engelbert Dollfuß, nur vierzehn Jahre nach seinem Ruf an die Universität Wien, am Montag, dem 22. Juni 1936, wurde Moritz Schlick auf dem Weg in seine wöchentliche Vorlesung aus nächster Nähe durch vier gezielte Schüsse mitten aus seinem erfolgreichen Leben gerissen. Einer der Schüsse ins Herz hatte Schlick sofort getötet. Im Mordprozess, fast ein Jahr nach dem Er-

[5] Der Verweis auf Rothstocks spektakuläre Ermordung des Schriftstellers Hugo Bettauer wurde im ‚Ständestaat‘ zum geflügelten Wort gewaltbereiter Intellektueller, die ihre Gegner mit Morddrohung einschüchtern wollten.

eignis, wurde eine Aufklärung des politischen und personellen Hintergrunds dieses Mordfalles unterdrückt.

Der Täter hatte als Tatzeit den Vorlesungstermin von Professor Schlick am Montag Vormittag gewählt. Zu diesem Zeitpunkt war die Aula stets sehr bevölkert. Die Tatinszenierung als Mord auf offener Bühne verschaffte dem Täter die angestrebte Aufmerksamkeit: der an seiner selbstverschuldeten beruflichen Aussichtslosigkeit Verzweifelte raubte Moritz Schlick nicht nur das Leben, sondern eignete sich vorübergehend die Aufmerksamkeit an, welche Schlick in Wien erhalten hatte.

In den Tagen nach dem Mord im Juni 1936 und während der Prozesstage im Mai 1937, bis zu seiner Einlieferung in das Zuchthaus Stein genoss der Mörder die sensationslüsterne Zuwendung der Wiener Presse, die spätestens seit Jahresbeginn 1936 ‚gleichgeschaltet' war: tonangebend die ‚Reichspost', autoritär dirigiert von Friedrich Funder[6]. Die Berichterstattung und auch die Beobachtung der Ereignisse nach dem Mord und während des Prozesses durch das in Lagerkämpfe verstrickte akademische Publikum schmeichelte dem Mörder außerordentlich. Toleriert oder gefördert von politisch instrumentalisierter Justiz inszenierte sich der Mörder als verkannter Philosoph so, dass während des Prozesses der Anschein entstand, das Mordopfer habe die Schuld des Mörders verursacht[7]. Die Pres-

[6] Funders Leitartikel sind Spiegel der faschistoiden Tendenz des politischen Katholizismus in der Vaterländischen Front (VF). Seine Autoren benutzen für besonders aggressive Artikel Pseudonyme. Funder bestellt bei Lohnschreibern wie z. B. Nelböck Artikel, deren Inhalte er vorgibt. Sie werden meist anonym gedruckt. Besonders aggressiv lässt er Ernst Karl Winter, das Volksheim Ottakring und Institutionen attackieren, die sich um Integration von ehemals sozialistischen Gruppierungen und Arbeitern in den sogenannten Ständestaat bemühen. Nach dem ‚Anschluss' wird Friedrich Funder mit dem sogenannten Prominententransport nach Dachau gebracht. In der Zweiten Republik reüssiert Funder als Chefredakteur und Herausgeber der angesehenen katholischen Kulturzeitschrift „FORUM".

[7] Es ist dies eine Sichtweise, die unmittelbar nach dem Mord – vermutlich durch den Universitätsprofessor Johann Sauter (illegaler Nationalsozialist, später Funk-

se kolportierte während des Prozesses 1937 bereitwillig das durch Nelböck verzerrte Bild Moritz Schlicks. Der Verzicht des Gerichts auf Vorladung oder Vorführung des Zeugen Leo Gabriel[8] zum Zweck der Gegenüberstellung mit dem Mörder und anderen Zeugen, deren Aussagen Gabriel als in die Vorgeschichte des Mordes stark involviert beschrieben, ist Grund für die Annahme, dass der Mord an Moritz Schlick 1936 eine nicht nur politische Begünstigung – im Sinne des an der Universität konstruierten und kolportierten politischen ‚Feindbildes Schlick' durch die ‚Deutsche Gemeinschaft' und deren ‚Gelbe Liste'
fnWolfgang Rosar, Deutsche Gemeinschaft, Wien 1971– erfuhr, sondern auch eine personelle[9] durch Leo Gabriel.

Der Philosoph Moritz Schlick war Angehöriger einer für Nelböck unzugänglichen Welt, in der alle seine Lebensziele lagen: Karriere, sicheres Einkommen, gesellschaftliche Anerkennung. Sein Herkunfts-

tionär der NSDAP) unter dem Pseudonym „Austriacus" – in der Wochenzeitung „Schönere Zukunft" (dokumentiert in Stadler, Studien a.a.O) dem Wiener Bürgertum nahegebracht worden war.

[8] Leo Gabriel, nach dem Krieg Ordinarius für Philosophie und später Rektor der Universität Wien, ist bei Verwandten aufgewachsen als Waise und Zögling der Schulbrüder. Er promoviert 1930 nach abgebrochenem Theologiestudium und nur vier Semestern Lehramtsstudium mit mäßigem Erfolg bei Heinrich Gomperz. Nach der Lehramtsprüfung 1931 beginnt seine Berufslaufbahn als Gymnasiallehrer im Bundesschuldienst. Damit hatte er seine Existenzgrundlage gesichert. Kurz nach der Machtübernahme durch Dollfuß betätigt Gabriel sich in der Fortbildung Christlicher Gymnasiallehrer. Diese Berufsmöglichkeit verfolgt er nicht weiter. Nach 1934 steigert er sein Engagement in der Vaterländischen Front und im Volksheim so sehr, dass er spätestens ab Jänner 1936 kaum noch Zeit für den Unterricht am Gymnasium aufgewendet haben kann. Ihm schwebte offensichtlich eine andere Karriere vor. Zur Berufsbiografie Leo Gabriels vor 1938 Renate siehe Lotz in Zeitgeschichte Nr. 6 (31), Wien 2004.

[9] Traude Cless-Bernert in Die Presse 29. 9. 1982, S. 6; Als Zeitzeugin des Mordgeschehens dokumentiert Cless-Bernert ihre Erinnerung für die Zeitschrift Zeitgeschichte, Jg. 9, Nr. 7 April 1982 S. 229-234. dazu auch V. Matejka a.a.O.

milieu war von der Welt des Moritz Schlick durch Sprache, Gesten, Kleidung, und außerberufliche Betätigungsfelder getrennt.

Johann Nelböck, geboren 1903 bei Lichtenegg[10] als zweiter Sohn eines Kleinbauern, war 1925-1930 Schlicks Hörer gewesen und hat 1931 bei ihm promoviert: zur Zeit der Promotion erscheint Nelböck mäßig befähigt, den Dingen auf den Grund zu gehen und mit wenig konstruktivem Erkenntnisinteresse ausgestattet. Seine Dissertation[11] war hinreichend, ein Versuch der Abgrenzung gegen Schlick wird aus dem Text nicht erkennbar. Schlick beurteilte äußerst milde.

Unfähig, die eigene Ausstrahlung und Leistungsfähigkeit realistisch einzuschätzen, setzte Nelböck sich unerreichbare Ziele. Höchst kontraproduktiv zum beabsichtigten Ausbruch aus dem Herkunftsmilieu durch sozialen Aufstieg scheint er zu festgefahren, um neue, vom Elternhaus sehr verschiedene Lebensweisen in seine Persönlichkeitsentwicklung zu integrieren. Seine persönliche Isolation in außerfamiliären Lebenswelten hatte sich schon in Nelböcks Schuljahren abgezeichnet: Er besuchte wegen des extrem weiten Schulwegs und der kargen Lebensverhältnisse im Elternhaus zwei Jahre verspätet das Gymnasium in Wels und verdiente einen Teil der Schulkosten durch Nachhilfestunden für seine um zwei Jahre jüngeren Mitschüler. Darüber hinaus hatte er keine Klassenkontakte. Auch während des Philosophie- und Mathematikstudiums in Wien war Nelböck materiell zu beengt und mental zu festgefahren, um sich der Vielfalt des Studentenlebens zu öffnen. Es gelang ihm nicht, wenigstens seinen Habitus der Umgebung in Wien allmählich anzunähern und sich neuen Gegebenheiten so anzupassen, dass er bei Krisen nicht wieder in das enge Herkunftsmilieu zurückgeworfen wurde.

Nachdem Nelböck sich selbst mit einer Morddrohung gegen Professor Schlick kurz nach der Promotion die Möglichkeit einer Zulas-

[10] Heute eingemeindet in der Bezirksstadt Wels, Oberösterreich.

[11] Johann Nelböck, Die Bedeutung der Logik in Empirismus und Positivismus, Dissertation Wien 1931, UB Wien.

sung zur Lehramtsprüfung verbaut hatte, war seine brotlose Existenz vorgezeichnet.

Der ersten Drohung vorangegangen war 1929/30 ein Eifersuchtskonflikt[12] des Studenten Nelböck mit seinem Lehrer und Vorbild Moritz Schlick. Intrigant manipuliert von der angebeteten Sylvia Borowitzka[13] produzierte 1930 Nelböck sein an die Kollegin adressiertes Imponiergehabe. Mit einer von ihr geliehenen Pistole demonstrierte er den Ernst seiner Drohungen. Vor Studierenden hielt er Brandreden gegen den inzwischen vom verehrten Vorbild zum persönlichen Feind verwandelten Professor, in den seine Kollegin verliebt war. Natürlich erregte derartiges Verhalten die Aufmerksamkeit der studentischen Öffentlichkeit, die ihn als gefährlichen Spinner einzuschätzen begann. Ausgerechnet Silvia Borowitzka[14], die Nelböcks Eifersucht gezielt schürte und danach gekonnt das Spiel zwischen Zurückweisung und Anziehung mit ihrem liebestörichten Kollegen betrieb, teilte ihrem angeschwärmten Professor mit, dass Nelböck ihm nach dem Leben trachte.

[12] Die Vorgeschichte lässt sich rekonstruieren aus zahlreichen Presseberichten. Alle Tageszeitungen berichten in den Tagen nach dem Mord über polizeiliche Vernehmungen sehr ausführlich und recherchieren Hintergrundfakten der Vorgeschichte genau. Auch von den Prozessverhandlungen werden Nelböcks Aussagen wortgetreu wiedergegeben. Zusammen mit dem Gutachten in der Krankenakte, dem psychiatrischen Gutachten zwischen Mord und Prozess entsteht ein genaues Bild der Vorgeschichte des Mordes aus Nelböcks Sicht. Die Ausschnitte sind dokumentiert in StLB Wien, Schlagwortkartei – Presseindex und Tagblattarchiv / Sammlung Dr. Früh, Faszikel Schlick und Nelböck. Zur Krankenakte siehe Peter Malina, a.a.O.

[13] Quellen: Prozessvernehmung von Sylvia Borowitzka und Valerie Hanusch; Hilde Spiel und Traudl Cless-Bernert in Leserbriefen, Pressebeiträgen und Essays. Bericht des Musikers und Zeitzeugen Trötzmüller (Microfiche im Archiv des IVC), belletristisch verarbeitet von Dietmar Grieser, Eine Liebe in Wien

[14] Prof. Moritz Schlick hatte die Annahme von Borowitzkas Dissertation abgelehnt und Prof. Reininger um Betreuung der Doktorandin ersucht. B. versuchte vermutlich durch Nelböcks Manipulation zur Drohung, sich an dem Professor, in den sie offensichtlich verliebt war, für diese Abweisung zu rächen.

Mit offensichtlicher Realitätsblindheit geschlagen trat Nelböck im Januar 1931 den ‚Wahrheitsbeweis' an und konfrontierte sich vor Zeugen mit Moritz Schlick: Er drohte unüberhörbar und nicht zu übersehen dem von Studierenden umringten Professor, er werde ihn töten. Der Professor erstattete Anzeige und nach polizeilicher Vernehmung wurden Borowitzka und Nelböck psychiatrisch untersucht. Nelböck wurde in das psychiatrische Krankenhaus Am Steinhof eingewiesen. Nur unter der Bedingung elterlicher Aufsichtspflicht entließ man ihn sechs Wochen später aus dem psychiatrischen Krankenhaus in familiäre Obhut nach Wels. Doch elterliche Aufsichtspflicht ist eine kaum kontrollierbare Maßnahme gegen aggressive Eskalation eines krisenanfälligen Menschen mit verzerrter Selbst- und Fremdwahrnehmung, der einem anderen Menschen nach dem Leben trachtet.

Nach der durch Morddrohung selbst herbeigeführten Krise landete Nelböck dort, wo er durch Schule und Studium hatte entfliehen wollen: im kleinbäuerlichen Elternhaus, wo es für ihn als Zweitgeborenen keine Lebensgrundlage gab. Unwillig oder nicht fähig, diesen Zusammenhang anzuerkennen, lernte er aus seinen Krisen offensichtlich nur, sich schnellstmöglich der elterlichen Aufsicht zu entziehen.

Schon im Herbst 1931 kehrte Nelböck zurück nach Wien an die Universität und musste feststellen, dass er wegen psychischer Auffälligkeit nicht zur Lehramtsprüfung[15] zugelassen wurde. Er schob die Schuld dafür Professor Schlick zu, weil Anzeige und Einweisung in die Psychiatrie in den Akten des Prüfungsamts fixiert wurden. In der folgenden Zeit begann Hans Nelböck, Moritz Schlick regelmäßig nachzustellen. Sein Aggressionsmotiv gegen den Professor pendelte in dieser Phase noch zwischen Eifersucht und Unterstellung beruflicher Behinderung. Dass er selbst sich um seine einzig realistische Berufschance geprellt habe, kommt dem in Regeln der Logik geschulten Mathematik- und Philosophieabsolventen offensichtlich nicht in den Sinn. Vernehmungen nach dem Mord über diese Zeitspanne der

[15] Ein Hinweis auf Evidenzhaltung dieses Ausschlussverfahrens findet sich in einem Schreiben von Prof. Richard Meister, AUW Personalakte Moritz Schlick.

Vorgeschichte vermitteln den Eindruck, als habe Nelböck Ursache und Wirkung ausgewechselt: Nicht die eigene Morddrohung ist für ihn Grund der verweigerten Zulassung zur Lehramtsprüfung, sondern die Anzeige des Professors. Eine fatale Schuldumkehr.

Nelböck stand unter Druck: Einem Erwerbslosen drohte bei Überschuldung Obdachlosigkeit und nach dem Heimat- und Fürsorgegesetz des ‚Ständestaats' Abschiebung in die Heimatgemeinde. Als Versager war er in seiner Familie unerwünscht und eine materielle Belastung. In der Gemeinde war ihm der soziale Abstieg zum Bauernknecht vorgezeichnet. In durchaus realistischen Befürchtungen sah er sich als Hungerleider ohne soziale Anerkennung. Auch Hohn war ihm bei Rückkehr ins Herkunftsmilieu gewiss: einem Kleinbauernsohn, der ehrgeizigen Aufstieg anstrebt, wird Versagen mit Schadenfreude und Geringschätzung vergolten. Gescheiterte Heimkehrer fallen tiefer als daheimgebliebene Hungerleider, die nichts versucht haben. Trotz der Angst vor demütigender Heimkehr blieb Nelböck jenem Regelkreis, in den er durch Herkunft eingesperrt war, positiv zugewendet: etwas von der Unterstützung, die ihm seine Familie zukommen ließ, wollte er eines Tages zurückgeben können. Er war dankbar für die kleinen familiären Geld- und Sachzuwendungen während des Studiums. Dass die Zuwendungen während des Studiums und danach im Elternhaus Entbehrung verursachten, bewirkte mit täglich zwingender werdender Notwendigkeit, Geld für Miete und Lebensunterhalt selbst zu verdienen, sowie enormen Erfolgsdruck, als Philosoph in Stellung zu kommen. Nelböck wollte das Traumziel seiner Schulzeit, statt Knecht Professor zu werden, nicht verfehlen.

Unter Umgehung des elterlichen Kuratels und trotz extremer Entbehrungen blieb Nelböck auch nach der verwehrten Prüfungszulassung in Wien. Er ernährte sich mehr schlecht als recht von Nachhilfestunden und drangsalierte Schlick mit Nachstellungen, Telefonanrufen, Zetteln an der Wohnungstür. Weil nach einiger Zeit der Polizeischutz für Moritz Schlick unregelmäßig und schließlich ganz eingestellt wurde, beschützten Freunde und Seminarteilnehmer als organisierte Privatbegleitung[16] den bedrohten Professor vor dem als gefährlich eingeschätzten Stalker. Gebannt von pubertär wirkender Selbstüberschätzung, geplagt von der Furcht vor den Folgen des Scheiterns und betört von der eigenen ungeordneten Gedankenwelt[17], attackierte Nelböck die Lebenswelt Schlicks, das Ziel des sozialen Aufstiegs. Er verschaffte sich regelmäßig mit drohenden Nachstellungen Präsenz durch Angst und Unruhe bei seinem vermeintlichen Feind, der ihn als „mein Mörder" bezeichnete.

Im Juni 1932 bedrohte Nelböck Professor Schlick erneut vor Zeugen mit Mordankündigungen. Schlicks Anzeige wegen lebensgefährlicher Drohung zog eine weitere Einweisung nach sich: aber nach der zweiten Entlassung noch im Sommer 1932 trat eine verblüffende Änderung im Verhalten Nelböcks dem Professor gegenüber ein: Offensichtlich hat der Psychiater durch Behandlung und therapeutisches Gespräch erreicht, dass er sich künftig von Schlick fern hielt und Begegnungen vermied. Er solle lernen „sich auf andere, lebenszugewandte Inhalte zu konzentrieren", schrieb Nelböck darüber an eine Freundin in Paris. In der Entlassungsberatung vermittelte der Psychiater die ihm drohenden Maßnahmen, falls er sich nicht fern hielte von Moritz Schlick[18]: Abschiebung in die Heimatgemeinde mit der Auflage täglicher Meldepflicht und elterlicher Bevormundung oder Einweisung in eine geschlossene Anstalt, falls er von den Eltern nicht mehr aufgenommen würde. Die Vorhaltungen zeigten Wirkung. Obwohl Nelböck diesmal nur eine Woche im psychiatrischen Krankenhaus festgehalten und behandelt wurde, war das Ergebnis erfolgreich: 1933 und 1934 stellte er seine Drohungen ein und vermied es, in die Universität zu gehen. Er brachte sich als Privatlehrer und Gelegenheitsautor von Zeitschriftbeiträgen durch. Im Sommersemester 1934 scheint sich Nelböcks Einkommenslage und Berufssituation unerwar-

[16] Hilde Spiel, Traude Cless-Bernert u.a. berichten darüber.

[17] Die Prozessberichte sind voll davon. StLB Wien, Tagblattarchiv a.a.O.

[18] Fürsorgeakten im Stadtarchiv Wels und Aussage des psychiatrischen Gutachters im Prozess, StLB Wien, Tagblattarchiv a.a.O.

tet positiv zu entwickeln: Die Aussicht auf einen Arbeitsvertrag war jedoch eine nur wenige Monate währende Illusion des stellungslosen Jungakademikers.

Seit dem blutigen Bürgerkrieg gegen Sozialisten und deren Ausschaltung im Februar 1934 kehrt in den Universitätsalltag keine Ruhe mehr ein. 1933 und 1934 herrscht dort bereits ein politisches Klima, in dem offen über künftige Neuverteilung von Lehrstühlen[19] spekuliert werden darf. An der Universität kursieren Listen über ‚Juden, Atheisten oder Staatsfeinde' die als ‚Ungerade' angeprangert werden. Auch Moritz Schlick wurde mit einem Flugblatt zum „Mussjuden" und zur Zielscheibe öffentlicher Aggression gemacht. Machtgier, Positionsneid, Opportunismus und Vorurteile bestimmen diese Machenschaften von Dozenten und Professoren der ‚Deutschen Gemeinschaft' die als ‚Alte Herren' deutschnationalen Burschenschaften, christlichen Kartellverbänden oder als ‚Illegale' der NSDAP angehören[20].

In diesem Klima, im Sommersemester 1934 begann Leo Gabriel, der dank der Stellenvakanzen nach Vertreibungen von Sozialisten unerfüllbar viele Vortrags- und Kursverträge bekommen hatte, Nelböck als eine Art Privatvertreter mit vorgegebenem Manuskript einen Teil seiner Vorträge am Volksheim Brigittenau und Ottakring halten zu lassen.

Der junge Gymnasiallehrer Leo Gabriel hatte sich inzwischen bei der VF nach vorne gearbeitet: er war zu diesem Zeitpunkt schon

[19] Die sogenannte „Deutsche Gemeinschaft", ein Geheimbund von Burschenschaften, Universitäts- und Ministerialbeamten, Professoren etc. führt „Gelbe Listen" von sogenannten „Geraden" und „Ungeraden", in der auch Moritz Schlick zum „Mussjuden" gebrandmarkt wird. Quelle: IZG Nachlass von Emmerich Czermak; Lit.: Wolfgang Rosar, a.a.O., Michael Siegert (Wien 1981) in: Forum Juli/August 1981, S. 22-23.

[20] Tagebücher des Emmerich Czermak im Archiv des Instituts für Zeitgeschichte, Universität Wien.

pädagogischer Leiter der Hochschullager und Führerschulungen[21]. Auch den plötzlichen Personalmangel im Volksheim Ottakring hatte er geschickt genutzt und die Leitung der philosophischen Fachgruppe des Volksheims[22] Ottakring an sich gezogen. In dieser Funktion beschäftigte Leo Gabriel seinen Freund und Kollegen Hans Nelböck im Volksheim, ohne die Leitung davon in Kenntnis zu setzen. Weil aber im Volksheim Gabriels Mitläufer[23] als verlängerter Arm der VF nicht willkommen waren, intervenierte Viktor Matejka[24] gegen

[21] Heinrich Drimmel Universitätssachwalter der VF, später österreichischer Unterrichtsminister, verschafft ihm diese Aufgaben. Gabriel wurde 1934 pädagogischer Leiter und Vortragender der VF-Hochschullager, die als staatsbürgerliche Grundausbildung im Sinne des Ständestaats für alle Studenten verpflichtend sind. In diesem Rahmen verfasst Gabriel eine erste ideologische Gebrauchsschrift, „Führertum und Gefolgschaft", in der Liberalismus und Demokratie entstellend verkürzt und verunglimpft werden, während Gewaltanwendung als Durchsetzung von Führungsstärke gerechtfertigt wird. Rudolf Henz u.a. installieren Leo Gabriel bei der Gründung des „Vaterländischen Frontwerks Neues Leben" als dessen Wiener Landessachwalter. Gabriel steht 1936 auf der Seite der neuen VF-Machthaber um Zernatto. Dies erklärt den wachsenden Handlungsspielraum Leo Gabriels in Wien trotz massiver Kritik an seiner NL-Arbeit, sodass er gleichzeitig seinen Aufstieg vom Gymnasiallehrer zum führenden Erwachsenenbildner betreiben kann.

[22] Das Volksheim Ottakring, von Hartmann und Reich 1905 als Volkshochschule gegründet, war ein Volksbildungsinstitut, dessen Bildungskonzept und Satzung in Europa Vorbildwirkung hatte. Alphabetisierung und allgemein verständliche Vermittlung der neuesten wissenschaftlichen Erkenntnisse, handwerkliche und kaufmännische Fortbildung sowie ein breites kunstpädagogisches Angebot, Musik- und Theatergruppen wurden von einer breiten Hörerschaft besucht. Unter den Vortragenden und Fachgruppenleitern finden wir Universitätsprofessoren, Dozenten, Wirtschaftsexperten, Autoren etc.

[23] Gabriels Einkommen ist durch die Beamtenstelle als Gymnasiallehrer gesichert. Er gefährdet grundlos mit einer Pressekampagne und durch Denunziationen (ÖstA, AdR/ Sammlungen / Kartons VF Allgemein und VF Bezirke) zahlreiche Dozenten und Funktionsträger des Volksheims sowie Protagonisten der Sprechchor-Aufführung Hiob.

[24] Nach dem Februar 1934 übernahm der den katholischen Sozialisten zugehörige Kulturreferent der Arbeiterkammer, als promovierter Historiker auch Volksheimdozent, auf Ersuchen des Trägervereins die kommissarische Geschäftsleitung des

Nelböcks satzungswidrige Beschäftigung. Matejkas späterer Aussage[25] vor Gericht und den Volksheim-Protokollen ist zu entnehmen, dass er derartige Weitergaben von Verträgen an Dritte untersagt hatte. Leo Gabriel verschwieg Nelböck vermutlich seinen Konflikt im Volksheim mit dem geschäftsführenden Matejka[26] und motivierte ihn, sich im Volksheim um eine Kursleitung zu bewerben.

Die Annahme liegt nahe, dass Gabriel Nelböck im Volksheim für seine eigene Machterweiterung einzusetzen versuchte, denn seine Bewerbung im Volksheim ist von vornherein aussichtslos: Mit Zustimmung des städtischen Bildungsreferenten Dr. Karl Lugmayer hatte Matejka bereits Ende 1934 mit entlassenen Volksheimdozenten verhandelt, darunter Edgar Zilsel und Friedrich Waismann. Deren Rückkehr ins Volksheim im Sommersemester 1935 war mit dem Magistrat ausgehandelt. Schon im Wintersemester 1934/35 konnten sie einzelne Vorträge halten. Leo Gabriel, der seit Sommer 1934 als Fachgruppenleiter an Programm- und Planungssitzungen[27] des Volksheimes teilnahm, war über die geplante Rückkehr alter Stammdozenten informiert und wusste, dass es 1935 im Fachbereich Philosophie keine Neueinstellungen geben würde. Im Gegenteil: Gabriel hatte allen

Volksheims, bis er durch Leo Gabriel 1936 hinausgedrängt wird. Belege in R. Lotz, Zeitgeschichte, a.a.O.

25 Übereinstimmend mit Dr. Cwicklitzer und Dr. Fleischer, dem Leiter der staatswissenschaftlichen Fachgruppe.

26 Gabriel schleust Spitzel der VF im Volksheim ein, doch trotz der Denunziationen behält Viktor Matejka die Gestaltung der Erwachsenenbildung in der Hand. Dessen Kurs ist dem von Ernst Karl Winter verwandt. Diese Tendenz trifft zusammen mit der Erkenntnis der autoritären Regierung, dass ‚ohne Arbeiterschaft kein Staat' zu machen sei, welche auch hinter der sogenannten ‚Aktion Winter' steht. Matejka bemüht sich gegen die Interessen von Leo Gabriel, die Sektion Philosophie ganz an sich zu ziehen, Ende 1934 einige der entlassenen Volksheimdozenten zurückzugewinnen. ÖVHA, Bestand Ottakring, Protokolle 1934 und FDÖP, Nachlass Leo Gabriel, C-V: handschriftliche Notizen Gabriels über Konflikte im Volksheim Ottakring.

27 ÖVHA/Bestand VHO, Protokolle 1934 und FDÖP Graz, Nachlass Leo Gabriel C-V, Notizen und diverse Schreiben, Konflikte im Volksheim betreffend.

Grund, eine Schmälerung seines eigenen Vertrags zu befürchten. Er konnte daher die Aussichtslosigkeit der Bewerbung, zu der er Nelböck motivierte, einschätzen.

Nelböck zu veranlassen, als Bewerber um eine Kursleiterstelle anzutreten, für die intern bereits mit Waismann verhandelt worden war, kann man nicht als soziale Tat zugunsten eines arbeitslosen Philosophen betrachten, aber mit gutem Grund als eine Drohgebärde von Leo Gabriel gegen Matejka verstehen. Nelböck, der durch Drohungen gegen Schlick als mordbereiter Psychopath verrufen ist, zugunsten Waismanns abzulehnen, konnte Matejka persönlich und politisch gefährlich werden. Leo Gabriel hatte in Sitzungen mehrfach gedroht[28], seine persönliche Einschränkung durch Zilsels Wiederbeschäftigung nicht ohne Konsequenzen seitens der Führung der VF dulden zu wollen. Er hat Matejka und andere in diesen Monaten bespitzeln lassen, denunziert und das Augenmerk der VF-Führung negativ auf das Volksheim Ottakring konzentriert.

Gabriels Versuch, Nelböck an Waismanns Stelle zum Volksheimdozenten zu machen, ist gescheitert. Nachdem Leo Gabriel die Ablehnung der Bewerbung durch das Volksheim mit einer Intervention Moritz Schlicks begründet hatte, nahm Nelböck nach eigenen Aussagen die Drohungen gegen Moritz Schlick wieder auf.

Während Nelböck Schlick und dessen Familie durch regelmäßige drohende oder belästigende Nachstellungen irritiert und ängstigt, inszeniert Leo Gabriel im Volksheim weitere interne Intrigen und be-

[28] Matejkas schriftlichem Nachlass ist zu entnehmen, dass er sich Gabriel entgegenstellt, obwohl er ihn für äußerst gefährlich hält. In Briefen äußert er sich, dass er als Zeuge 1937 vieles, das zur Klärung der Mordumstände hätte beitragen können, nicht habe vorbringen können, um sich nicht selbst zu gefährden. In seiner Autobiografie, Das Buch Nr. 3, weist Matejka hin auf Leo Gabriels persönliche Beteiligung an der Verschärfung von Nelböcks Aggressionen gegen Moritz Schlick, Michael Siegert greift in einem groß aufgemachten Artikel 1982 in „Profil“ darauf zurück. Verblüffend ist die Dreistigkeit, mit der Leo Gabriel sich als Schlick nahestehender Philosoph darzustellen versucht, als 1982 und 1986 infolge einer wenig fundierten Laudatio von Peter Kampits der Pressestreit um Gabriels Beteiligung am Fall Nelböck öffentlich ausgetragen wird.

treibt zwischen Januar 1935 und Juni 1936 einen regelrechten Pressekrieg, mit dem Ziel, das Volksheim[29] im Sinne der VF ‚gleichzuschalten' und die Führung selbst in die Hand zu nehmen. Friedrich Funder, der Wortführer des Ständestaates im Pressewesen, militanter Katholik und Chefredakteur der mächtigsten Zeitung „Reichspost" fördert diese Hetzkampagne gegen das nicht linientreue Volksheim. Insgesamt ist 1935 ein Jahr des Anprangerns letzter Refugien von Demokratie und Meinungsvielfalt.

In Absprache und direkter Zusammenarbeit mit Friedrich Funder[30] brachte Gabriel namentlich gezeichnete Artikel gegen das Volksheim auf Seite 1 in der „Reichspost" unter. Ohne Anlass, der einen so prominenten Platz auf der Titelseite rechtfertigen würde, griff Gabriel Grundsätze, Arbeitsgrundlagen und Selbstorganisation dieser in ganz Europa als vorbildlich geschätzten Volksbildungsstätte an und gab den von Friedrich Funder bereitgestellten anonymen Schreibern Inhalte vor. Intern verstärkte Gabriel zeitgleich den Kampf gegen die Leitung des Volksheimes durch den Versuch, VF-Funktionäre in allen Gremien zu ‚kooptieren'. Bis Sommer 1936 konnte ein prominenter Gegner Leo Gabriels in der VF, der niederösterreichische Landessachwalter Dr. Langhammer, Matejka gegen Gabriels Machenschaften schützen, dann ging nichts mehr. Kurz vor der Änderung des Wiener Volksbildungsgesetzes im Sinne Gabriels und Funders rief die Arbeiterkammer ihren Kulturreferenten Viktor Matejka von der geschäftsführenden Leitung des Volksheimes ab.

Spätestens ab Januar 1936, als Leo Gabriel Landessachwalter der durch die VF gegründeten Kulturorganisation ‚Neues Leben' wurde, hätte er Nelböck in der ihm unterstellten Organisation beschäftigen können. Aber nichts dergleichen geschah. Der Versuch Gabriels,

[29] Renate Lotz, Die ideologische Kriegserklärung der Vaterländischen Front an das Volksheim Ottakring, ein Beispiel österreichischer Gleichschaltung vor 1938. Festvortrag zum 100jährigen Jubiläum des Volksheim Ottakring, Wien 2005. Belegstellen in Zeitgeschichte a.a.O.

[30] Schreiben Funders im Nachlass Leo Gabriels, FDÖP, Graz

Nelböck im Volksheim unterzubringen, muss also andere Gründe gehabt haben, als dessen Protektion, die an anderer Stelle leicht zu bewerkstelligen gewesen wäre.

Nachdem Nelböcks Aggression durch Leo Gabriels Behauptung, Schlick habe gegen dessen Bewerbung im Volksheim interveniert, neuen Stoff bekommen hatte, stellte der Verzweifelte – nun nicht einmal mehr für Schwarzarbeit minimal entlohnt –, schwankend zwischen Selbstmordgedanken und Mordabsicht, dem Professor drei Semester lang nach.

Für Außenstehende scheinbar ohne neuen Konflikt mit Moritz Schlick bedrängte Nelböck plötzlich wieder den Professor äußerst aggressiv. Obwohl er sich unter dem Eindruck der zweiten psychiatrischen Behandlung dieser Art der Machtausübung zwei Jahre lang enthalten hatte, ist Stalking für Nelböck eine bereits erprobte Methode, seine Verzweiflung und Einkommensprobleme abzureagieren. Er zeigte sich vor, nach oder während Schlicks Vorlesungen, drängte sich möglichst nahe an ihn heran, besuchte und störte seine Vorträge, er lauerte ihm auch vor dem Wohnhaus auf. Es kam vor, dass er vor ein anfahrendes Taxi sprang, in dem Schlick seinen Nachstellungen zu entkommen trachtete.

Fast in einer Art Trotz scheint Nelböck zu vermeiden, sich den künftigen Schaden für sich selbst vorzustellen. Da er sich nicht länger von Professor Schlick fern hielt, wäre bei nochmaliger Anzeige Einweisung in eine geschlossene Anstalt, Abschiebung in die Heimatgemeinde oder elterliche Arretierungspflicht zu verhängen gewesen. Nichts von allem, was der Maßnahmenkatalog 1935 als Personenschutz gegen angedrohte Gewalttaten vorsah, ist angewendet worden: Der nach dem Beginn der neuerlichen Nachstellungen von Schlick nochmals beantragte Polizeischutz wurde verwehrt, man schob vor, in Nelböck einen zwar lästigen, aber harmlosen Psychopathen zu erkennen.

Haltlos, über Zusammenhänge nicht oder falsch informiert, innerhalb eines Gemenges von nicht durchschauten Intrigen hin- und hergerissen zwischen Hoffnung und Chancenlosigkeit, lebt der einkommenslose Philosoph von Wasser, wenig Brot, Zigaretten und Brom. Nächtelang geht er in seinem Untermietzimmer schlaflos hin und her, tagsüber lauert er dem Professor auf.

Die von Hans Nelböck wiedergegebene Begründung Gabriels für das Scheitern der Bewerbung lautete:

1. Schlick habe gegen diese Bewerbung im Volksheim interveniert,

2. Schlicks Privatassistent Waismann habe einen Brief an das Volksheim gerichtet und angekündigt, Nelböcks Psychiatrisierung öffentlich zu machen, falls dieser Vorträge im Volksheim halten werde.

Die Kontinuität, mit der Nelböck diese Erklärung Gabriels für die Ablehnung seiner Bewerbung wiedergibt, spricht dafür, dass sie stimmt, auch wenn Gabriel sie zeitlebens vehement bestritt. In allen anderen Punkten sind Nelböcks Aussagen äußerst wechselhaft.

Das Mordmotiv kam in verschiedensten Schattierungen und Versionen wie Eifersucht, religiöser Kränkung, Unterdrückung von Nelböcks ‚Philosophie' oder allem zusammen zur Sprache. Es hatte verblüffende Wandlungen als philosophische Kränkung des Schülers durch die sinnesfreudige ‚eudaimonistische' Haltung des einst mit höchster Bewunderung bedachten Lehrers erfahren und war mit angeblichen ‚Materialismus' ‚Atheismus' oder auch ‚Marxismus' des Philosophen Schlick ‚begründet' worden. Wechselhaft wie Wetterlaune war einmal Nelböcks christliche Kränkung, ein anderes Mal seine eigene ‚negativistische' Philosophie für Erklärungen bemüht worden. In wirren widersprüchlichen Reden ergoss Nelböck seinen Redeschwall je nach Tagesverfassung anders. Aber konkret gefragt nach dem wesentlichen Anlass, sich für die Wiederaufnahme der drohenden Nachstellungen und die Ausführung des Mordes an Schlick zu entscheiden, gab er stets gleichbleibend an, dass die Intervention von Professor Schlick gegen die Bewerbung am Volksheim seine letzte Möglichkeit, beruflich unterzukommen, verhindert habe. Ebenso gleichbleibend wird Leo Gabriel als Quelle für diese vermeintliche Existenzbehinderung durch Schlick angegeben: „darüber bin ich seit Jänner 1935 nie mehr hinweggekommen“[31].

Durch Schlicks vermeintliche Intervention sah Nelböck seine allerletzte Berufschance vernichtet. Schwankend zwischen Hoffnung, der zu befürchtenden Heimkehr als Gescheiterter und Selbstmordgedanken hatte Nelböck ein Jahr als ‚Figur‘ in einer ihm unbekannten Intrige zugebracht: Plötzlich verwandelt er seine Not, Enttäuschung und Verzweiflung in mörderische Aggression gegen den vermeintlichen Verursacher seines Scheiterns. Nach einem Sonntagsausflug[32] mit seinem Freund Leo Gabriel ermordet Johann Nelböck am Montag, dem 22. Juni 1936, seinen ‚Existenzvernichter‘ Moritz Schlick. Unmittelbar nach den für Schlick tödlichen Schüssen stellte sich der Mörder seinem Publikum und der Polizei in einer heldenhaften Selbstinszenierung. Die Art der Mordinszenierung war, wie Nelböck später selbst mitteilte, beabsichtigt: Er hatte vor, sich nach der spektakulären Hinrichtung seines „Vernichters“ selbst zu töten, und wollte durch den Mord der Nachwelt in Erinnerung bleiben. Wie Carl Ludwig Sand, der durch den Mord am erfolgreichen Theaterautor August Kotzebue fast hundert Jahre früher zum Freiheitshelden der deutschnationalen Burschenschaften geworden war und 1936 von den Schlagenden immer noch als Idol verehrt wurde, erwartete auch Nelböck bleibenden Ruhm von der gesellschaftlichen Anerkennung des Getöteten. Tatsächlich fällt die Beachtung, die Moritz Schlick zeitlebens zuteil worden war, nach dem Mord Nelböck in den Schoß. Er erlebt das als persönlichen Erfolg. Dazu teilte Nelböck selbst mit: Er habe nicht als gescheiterter existenzloser Philosoph das Gnadenbrot von Eltern und Bruder nehmen wollen, wollte aber auch nicht als bedeutungsloser Selbstmörder vergessen werden, sondern einen beachteten Abgang von der Bühne des Lebens nehmen, indem er seinen

[31] Nelböck in mehreren Aussagen, StLB Wien, Tagblattarchiv, a.a.O.

[32] Tagblatt und andere Zeitungen 23. 6. 1936

berühmten Feind in den Tod mitnahm. Nelböck wandte sich unmittelbar nach dem Mord vollständig der öffentlichen Sensation zu und erlebt diese euphorisiert. Die Presse stellt seine Selbstauslieferung an die Universitätswache so dar, als habe Nelböck sich emphatisch als Mörder präsentiert. Die Boulevardblätter stilisieren ihn zum Helden. Auch das erinnert an Kolportagen über den Mordfall Carl Ludwig Sand. Nelböcks Verhalten vermittelt den Eindruck, als habe er seinen Vorsatz, sich nach dem Mord selbst zu töten, dank der großen Beachtung des ‚Publikums' einfach versäumt oder verworfen. Der Mord ist Höhepunkt von Nelböcks bisherigem Leben und macht den Kleinbauernsohn und arbeitslosen Akademiker aus Wels zum Mittelpunkt medialen Interesses. Für kurze Zeit ist es ihm gelungen, aus der Enge seines Milieus erfolgreich auszubrechen.

Den Mordprozess im Mai 1937 durchziehen vom ersten Tag an Elemente eines Skandals:

1. Dem Mörder wurde an allen Verhandlungstagen gewährt, das Leben des Opfers Moritz Schlick als sittenwidrig und seine Philosophie als tatfördernden Hintergrund zu brandmarken. Die hypertrophe Steigerung seines Selbstwertes durch diesen Mord präsentiert der Mörder bei all seinen Auftritten redselig, ungehindert zeitaufwändig und gefördert von unangemessener richterlicher Toleranz[33].

[33] Zahlreiche Presseorgane kolportierten unausgegorene Wahnvorstellungen des Mörders und bereichern sie mit damaligen Verdikten wie Materialist, Atheist etc., sodass dem Opfer Mitschuld an der eigenen ‚Hinrichtung' unterstellt wurde. Während der Prozesstage stand Nelböck anstelle des Opfers im Zentrum der Aufmerksamkeit. Er hatte einen bedeutenden Gegner getötet. Im Zusammenhang mit dem Straferlass durch die Nationalsozialisten sind Prozessakten in Berlin bei einem Fliegerangriff vernichtet worden. Von Anklageschrift und Urteilsbegründung, einigen Protokollen, Gutachten etc. existieren heute nur noch Kopien. Die in Wien verbliebenen Akten sind nach 1951 verschwunden. Dennoch lassen sich aus den Aktenkopien im DÖW und durch äußerst zahlreiche Presseberichte der Jahre 1936 und 1937 die Verhöre und Zeugenaussagen verlässlich rekonstruieren.

2. Der Kollege und Förderer des Täters, Leo Gabriel, entzog sich mit unwahren Angaben[34] der Prozessvorladung, ohne dass etwas dagegen unternommen wurde.

Gabriel hätte wegen der Fehlinformation, die laut Nelböcks Aussagen seine Aggressionen gegen Schlick wiederbelebt hat, dem Mörder und den Zeugen der Vorgänge im Volkshein gegenübergestellt werden sollen. Es ist inzwischen nachgewiesen, dass Gabriel zur Prozesszeit nicht verhindert war: Leo Gabriel nahm an mindestens einem Verhandlungstag als Stellvertreter des Vorstands an einer Sitzung des Volksheimes teil. Auf Leo Gabriels Vorladung wurde vom Gericht stillschweigend verzichtet. Er wurde weder dem Mörder oder den Zeugen gegenübergestellt, noch wurde er einzeln verhört. Stattdessen wurde sein Brief mit einer Gegendarstellung verlesen und unangezweifelt als Faktum übernommen. Ungewöhnlich und auffallend ist die Unterbrechung der Vernehmungen des Täters und der Zeugen durch den Richter, so oft Gabriels Rolle in der Vorgeschichte des Mordes angeschnitten wurde. Der Richter beeilte sich jedes Mal, die Aussagenden zu unterbrechen und die Öffentlichkeit über den Inhalt von Leo Gabriels Gegendarstellung zu belehren. Der Richter übernahm dadurch in Verkennung der ihm angemessenen Rolle die Aufgabe eines Verteidigers von Leo Gabriel, anstatt seiner amtlichen Aufgabe nachzukommen: Überprüfung des Wahrheitsgehaltes von Täter- und Zeugenaussagen.

Leo Gabriel wollte der Gegenüberstellung mit dem Mörder und dessen Aussagen über seine Entscheidung, Moritz Schlick zu töten, entgehen, weil durch das Vernehmungsergebnis eine Beschädigung seiner noch ungefestigten Machtposition im Volksheim und Schwierigkeiten in der VF zu erwarten waren. Als Landessachwalter der

[34] Leo Gabriel war nicht wie behauptet zu unvermeidlichen Exerzitien in Innsbruck, sondern nahm während des Prozesses an Vorstandssitzungen im Volksheim Ottakring teil. Belege in Renate Lotz, Zur Biografie Leo Gabriels, S. 381ff in Zeitgeschichte Nr. 6, 31, Wien 2004. Quellen ÖVHA, Bestand VHO, Protokolle; und ÖStA/ AdR/ Sammlungen, Karton VF 43.

Kulturorganisation ‚Neues Leben' hatte er 1936 für seine selbstinszenierten „Gesamtkunstwerke"[35] mehr Häme als Beifall geerntet und schrieb rote Zahlen. Weil die Protektion eines arbeitslosen Philosophen, dessen Bewerbung am Volksheim auf Gabriels Initiative hin erfolgt war, auch damals nichts per se Unehrenhaftes war, darf angenommen werden, dass Gabriel sich der Prozessvorladung verweigerte, damit Folgendes nicht öffentlich diskutiert wurde:

1. Die Funktionalisierung des notleidenden und als labiler Psychopath bekannten Nelböck in einer von vornherein aussichtslosen Bewerbung;

2. Gabriels irreführende Mitteilung an Nelböck über die Ablehnung der Bewerbung im Volksheim sowie die Tatsache, dass diese Mitteilung mehr zur Eskalation beitrug als die angebliche Kränkung des Christen durch Schlicks Philosophie oder die Eifersuchtsaffäre;

3. Gabriels Protektion eines Mörders, der ihn als seinen Freund bezeichnete, sollte nicht breitgetreten werden.

Für Leo Gabriel, aber auch für Friedrich Funder als den Förderer der Pressekampagne gegen das Volksheim stand auf dem Spiel, dass das gesamte Ausmaß einer groß angelegten Intrige öffentlich werden könnte, in deren Mitte ein Mord gediehen ist. Existenzberaubung, Androhen von Gewalt und Aus-dem-Lande-vertreiben scheinen 1937 einer breiten österreichischen Öffentlichkeit als politische Methode des Ständestaates vermittelbar. Mord aber war noch indiskutabel. Deshalb, und um Leo Gabriel als Protagonisten des radikalen Flügels der Vaterländischen Front nicht öffentlich kompromittiert zu sehen, wurde gebilligt, dass Gabriel sich mit fadenscheinigen Ausreden dem Prozessverhör entzog.

[35] Diesen Terminus gebraucht Leo Gabriel selbst für durchaus übliche Propagandaveranstaltungen mit Rahmenprogramm. Langhammer und Czermak beschreiben die Programmqualität als Zumutung.

Das Vorgehen des Gerichts entsprach dem Universitäts- und Staatsklima zur Zeit des Mordes an Moritz Schlick: Es gab kein politisches Interesse an einer vollständigen Aufklärung des Falles Nelböck, weil Haltung und Lehre von Moritz Schlick weder autoritär noch doktrinär vom Ständestaat und seiner Universität vereinnahmt werden konnten. Wissenschaftliche Erkenntnisarbeit und staatliches Indoktrinationsinteresse sind unvereinbare Gegensätze. So werden nur wenig verhohlen Schlicks ablehnende Haltung gegenüber Metaphysik und seine wissenschaftliche Philosophie als den Mord begünstigend mitangeklagt. Das skandalös milde Urteil von nur zehn Jahren Zuchthaus entspricht dieser Prozesstendenz.

Leo Gabriels Nähe zum Mörder von Moritz Schlick verursachte nicht nur im Volksheim, im Unterrichtsministerium und bei der „Reichspost" beträchtlichen Aufruhr. In einigen Institutionen blies Gabriel plötzlich kalter Wind ins Gesicht. Im Volksheim setzte im Herbst 1936 Professor Kisser seinen Führungsanspruch gegen ihn durch, als Landessachwalter des ‚Neuen Leben' wurden ihm Aufgaben entzogen und seinem persönlichen Gegner Liska zugeteilt, der Diözesansekretär verlangte Rechnungslegung über Gabriels Verwendung des kirchlichen ‚Kulturgroschens' durch das ‚Neue Leben'. Er wurde zum Rechtfertigungsgespräch vorgeladen.

Die persönliche Nähe zwischen Leo Gabriel und dem Mörder bleibt schwer durchschaubar hinsichtlich ihres aktiven Einflusses auf Nelböcks Entscheidung zum Mord. Gabriels Schrifttum[36] und seine aggressive Durchsetzung mithilfe politischer Diffamierung verstärken den Verdacht einer erheblichen psychischen Manipulation von Hans Nelböck, die 1935/36 zumindest dessen Zerrüttung und Verzweiflung vorangetrieben hat. Leo Gabriel hat in der Nachkriegszeit nach einem widersprüchlichen Habilitationsverfahren Schlicks Lehrstuhl von Alois Dempf übernommen und in Wien eine beachtliche Universitätskarriere machen können.

[36] Leo Gabriel, Führertum und Gefolgschaft, Wien 1936. Siehe dazu R. Lotz, Zeitgeschichte a.a.O. und den Beitrag von Eckehart Köhler in dieser Publikation.

In den ersten Monaten nach dem Anschluss wurden dem Mörder acht von zehn Strafjahren auf Bewährung erlassen. Zusätzlich bekam Nelböck bei seinen Gnadengesuchen 1938 Hilfe durch den nationalsozialistischen Funktionär Prof. Sauter, der dem Mord an Moritz Schlick nun eine nationalsozialistische Glorìole verlieh. 1947 erhielt nach einer Intervention des kommunistischen Funktionärs Ernst Fischer[37] Nelböck von der sowjetischen Besatzungsmacht ein polizeiliches Führungszeugnis, das ihn als unbescholten bezeichnete. Die Verwaltungstätigkeit bei der Erdölraffinerie, die er während des zweiten Weltkrieges als ‚kriegswirtschaftlichen' Einsatz ausgeführt hatte, konnte er dank dieses Zeugnisses bei der sowjetischen Besatzungsmacht und in der Verstaatlichten Industrie der Zweiten Republik bis zum Lebensende beibehalten. Es ging dem Mörder von Moritz Schlick während des Krieges und in der Nachkriegszeit wesentlich besser als den meisten Emigranten, Kriegsteilnehmern und Heimkehrern.

1951 schrieb Viktor Kraft im Vorwort zu seinem Buch über den Wiener Kreis, Schlick sei von einem nicht zurechnungsfähigen verfolgungswahnhaften Philosophen ermordet worden. Kraft wurde von Johann Nelböck dreist verklagt. Es ist die Zeit, da dieser sich in Wiener Kaffeehäusern vor Publikum ungestraft seines Mordes rühmt. Inzwischen prahlte er damit, dass er statt Moritz Schlick hätte Viktor Matejka erschießen sollen. Da Nelböck im Mordprozess geistige Zurechnungsfähigkeit attestiert worden war, musste Viktor Kraft sich auf einen Vergleich einlassen. Er tat dies auch aus Angst und um sein Familienleben vor Nachstellungen und Drohungen zu schützen. Nelböck starb an plötzlichem Herzversagen 1952 im Kreise eines um Karl Lauss[38] gescharten philosophischen Zirkels, wo er regelmäßig Vorträge gehalten hatte.

In Nelböcks Verleumdungsprozess gegen Prof. Viktor Kraft wurde zwar der Zusammenhang zum Mord des Klägers an Moritz Schlick

[37] So Viktor Matejka in einem Brief an Jean Améry.

[38] Karl Lauss hatte noch ‚Wiederbetätigungsverbot'.

hergestellt, aber rechtsstaatliche Versäumnisse des damaligen Mordprozesses nicht untersucht. Nelböcks Straferlass durch die Nationalsozialisten wurde vom 1951 mit dem Fall befassten Gericht nicht zur Revision vorgeschlagen. Die damals im Landesgericht Wien noch zugänglichen Abschriften der in Berlin 1944 verlorenen Prozessakten waren wenig später nicht mehr auffindbar.

Der Prozess 1937, das für einen Mord extrem milde Urteil, die Haftverschonung des Mörders Ende 1938 durch die Nationalsozialisten, sein „kriegswirtschaftlicher Einsatz" während der Nazizeit und seine faktische Rehabilitierung 1947 sowie die Tatsache, dass der Fall Nelböck von der österreichischen Justiz nach dem Staatsvertrag nicht revidiert worden ist, bleiben ein Skandal, denn Mord verjährt nicht.

Werk / Wirkung

Fynn Ole Engler

Über das erkenntnistheoretische Raumproblem bei Moritz Schlick, Wilhelm Wundt und Albert Einstein

Einleitung

Dieser Aufsatz beleuchtet das Verhältnis zwischen Moritz Schlick und dem Begründer der experimentellen Psychologie Wilhelm Wundt im Hinblick auf ihre Ansichten zum erkenntnistheoretischen Problem des Raumes.[1] Es sollen zwei frühe nachgelassene Stücke Schlicks aus seinen durch die Beschäftigung mit der empirischen Psychologie geprägten Züricher Jahren (1907-1909) diskutiert werden. Darin setzt er sich mit dem erkenntnistheoretischen Raumproblem in Verbindung mit den Fragen nach der *Entstehung unserer Raumanschauung* und der *Bedeutung des mathematischen Raumbegriffs* auseinander.[2]

[1] Zu Leben und Wirken Wilhelm Wundts siehe u. a. Edmund König, *W. Wundt als Psycholog und als Philosoph.* Stuttgart: Frommann 1902; Wilhelm Wundt, *Erlebtes und Erkanntes.* Stuttgart: Kröner 1920; Peter Petersen, *Wilhelm Wundt und seine Zeit.* Stuttgart: Frommann 1924; Hans Hiebsch, „Wilhelm Wundt und die Anfänge der experimentellen Psychologie“, in: *Sitzungsberichte der sächsischen Akademie der Wissenschaften zu Leipzig*, Philologisch-historische Klasse, Bd. 118, H. 4, 1977; Georg Lamberti, *Wilhelm Maximilian Wundt (1832-1920): Leben, Werk und Persönlichkeit in Bildern und Texten.* Bonn: Deutscher Psychologen Verlag 1995 sowie Robert W. Rieber und David K. Robinson (eds.), *Wilhelm Wundt in History. The making of a Scientific Psychology.* New York: Kluwer 2001.

[2] Vgl. Schlick-Nachlass, Inv.-Nr. 151, A. 98-3, S. 1-43, Ms Die Lehre vom Raum in der gegenwärtigen Philosophie (nachfolg. Ms Lehre vom Raum) und Inv.-Nr. 1,

Eingangs wird die Position Wundts anhand seiner beiden erkenntnistheoretischen Hauptwerke[3] erläutert, bevor im Zusammenhang mit den Züricher Arbeiten Schlicks ein Vergleich beider Auffassungen erfolgt. Im Anschluss daran soll gezeigt werden, inwiefern Schlicks Diskussion des Raumproblems in den angeführten Nachlaßstücken auf seine erkenntnistheoretische Positionionierung zum Raum sowohl in Bezug auf die *Allgemeine Erkenntnislehre* als auch auf die spätere Auseinandersetzung mit der Einsteinschen Relativitätstheorie, die Schlick in *Raum und Zeit in der gegenwärtigen Physik* als einer der ersten von einem naturphilosophischen Standpunkt aus behandelt, bestimmend war.[4]

Wundt über den psychologischen Ursprung unserer Raumanschauung und zur erkenntnistheoretischen Bedeutung des mathematischen Raumbegriffs

In seiner Rostocker Vorlesung „Philosophie der Gegenwart im In- und Auslande“ aus dem Sommersemester 1912 charakterisiert Moritz

A. 1, 15 Bl., Ts Die Lehre vom Raum in der gegenwärtigen Philosophie (nachfolg. Ts Lehre vom Raum).

[3] Vgl. Wilhelm Wundt, *Logik. Eine Untersuchung der Principien der Erkenntniss und der Methoden wissenschaftlicher Forschung*, Erster Band: *Erkenntnisslehre*. Stuttgart: Ferdinand Enke ²1893 und ders., *System der Philosophie*, Erster Band. Leipzig: Wilhelm Engelmann ³1907. Überdies werden Überlegungen Wundts aus dem dritten Band seines psychologischen Hauptwerkes unterstützend herangezogen (Wilhelm Wundt, *Grundzüge der physiologischen Psychologie*, Dritter Band, Fünfte völlig umgearbeitete Auflage, Leipzig: Verlag von Wilhelm Englemann 1903).

[4] Vorab ist es wichtig zu bemerken, dass Schlick ursprünglich vorgesehen hatte, seinem Nachlaßstück den Titel „Raum und Zeit in der gegenwärtigen Philosophie“ zu geben (vgl. Schlick-Nachlass, Inv.-Nr. 151, A. 98-2, Ms Skizze zu den Habilitationsvorlesungen, S. 1). Die von ihm in der Skizze zur Vorlesung explizit angeführten Personen, mit denen er sich insbesondere auseinandersetzen wollte, sind neben Immanuel Kant im Zusammenhang mit der Zeit Ludwig Boltzmann und in Verbindung mit dem Raum Alois Riehl, Gerardus Heymans, Hermann von Helmholtz, Bernhard Riemann und Wilhelm Wundt (vgl. ebd.).

Schlick den Leipziger Psychologen und Philosophen Wilhelm Wundt mit den eingehenden Worten:

„Er steht in erster Reihe unter denjenigen, die zu der sog. Wiedergeburt der Philosophie in der Gegenwart beigetragen haben. Er hat zuerst [...] das Princip ausgesprochen und energisch zur Anwendung gebracht, dass das philosophische Denken *allein* auf den Ergebnissen der Einzelwissenschaften ruhen sollte, und dass alle nicht aus dieser Quelle geschöpften Voraussetzungen abgelehnt werden sollten."[5]

Schlick hat mit dem Philosophen Wundt vor allem den Erkenntnistheoretiker vor Augen, dessen umfangreiche *Erkenntnisslehre*, die in zweiter Auflage 1893 erschienen war, Schlick studiert hatte. Mit seinem Urteil bringt er nicht nur eine treffende Kennzeichnung der erkenntnistheoretischen Position Wundts zum Ausdruck, sondern legt gleichfalls den eigenen Standpunkt zum Verhältnis zwischen empirischer Einzelwissenschaft und philosophischer Erkenntniskritik dar, ist doch auch für Schlick die Erkenntnislehre nur möglich, indem sie die Resultate der empirischen Wissenschaften zur Grundlage ihrer Erörterungen nimmt. In der angeführten Vorlesung heißt es dazu:

„Ehe man ein System aufbaut und Metaphysik treibt, muss man mit der größten Sorgfalt den Erkenntnisprocess selbst untersuchen, durch Betrachtung der Wissenschaften muss man feststellen, was Erkennen nicht und was es leisten kann. Und es muss mit strengster Kritik jeder Erkenntnisbegriff ausgeschieden werden, der nicht den wissenschaftlichen Anforderungen genügt."[6]

Die empirische Einzelwissenschaft, die den Erkenntnisvorgang zuallererst thematisiert, ist für Wundt die experimentelle Psychologie.[7]

[5] Schlick-Nachlass, Inv.-Nr. 6, A. 8, Ms Philosophie der Gegenwart im In- und Auslande (Manuskript zur Vorlesung im Sommersemester 1912 an der Universität Rostock), Bl. 12.

[6] Ebd., Bl. 23.

[7] Zum Verhältnis der Psychologie als Naturwissenschaft zur Erkenntnistheorie siehe Wilhelm Wundt, „Psychologie", in: *Die Philosophie im Beginn des zwanzigsten Jahrhunderts. Festschrift für Kuno Fischer*, hrsg. von Wilhelm Windelband, Heidelberg: Carl Winter's Universitätsbuchhandlung [2]1907, S. 1-57 und

Diese problematisiert neben der *Entstehung unserer Zeitanschauung* auch den *Ursprung der räumlichen Vorstellungen*. Der Anfang allen Erkennens liegt für Wundt im sinnlichen Wahrnehmungsinhalt, der sich aus *Vorstellungsobjekten* zusammensetzt, die in einer bestimmten Ordnung zueinander stehen. Dabei unterliegt die Gesamtheit des in der Wahrnehmung enthaltenen Erfahrungsmaterials einer psychologischen Analyse, welche die konstanten Bestandteile unserer Wahrnehmung abzusondern hat, die den wechselnden Empfindungen ihre ursprünglich erfahrene Ordnung verleihen. Erst die psychologische Analyse erlaubt es daraufhin den einzelnen Elementen des Wahrnehmungsinhalts den Charakter des subjektiv Veränderlichen oder des objektiv Notwendigen zu verleihen. Im Gegensatz zur traditionellen Erkenntniskritik trennt Wundt auf diese Weise nicht schon von Beginn an zwischen Subjekt und Objekt, sondern stellt das Vorstellungsobjekt an den Anfang seiner Überlegungen, das als unzerlegte Einheit erfahren wird und so nicht bereits in seine subjektiven und objektiven Bestandteile geschieden ist. Die eigene Position beschreibend betont er:

> „Ganz den entgegengesetzten Weg geht diejenige Erkenntniskritik, die von der wissenschaftlichen Forschung im einzelnen von frühe an thatsächlich geübt worden ist und noch immer geübt wird. Sie nimmt zu ihrem Ausgangspunkt nicht das Subject, sondern das ursprünglich gegebene Vorstellungsobject, das ja von Anfang die Eigenschaft besitzt nicht nur Vorstellung, sondern auch Object zu sein [...]."[8]

Die aus der Gesamtheit der einzelnen Vorstellungsobjekte und ihrer Relationen zueinander gebildete Anschauung der Außenwelt ist dann, wie Wundt weiter feststellt, „selbst kein Erzeugnis des reflectirenden Denkens, sondern ein ursprünglich gegebenes [...]"[9], von der

ders., *Die Philosophie im Kampf ums Dasein* (1913) wiederabgedruckt in: ders., *Ausgewählte psychologische Schriften. Abhandlungen, Aufsätze, Reden*, Band 2 (1891-1913), Leipzig: Zentralantiquariat der DDR 1983, S. 561-602.

[8] Wundt 1893, S. 426.

[9] Ebd., S. 424.

alle empirische Einzelwissenschaft und die auf ihre Resultate sich gründende Erkenntnistheorie auszugehen hat. In diesem Zusammenhang formuliert Wundt die vordringliche Aufgabe der Erkenntnislehre. Er schreibt:

„Nicht objektive Realität zu schaffen aus Elementen, die selbst solche noch nicht enthalten, sondern objektive Realität zu bewahren, wo sie vorhanden, über ihre Existenz zu entscheiden, wo sie dem Zweifel ausgesetzt ist: dies ist die wahre und allein lösbare Aufgabe der Erkenntniswissenschaft. Die alte Regel: aus nichts wird nichts, behält auch hier ihre Geltung. Wo keine Wirklichkeit ist, lässt sich mit allen Künsten logischen Scharfsinns keine zuwege bringen. In Wahrheit erfüllt daher die Erkenntnislehre, wenn sie nach jenem Grundsatze handelt, nur ein Postulat, das die Einzelwissenschaften auf ihren besonderen Gebieten bereits stillschweigend befolgt haben.“[10]

[10] Wundt 1907, S. 91 f. In diesem Zusammenhang hat Wundt im weiteren zwei methodische Vorgehensweisen ausgezeichnet und voneinander unterschieden: „In der Philosophie gilt seit Descartes beinahe unbestritten der Satz, dass man keine Tatsache als wahr annehmen solle, die man nicht klar und deutlich erkannt habe. [...] Nun ist es gewiss beachtenswert, dass jene Regel der alten Erkenntnistheorie, wonach man zunächst jede Tatsache als zweifelhaft betrachten und ihr erst dann Gewißheit zugestehen soll, wenn sich hierzu überzeugende Gründe finden, von der *wissenschaftlichen* Erkenntnis im einzelnen nicht befolgt wird und niemals befolgt worden ist. Zugleich aber kann sich niemand der Einsicht verschließen, dass die ganze Sicherheit des Erfolges, deren sich, bei allen Irrungen im einzelnen, die Wissenschaften erfreuen, eben darauf beruht, dass sie sich der *vollständigen Umkehrung jenes Grundsatzes* bedienen. Irgendeine in der Erfahrung gegebene Tatsache betrachten sie so lange als wahr und als behaftet mit den ihr in der Anschauung zukommenden Eigenschaften, als sich nicht zwingende Gründe ergeben, diese Voraussetzung aufzuheben. Die wissenschaftliche Forschung ist um so sicherer ihren Weg gegangen, je strenger sie diesen Grundsatz festhielt und je weniger sie sich durch Hypothesen, die man ohne unmittelbare Nötigung zu dem Tatbestand der Erfahrung hinzufügte, in der Durchführung desselben stören ließ.“ (Ebd., S. 92 ff.) Schlick hat diese Trennung in seiner *Allgemeinen Erkenntnislehre* aufgegriffen und sich gleichfalls zu der von Wundt zuvor beschriebenen wissenschaftlichen Methode bekannt (vgl. Moritz Schlick, *Allgemeine Erkenntnislehre*, hrsg. von Hans Jürgen Wendel und Fynn Ole Engler, in: *Moritz Schlick Gesamtausgabe*, Abteilung I: Veröffentlichte Schriften, Band 1, Wien, New York: Springer 2008, B 171 f.; nachfolg. *MSGA* I/1).

Vor diesem Hintergrund obliegt die anfängliche Analyse des sinnlichen Wahrnehmungsinhalts den Forschungen der empirischen Psychologie, an die sich ihre bewährten Ergebnisse aufgreifend zunächst die anderen Einzelwissenschaften und unter letztlich allgemein logische Gesichtspunkten die philosophische Erkenntniskritik anschließen sollten. Hierbei gilt nach Wundt:

> „Wenn wir demnach denjenigen Massstab an die Gewissheit anlegen, den die wissenschaftliche Forschung wirklich anwendet, so haben als *objectiv gewiss* diejenigen Thatsachen zu gelten, *die auf dem Wege fortschreitender Berichtigung der Wahrnehmungen nicht mehr beseitigt werden können.* Dieses letzte und entscheidende Kriterium der Gewißheit ist nun selbst kein thatsächliches, sondern ein *logisches.* Objective Wahrnehmungen können uns immer nur darüber belehren, dass eine Thatsache bis dahin der Berichtigung widerstanden hat; ob sie aber auch fernerhin derselben widerstehen werde, dies kann sich nur aus Schlussfolgerungen ergeben, die sich freilich ihrerseits auf Wahrnehmungen stützen müssen.“[11]

Unter dieser Maßgabe untersucht der empirische Psychologe das Erfahrungsmaterial, wobei seine Aufgabe darin liegt, hinsichtlich des Wahrnehmungsinhalts diejenigen Bestandteile ins Subjektive zurückzunehmen, die sich im Gegensatz zu den objektiven Anteilen als unbeständig erweisen. Hierbei trennt er gleichfalls die *inneren* von den *äußeren Einflußfaktoren* unserer Wahrnehmung und unterscheidet ihre *zufällig wechselnden* von den *konstanten Bestandteilen.* Schließlich werden damit verbunden objektive Kriterien angegeben, aufgrund derer die Gegenstände der Realität oder die auf äußere Objekte bezogenen Wahrnehmungsinhalte als *wirklich* ausgezeichnet werden können.

Stellt man das Ergebnis der Zerlegung im Zusammenhang mit einem bestimmten Vorstellungsobjekt dar, so ist dieses in Bezug auf seine *subjektive* Vorstellungsseite für Wundt ein „Complex von Empfindungen“, der von *objektiver* Seite aus betrachtet „durch den räumlichen Zusammenhang seiner Bestandtheile und durch die zeitliche Stetigkeit seiner Veränderungen als ein Ganzes aufgefasst, von

[11] Wundt 1893, S. 433.

anderen Vorstellungseinheiten unterschieden, aber zugleich zu ihnen in bestimmte räumliche und zeitliche Relationen gebracht wird"[12]. Die Kriterien für die Auszeichnung von Gegenständen einer objektiven Realität bringt er im weiteren wie folgt zum Ausdruck:

„Demnach wird, wenn es darauf ankommt, die *objectiven* Kriterien festzustellen, nach denen wir Gegenstände unterscheiden, die Definition derselben in dem Satze zusammenzufassen sein: *Gegenstände oder Dinge sind von unserem Willen unabhängige Complexe von Empfindungen, denen räumliche Selbständigkeit und zeitliche Stetigkeit zukommt.*"[13]

Läßt sich mit den Augen des experimentellen Psychologen daher der ursprünglich gegebene Wahrnehmungsinhalt im Ergebnis einer Analyse einerseits in die konstanten Anschauungsformen von Raum und Zeit und andererseits einen wechselnden qualitativen Inhalt trennen, so stellt sich die Frage nach den Motiven, die ihn zu einem solchen führen. Ihre Beantwortung gibt gleichfalls Aufschluß über den psychologischen Ursprung unserer Anschauungen von Raum und Zeit. Bei Wundt lautet es hierzu:

„Der Psychologie bot sich ein erster Anlass zur Unterscheidung der Raum- und Zeitformen von dem Inhalte der Empfindungen durch die Beobachtung, dass jene Formen gewisse Wechselbeziehungen verschiedener Empfindungen voraussetzen, und dass sie sich nur mit der Art dieser Wechselbeziehung, nicht aber mit den sonstigen Eigenschaften der Empfindungen verändern."[14]

Im Hinblick auf unsere Raumanschauung, die nun im weiteren allein betrachtet werden soll, macht Wundt deutlich, dass der „Raum *psychologisch* als eine Form der Ordnung unserer Empfindungen anzusehen [ist], die nicht irgend welchen einzelnen Empfindungen als eine ihnen spezifisch zukommende Qualität anhaftet, sondern durch

[12] Ebd., S. 424.

[13] Ebd., S. 467.

[14] Wundt 1907, S. 99.

eine Wechselbeziehung von Empfindungen und einen dieser entsprechenden assoziativen Verschmelzungsprozeß entsteht"[15].

Die empirische Bedingung für die Herausbildung unserer ordnenden Raumanschauung ist somit in einer bestimmten Art von Verbindungen unterschiedlicher Empfindungskomplexe zu suchen; eine Aufgabe, die durch die experimentelle Psychologie zu lösen ist. Dabei stellt Wundt heraus, dass hierfür allein die Netzhaut- und Bewegungsempfindungen in Frage kommen:

> „Wollen wir also ausdrücken, was uns thatsächlich gegeben ist, so können wir nur den *Verbindungen* der Netzhaut- und der Bewegungsempfindungen die räumliche Eigenschaft zuschreiben."[16]

Mit der Auszeichnung des Seh- und Bewegungssinnes verbindet Wundt seine „Theorie der complexen Localzeichen", die verstanden als komplizierter Meßprozeß schließlich den Aufbau räumlicher Vorstellungen aus psychologischer Sicht hinreichend erklärt[17]:

[15] Ebd., S. 100 (meine Hervorhebung). Im Zusammenhang mit dem psychischen Vorgang der assoziativen Verschmelzung unterscheidet Wundt zwischen intensiver und extensiver Verschmelzung. Er schreibt: „Die fundamentalste Form der Association ist die *associative Verschmelzung der Empfindungen.* Da einfache Empfindungen in unserm Bewusstsein nicht vorkommen, so ist jede wirkliche Vorstellung ein Verschmelzungsproduct von Empfindungen. Wir können zwei Unterformen dieser Verschmelzung unterscheiden: die *intensive*, bei der nur gleichartige Empfindungen sich verbinden, und die *extensive*, die aus der Vereinigung ungleichartiger Empfindungen hervorgeht. Die erstere ist vorzugsweise bei den Gehörsvorstellungen und den Gefühlen, die letztere bei den Gesichts- und Tastvorstellungen wirksam." (Wundt 1903, 3. Bd., S. 526 f.)

[16] Wundt 1893, S. 511.

[17] Zum Begriff des Lokalzeichens, der sich ursprünglich bei Hermann Lotze findet, später insbesondere auch in den Werken Theodor Lipps aufgegriffen wurde, siehe Otto Klemm, *Geschichte der Psychologie.* Leipzig und Berlin: Druck und Verlag von B.G. Teubner 1911, S. 351-356. Lotze definiert das Lokalzeichen dabei wie folgt: „Finden wir irgendwo Veranstaltungen getroffen, um eine Vielheit äusserer Reize in geordneten geometrischen Verhältnissen auf das Nervensystem wirken zu lassen, so sind uns solche Einrichtungen allerdings als Andeutungen wichtig, dass die Natur aus jenen räumlichen Beziehungen etwas für das Bewusstsein zu machen

„Den Process der Raumanschauung können wir dann kurz bezeichnen als eine Ausmessung des mehrfach ausgedehnten Localzeichensystems der Netzhaut durch die einförmigen Localzeichen der Bewegung. Seiner psychologischen Natur nach ist dieser Process eine associative Verschmelzung: er besteht in der Verschmelzung beider Empfindungscomplexe zu einem Product, dessen elementare Bestandtheile in unserer unmittelbaren Vorstellung nicht mehr von einander isolirt werden können; dieser ist nur das aus ihnen resultirende Product gegeben, die räumliche Anschauung.“[18]

Demnach hat man sich von einem psychologischen Standpunkt aus betrachtet die Entstehung räumlicher Vorstellungen als den sukzessiven Aufbau eines ausgedehnten Netzwerkes voneinander abgegrenzter (meßbarer) Orte vorzustellen, deren jeweilige Position durch den Abgleich unterschiedlich dimensionierter Koordinatensysteme erfolgt, die an bestimmte Sinnesempfindungen gebunden sind. Das Ausmessen eines Ortes im Anschauungsraum als Festlegung seiner jeweiligen Koordinaten ist dabei mit dem Verschmelzen unterschiedlicher Empfindungskomplexe an dieser Stelle notwendig verbunden.

Eine Zerlegung dieses *raumbildenden* Vorgangs in seine inhaltlichen und formalen Bestandteile kann dabei erst das Ergebnis einer nachträglichen psychologischen Analyse sein. Diese stellt heraus, dass unsere Fähigkeit zur konstanten Raumbildung als ordnendes formales Prinzip der Vorstellungen mit der Verschmelzung von Sinnesempfindungen zusammenhängt. Sie tritt immer genau dann ein, wenn die Verschmelzung *derart* ist, dass sie Meßbarkeit, d. h. eine Positio-

beabsichtigt. An sich jedoch erklären sie nichts, und es ist nothwendig, überall in den Sinnesorganen zugleich jene anderen Mittel aufzusuchen, durch welche die Lage der erregten Punkte noch neben ihrer qualitativen Erregung auf die Seele zu wirken vermag. Da nun die spätere Localisation eines Empfindungselementes in der räumlichen Anschauung unabhängig ist von seinem qualitativen Inhalt, so dass in verschiedenen Augenblicken sehr verschiedene Empfindungen die gleichen Stellen unsers Raumbildes füllen können, so muss jede Erregung vermöge des Punktes im Nervensystem, an welchem sie stattfindet, eine eigenthümliche Färbung erhalten, die wir mit dem Namen ihres *Localzeichens* belegen wollen.“ (Hermann Lotze, *Medicinische Psychologie oder Physiologie der Seele*. Leipzig: Weidmann'sche Buchhandlung 1852, S. 330 f.)

[18] Wundt 1893, S. 512. Vgl. auch ders., 1903, 2. Bd., S. 669-686.

nierung und merkliche Abgrenzung der miteinander verschmolzenen Empfindungskomplexe von ihrer unmittelbaren Umgebung nach sich zieht. In Bezug auf den psychologischen Ursprung unserer Raumanschauung gilt überdies im allgemeinen: Da der Raum als beständige Anschauungsform mit dem qualitativen Erfahrungsinhalt aufs engste verbunden ist, lässt sich seine Absonderung im Sinne einer kantischen Anschauungsform a priori lediglich vermittels einer *begrifflichen Abstraktion* durchführen. Wundt schreibt:

„Kant hat gezeigt, dass Raum und Zeit als Anschauungsformen a priori jeder einzelnen Wahrnehmung vorausgehen, weil wir keinen Gegenstand wahrnehmen können, ohne ihn sofort räumlich und zeitlich zu ordnen. Wenn er demnach Raum und Zeit als ‚transcendentale Formen' bezeichnete, so will dieser Ausdruck, wie heute wohl allgemein anerkannt ist, nicht etwa bedeuten, dass sie als leere Formen in uns liegen, bereit jeden sich ihnen von außen darbietenden Empfindungsinhalt aufzunehmen, sondern dass sie vielmehr ‚Functionen' unseres Bewusstseins sind, die immer in dem Augenblick erst in Wirksamkeit treten, wo uns Empfindungen gegeben werden. Daraus folgt von selbst, dass auch die ‚Materie der Empfindungen' niemals ohne jede ordnenden Formen gegeben sein kann, dass es sich also überall da, wo wir von einer ‚reinen Empfindung', ebenso aber da, wo wir von ‚reiner Raum- und Zeitanschauung' reden, nur um logische Abstractionen handeln kann. Bei der reinen Empfindung abstrahiren wir ebenso von der Raum- und Zeitform, wie wir umgekehrt bei dieser von dem Empfindungsinhalte abstrahiren, ohne den uns nie der Raum und die Zeit in der Wirklichkeit gegeben sein kann."[19]

Indem der Raum unabhängig von seinem Inhalt damit nur noch gedacht, aber nicht mehr vorgestellt werden kann, ist er nach Wundt keine Anschauungsform a priori, sondern Begriff und somit definierbar. Für ihn gibt es dabei letztlich einen ausgezeichneten Begriff – nämlich den des Euklidischen Raumes –, der mit unserer wirklichen Raumanschauung übereinstimmt. Die wesentlichen Merkmale dieses mathematischen Raumbegriffs festzustellen ist die Aufgabe der Geometrie. Gibt man nun das logische Motiv an, das zur Absonderung des Raumbegriffs vom Wahrnehmungsinhalt führt, stellt Wundt heraus:

[19] Wilhelm Wundt, „Was soll uns Kant nicht sein?", *Philosophische Studien*, 7. Band, 1892, S. 1-49, hier: S. 14.

„So erweisen sich bei allem Wechsel der Wahrnehmungen die formalen Bestandteile des Wahrnehmungsinhaltes als diejenigen, die unabhängig von dem wechselnden Stoff der Empfindungen beharren können, wogegen ihre eigene Veränderung immer auch eine Veränderung an dem Empfindungsmaterial mit sich führt.“[20]

Der logische Grund für die Scheidung der räumlichen Merkmale des Wahrnehmungsinhaltes von seinen anderen Bestandteilen liegt in der Konstanz der räumlichen Form bei beliebig gedachter Variation des Inhalts, was umgekehrt nicht möglich ist, da jede denkbare Veränderung der Form mit einer notwendigen Änderung des Inhaltes einhergeht. Infolgedessen stimmen die Ergebnisse der logischen Analyse mit den empirischen Resultaten der Psychologie überein. Hatte sich hier gezeigt, dass die räumliche Form unserer Wahrnehmung, die im Zusammenhang mit einer *bestimmten Art der Verbindungen verschiedener Empfindungskomplexe* erklärt werden kann, eine empirische Notwendigkeit darstellt, liefert die logische Analyse des Erfahrungsmaterials die Beständigkeit der räumlichen Bestandteile gegenüber ihrem zufällig wechselnden Inhalt, wobei diese Notwendigkeit nun nicht durch die Erfahrung bestätigt wird, sondern das Ergebnis einer begrifflichen Abstraktion ist. Wundt schreibt:

„Entspringt hiernach die Raumanschauung psychologisch betrachtet ganz und gar aus den Bedingungen unserer psycho-physischen Organisation, so steht nichts im Wege, sie in diesem Sinne als eine nothwendige Anschauungsform zu bezeichnen. Aber diese Nothwendigkeit ist nicht die Folge eines vor aller Erfahrung in uns liegenden Apriori, sondern das Ergebniss der *Constanz*, in der sich mit allen auf äussere Objecte bezogenen Empfindungen die räumliche Ordnung derselben verbindet. Und hier trifft nun zugleich das Resultat der psychologischen Analyse der Raumanschauung mit der logischen Analyse des Objectbegriffs vollständig zusammen.“[21]

Unserem begrifflich konstruierenden Denken bereitet es daraufhin keine Mühe, den durch die logische Abstraktion gewonnenen notwendigen Raumbegriff beständig zu erweitern, „die Zahl der Elemente,

[20] Wundt 1907, S. 105.

[21] Wundt 1893, S. 514.

welche zur Bestimmung der Lage eines Punktes im Raume erforderlich sind"[22], beliebig zu vermehren. Allerdings stellen wir damit keinerlei erkenntnistheoretische Ansprüche. Wundt schreibt:

„Wenn unser Denken fähig ist, von bestimmten Eigenschaften des Wirklichen zu abstrahiren oder Merkmale, die bestimmten Begriffen entnommen sind, auf andere zu übertragen, wie also z. B. gewisse Merkmale der Zahlen auf den Raum, so wohnt, wie sich von selbst versteht, derartigen Operationen nicht die geringste Kraft bei, an den wirklichen Gegenständen etwas zu ändern."[23]

Von einem erkenntnistheoretischen Standpunkt aus betrachtet handelt es sich bei der mathematischen Raumkonstruktion lediglich um begriffliche Spekulation, die weder der Vervollständigung noch der Erweiterung unseres Anschauungsraumes dienlich ist. Als *wirklich* kann für Wundt damit am Ende nur das ausgezeichnet werden, was sich infolge der psychologischen *und* logischen Analysen als objektiv gewiss aus dem ursprünglich gegebenen sinnlichen Wahrnehmungsinhalt abgesondert hat. Das entscheidende Kriterium für die Gegenstände der Realität ist dabei ihre räumliche (und zeitliche) Objektivierung im Zusammenhang mit einer bestimmten Art von Verbindungen unterschiedlicher Empfindungskomplexe.

Schlicks Auseinandersetzung mit Wundt in seinen frühen Züricher Texten über den Raum

Schlicks erste Arbeiten zum Problem des Raumes aus erkenntnistheoretischer Sicht fallen in seine Züricher Zeit, wo er ab Herbst 1907 zwei Jahre lang vor allem psychologische Studien betrieb. Daß er in diesem Zusammenhang mit den Hauptwerken Wundts vertraut war, geht aus Eintragungen in ein Schreibheft aus jenen Tagen hervor.[24] Er hatte sich sowohl mit Wundts *Erkenntnisslehre* als auch dessen

[22] Ebd., S. 496.

[23] Ebd., S. 498.

[24] Vgl. Schlick-Nachlass, Inv.-Nr. 150, A. 91, Ms Erkenntnistheorie 1, S. 16.

System der Philosophie, insbesondere in Bezug auf die dort vertretenen Auffassungen zu Raum und Zeit beschäftigt. Mit Blick auf das Raumproblem verfaßte Schlick zum Zwecke eines letztlich gescheiterten Habilitationsversuchs zwei Texte, die unter dem gemeinsamen Titel „Die Lehre vom Raum in der gegenwärtigen Philosophie" zum einen als Handschrift und zum anderen als eine darauf beruhende, in Teilen gleichwohl von jener abweichenden Maschinenschrift überliefert sind.[25] Zu Anfang lautet es im fragmentarisch erhaltenen Typoskript:

„Die Probleme vom Raum und von der Zeit haben in der Philosophie eine große Rolle gespielt schon lange bevor sie die centrale Stellung erhielten, die Kant ihnen in seiner Lehre gab. Sie gehören ja gewiss zu den allgemeinsten Begriffen, die wir bilden können, und die allgemeinsten Begriffe jeder Wissenschaft ragen in die Philosophie hinein; man kann fast sagen, je allgemeiner etwas ist, desto früher wird es zum Gegenstand philosophischer Speculation."[26]

Bei den Einzelwissenschaften, die hierbei zu betrachten sind, handelt es sich einerseits um die mathematische Geometrie und andererseits die empirische Psychologie. So lautet es weitergehend in Bezug auf das Raumproblem:

„Zwei Momente sind es, die auf die modernen Anschauungen vom Wesen des Raumes entscheidenden Einfluss ausgeübt und sie in bestimmte Richtungen geführt haben: 1) die mathematischen Untersuchungen über den Raumbegriff besonders von Riemann und Helmholtz, und 2) die Forschungen über den psychologischen Ursprung der räumlichen Vorstellungen."[27]

[25] Vgl. oben, S. 107, Anm. 2.

[26] Ts Lehre vom Raum, Bl. 1.

[27] Ebd., Bl. 5. Wichtig ist für Schlick an dieser Stelle die Aufteilung unterschiedlicher Fragen auf die beiden Einzelwissenschaften, die erst eine gemeinsame Behandlung und vollständige Beherrschung des erkenntnistheoretischen Raumproblems nach sich zieht. Hiermit schließt er unmittelbar an Carl Stumpf an. Dieser schreibt: „Die wissenschaftliche Methodik gebietet uns, die Fragen so weit als möglich zu isoliren. Divide et impera! Man löst das Bündel von Stäben auf, um es zu brechen. Aber ein anderes ist es mit der Trennung der Wissenschaften. Hat oder hätte Kant gemeint [...], dass der Schatz von Kenntnissen, den eine Wis-

Mit Blick auf die Psychologie stellt Schlick fest, dass sich vielerorts Überlegungen finden, die die Frage zu klären versuchen, welche unserer spezifischen Sinnesempfindungen für die Ausbildung der Raumanschauung verantwortlich sind. Seine Kritik an diesen Versuchen richtet sich zuvorderst gegen Alois Riehl und Gerardus Heymans, die u. a. in Verbindung mit experimentellen Untersuchungen an Blindgeborenen *einzig* im Bewegungssinn den Ursprung unserer räumlichen Vorstellungen sehen.[28] Schlicks Einwand gegen diese psychologische

senschaft erringt, unfruchtbar bleiben soll für die übrigen, oder auch nur, dass es keine Grenzfragen gebe, zu deren Bearbeitung mehrere Wissenschaften sich die Hände reichen müssen, so müsste man in einer Zeit, wo Psychologen und Physiologen, Logiker und Mathematiker, Pädagogen und Mediciner, Nationalökonomen und Politiker, Sprachforscher und Naturforscher, und so viele andere bis dahin getrennt marschirende Corps zu vereintem Schlagen zusammenstossen, ihm ganz entschieden widersprechen. *Eine Wissenschaft ist allerdings nur ein Fragencomplex, und wir werden die Fragen nicht im Kleinen zerteilen, um sie dann im Grossen zusammenzuwerfen; jeder Wissenschaft bleibt ein eigener Kern von Aufgaben, der nicht mit anderen zusammenwächst, im Gegenteil sich spaltet und neue Einzelwissenschaften erzeugt.* Aber was für die Formulirung der Fragen, gilt nicht ebenso für ihre Behandlung und Durchführung. *Zur fruchtbaren Behandlung muss alles herangezogen werden*, was irgend ohne Verletzung der allgemeinen logischen Vorschriften, ohne Cirkel insbesondere, sich verwehren lässt. [...] Dies gilt auch bezüglich Raum und Zeit. Die Frage nach der Natur der geometrischen Axiome (ob sie analytisch, synthetisch a priori oder bloße Erfahrungssätze seien) ist durchaus verschieden von der Frage nach der psychologischen Entstehung der Raumvorstellung (ob sie bereits ursprünglich im Inhalt der Gesichtsempfindung gegeben oder ein Product der individuellen psychischen Entwickelung ist). Aber die beiden Fragen sind hier wie anderwärts lange Zeit hindurch mit einander vermengt worden, zum Schaden sowol der Psychologie als der Erkenntnistheorie. Man hat die Wissenschaften gesondert und die Fragen vermengt, statt umgekehrt zu verfahren." (Carl Stumpf, *Psychologie und Erkenntnistheorie*, in: *Abhandlungen der philosophisch-philologischen Classe der Königlich Bayerischen Akademie der Wissenschaften*, 19. Band, 1892, S. 465-516, hier S. 500 ff., meine Hervorhebungen)

[28] Vgl. dazu Gerardus Heymans, „Zur Raumfrage", in: *Vierteljahrsschrift für wissenschaftliche Philosophie*. 12. Jg., 1888, S. 265-286 und 429-457 sowie ders., *Die Gesetze und Elemente des wissenschaftlichen Denkens. Ein Lehrbuch der Erkenntnistheorie in Grundzügen.* Zweite verbesserte Auflage, Leipzig: Verlag von

Theorie, die in der damaligen Debatte einem hauptsächlich nativistischen Standpunkt zuzurechnen war, beruht im Kern auf der Position Wundts, nach welcher es zur Ausbildung unserer räumlichen Vorstellungen einer bestimmten Art von Verbindungen zwischen unterschiedlichen Empfindungskomplexen bedarf und die Räumlichkeit nicht schon von Geburt an einzelnen Sinnesempfindungen anhaftet.[29] Schlick zeichnet im folgenden neben dem Zusammenfall verschiedener Empfindungen in Bezug auf einen bestimmten Sinn vor allem die Verbindung zwischen dem Tast- und Bewegungssinn aus, zu der der Gesichtssinn noch hinzutreten kann.[30] Ihr Zusammenfall ermöglicht erst die für die Entstehung unserer Raumanschauung konstitutiven Diskontinuitäten, die eine merkliche Abgrenzung der vorgestellten Empfindungskomplexe von ihrer unmittelbaren Umgebung und so räumliche Relationen und schließlich als ihr wichtigstes Kriterium *Meßbarkeit* erlauben. Schlick schreibt, dass

„wirkliches Messen [...] principiell nur möglich [ist] mit Hilfe eines Sinnes, in dessen Gebiete merkliche Discontinuitäten auftreten können, wie etwa die Gren-

Johann Ambrosius Barth 1905, § 56. Siehe außerdem Alois Riehl, *Der Philosophische Kriticismus und seine Bedeutung für die positive Wissenschaft.* Zweiter Band. Erster Theil: *Die sinnlichen und logische Grundlagen der Erkenntniss.* Leipzig: Verlag von Wilhelm Engelmann 1879., S. 136-139.

[29] Vgl. Ms Lehre vom Raum, S. 75: „Neben den mathematischen Untersuchungen haben vor allem, und zwar vielleicht in noch höherem Grade *psychologische* Forschungen einen Einfluss auf die philosophischen Anschauungen vom Wesen des Raumes ausgeübt: ‚Während Kant keinerlei psychologische Prozesse für nötig hielt, um über die räumliche Ordnung der Sinneseindrücke Rechenschaft zu geben‘ [Wundt 1893, S. 509, d. Verf.], hat man sich in der neueren Zeit mehr und mehr überzeugt, dass alle räumlichen Vorstellungen im Gegenteil ein Product nicht ganz einfacher psychologischer Processe sind und dass somit die Annahme verworfen werden muss, als hafte den Sinneswahrnehmungen als solchen schon räumliche Beschaffenheit an.“

[30] Siehe in diesem Zusammenhang auch Henri Poincaré, *La Science et l'Hypothèse.* Éd. rev. et corr. Paris: Flammarion 1902, Livre II, Chapitre IV und ders., *Science et méthode.* Paris: Flammarion 1908, Livre II, Chapitre I., (im folgenden zitiert nach der autorisierten deutschen Übersetzung: ders., *Wissenschaft und Hypothese.* Leipzig und Berlin: B.G. Teubner 1914).

ze zwischen zwei verschiedenartigen Flächen für das Auge, oder die plötzliche Berührung eines Körpers für den Tastsinn. Die Bewegungsempfindungen könnten daher höchstens eine projective oder Lagengeometrie liefern; zur Ausbildung einer Raumanschauung aber, wie sie durch unsere Euklidische, messende Geometrie characterisiert ist, bedarf es Sinnesdaten von principiell anderer Art. Es ist merkwürdig, wie man verkennen konnte, dass bei der Ausbildung der Raumanschauung des Blindgeborenen die *Tast*empfindunge eine dominierende Rolle spielen. Ein solcher lernt z. B. die Eigenschaften der Parallelen sicherlich nicht auf die Weise kennen, dass er frei parallele Bewegungen ausführt und die dabei auftretenden Bewegungsempfindungen beobachtet, sondern mit Hilfe des Tastsinnes, indem er an parallelen Kanten entlang tastet."[31]

Indem Schlick seinen Standpunkt in Anlehnung an Wundt im weiteren darstellt, bringt er gleichfalls seine Position im psychologischen Streit zwischen Nativisten und Empiristen um die Entstehung unserer Raumanschauung zum Ausdruck. Während die einen diese im Zusammenhang mit bestimmten Sinnesempfindungen für angeboren halten, liegt für die anderen ihr Ursprung in der Erfahrung und die Raumanschauung muß erst von dieser ausgehend aufgebaut werden. Den Extremen widersprechend schlägt Schlick wie Wundt einen Mittelweg ein, der sowohl nativistische als auch empiristische Elemente enthält. Er betont:

„Am wahrscheinlichsten ist wohl immer die auch von vielen vertretene Ansicht, dass die eigentliche Quelle der räumlichen Anschauungen in den Tast- und Muskelempfindungen zu suchen sei, und dass der specifische Raum des Gesichtssinnes *mit* dem aus jenen Sinnen stammenden verschmilzt und durch ihn corrigiert wird. Die letzterwähnten psychologischen Theorien lassen zumeist die Kantsche Meinung gänzlich fallen, nach welcher der Raum die apriorische Form der sinnlichen Erfahrung ist. Diese empiristischen Meinungen sehen demnach die Eigenschaften unseres Raumes an als zum *Inhalt* der Erfahrung gehörig. Freilich, die Annahme *irgend* eines apriorischen Formelementes wird man nicht ganz und gar vermeiden können, wie es auch keine ganz streng empiristische Raumtheorie gibt, die ohne die Voraussetzung jeder angeborenen Fähigkeit zur Bildung von räumlichen Vorstellungen auskommen könnte."[32]

[31] Ts Lehre vom Raum, Bl. 9.

[32] Ebd., Bl. 10. Siehe hierzu auch Ms Lehre vom Raum, S. 74: „Es gibt nämlich gar keine wirklich rein empiristischen oder rein nativistischen psychologischen

Steht Schlick in Bezug auf den psychologischen Ursprung unserer Raumanschauung somit der Auffassung Wundts nah, insofern beide die Ausbildung der räumlichen Form unserer sinnlichen Anschauung mit einer uns eigenen angeborenen raumbildenden Fähigkeit verbinden[33], die mit Wechselbeziehungen verschiedener Sinneskomplexe zusammenhängt, die solcherart sind, dass schließlich (aus)messende Vorgänge ermöglicht werden[34], weichen sie in ihren Ansichten im Hinblick auf die Frage nach der erkenntnistheoretischen Bedeutung der mathematischen Raumkonstruktionen wesentlich voneinander ab. So heißt es bei Schlick:

„Wundt, Sigwart u. a., wie vor ihnen schon Lotze und Laas und eine grössere Reihe von Philosophen, sprechen den mathematischen Raumspeculationen eigentlich jede Bedeutung für die Philosophie ab. Sie erklären sie für bloße Begriffsdichtungen, die man ja nach Belieben erfinden könne, die aber mit der Wirklichkeit, mit dem, was uns allein gegeben ist, gar nichts zu tun hätten."[35]

Raumtheorien. Eine kleine Rolle wird der Erfahrung von *allen* eingeräumt, und ein mit der bloßen Organisation der Sinne schon gegebener Factor muss natürlich auch von allen zugestanden werden."

[33] Vgl. auch Wilhelm Wundt, *Beiträge zur Theorie der Sinneswahrnehmung.* Leipzig und Heidelberg: C. F. Winter'sche Verlagshandlung 1862, S. 28: „Allerdings müssen wir voraussetzen, dass in der Beschaffenheit der Empfindung und des empfindenden Organs schon eine *Disposition* zur Raumvorstellung liege, denn sonst würde diese überhaupt nicht zu Stande kommen; aber die wirkliche *Entstehung* der Raumvorstellung ist erst erklärt, wenn es gelingt sie aus jenen disponirenden Verhältnissen, zusammengehalten mit der Entwicklungsgeschichte des Seelenlebens [...] abzuleiten." Siehe außerdem die Ausführungen des wie Wundt in Leipzig lehrenden George Jaffé, „Über die räumliche Anschauungsform", in: *Vierteljahrsschrift für wissenschaftliche Philosophie und Soziologie*, 33. Jg., N. F. VIII, H. 1, 1909, S. 31-65.

[34] Vgl. hierzu erneut Wundt 1862, S. 30: „[...] wir benutzen daher unsere Sinnesorgane unmittelbar als *messende* Werkzeuge, indem wir unmittelbar mit geschehender Wahrnehmung zugleich die Entfernungen aller der räumlichen Punkte bestimmen, die in derjenigen Fläche liegen, welche unser Sinnesorgan im Momente der Wahrnehmung gerade beherrscht."

[35] Ms Lehre vom Raum, S. 61-63.

Einige Einwände, die Wundt in seiner *Erkenntnisslehre* im besonderen gegen Hermann von Helmholtz anführt[36], der neben der Möglichkeit der Konstruktion mehrdimensionaler Mannigfaltigkeiten, welche den euklidischen Raum lediglich als einen unter vielen enthalten, auch für ihre anschauliche Vorstellbarkeit argumentiert, weist Schlick zurück.[37] Sein zentraler Kritikpunkt setzt sich aber darauf aufbauend mit der Ansicht Wundts auseinander, aus den räumlichen Vorstellungen unseres sinnlichen Anschauungsraumes die exakten Begriffe *einer* Geometrie mit Notwendigkeit und strenger Gültigkeit zu gewinnen. Schlick schreibt:

„Es ist also eine völlig unhaltbare Behauptung, dass die wirkliche sinnliche Anschauung, welche unsere Erfahrung bestimmt, uns über das Krümmungsmass unseres Raumes und damit über die absolute Gültigkeit einer bestimmten Geometrie etwas lehre. Um die Massbeziehungen unseres Raumes als anschauliche Notwendigkeit hinzustellen, müsste man annehmen, wie es die Kantianer ja auch tun, dass es sich hier um eine ‚reine' Anschauung handle, also um eine solche, deren Eigenschaften uns in der tatsächlichen sinnlichen Anschauung niemals rein gegeben sind, obwohl doch andererseits die Form dieser tatsächlichen sinnlichen Anschauung durch jene reine allein bestimmt sein soll. Das Wesen der ‚reinen Anschauung' wird hierdurch ganz rätselhaft; ihre Existenz ist *psychologisch* überhaupt nicht nachweisbar, wie sie doch sein müsste, und selbst Wundt musste [...] zugestehen, dass sie sich auf einen blossen *Begriff* reduziere."[38]

[36] Vgl. Wundt 1893, S. 493-505 und dazu Hermann von Helmholtz, „Über den Ursprung und die Bedeutung der geometrischen Axiome", wiederabgedruckt in: ders., *Schriften zur Erkenntnistheorie.* Herausgegeben und erläutert von Paul Hertz und Moritz Schlick. Berlin: Verlag von Julius Springer 1921, S. 1-37.

[37] Dabei wirft er Wundt vor, die anschauliche Vorstellbarkeit nichteuklidischer geometrischer Verhältnisse mißzuverstehen. Hierbei geht es nicht um ihre Vorstellbarkeit im Sinne einer Einordnung in unseren dreidimensionalen euklidischen Anschauungsraum, sondern um Analogiebeziehungen derart, dass sich nach Helmholtz für „die Maßbeziehungen in den sog. sphärischen oder pseudosphärischen Räumen die Analogien der kugelförmigen und pseudospärischen *Flächen*" zur Erläuterung benutzen lassen, „weil wir uns diese mit Leichtigkeit anschaulich vorstellen können" und so „an diesen die in nicht-euklidischen Mannigfaltigkeiten obwaltenden Maßverhältnisse [illustrieren]". (Ts Lehre vom Raum, Bl. 14; vgl. dazu auch Ms Lehre vom Raum, S. 61-67)

[38] Ebd., S. 71.

Schlick widerspricht somit der Meinung, die er insbesondere auch durch Wundt vertreten sieht, ausgehend von dem ursprünglich Gegebenen unserer sinnlichen Anschauung, die geometrischen Eigenschaften des mathematischen Raumes ein für allemal mit Sicherheit auszuzeichnen. Keine sinnliche Erfahrung kann uns dazu *zwingen*, eine bestimmte – etwa die euklidische Geometrie – als notwendige Lehre vom Raum und damit verbunden als eine reine Anschauungsform im Sinne Kants aufzufassen. In diesem Zusammenhang gibt Schlick seine für jede philosophische Raumtheorie der damaligen Zeit entscheidende Antwort auf die Frage, „wie [es] kommt [...], dass die euklidische Geometrie die einzige ist, mit der wir im praktischen Leben, in der Technik u. in der Naturwissenschaft arbeiten“[39]. Er schreibt:

> „Es ist jedenfalls nicht eine von vornherein zu verwerfende und sogar einer experimentellen Prüfung zugängliche Behauptung der Helmholtz-Riemannschen Schule, dass wir dem Euklidischen Parallelenaxiom aus bloßer Gewöhnung für das einzig richtige halten, eine Gewöhnung, die in dem Augenblick beginnt, da wir Mathematik zu lernen anfangen. Wird den Schülern von Anfang an gesagt, es gäbe in Wahrheit nicht eine, sondern ein kleines Bündel von Parallelen, so würde ihnen später das Euklidische Postulat als ganz willkürliche Behauptung erscheinen.“[40]

Schlicks an dieser Stelle offen zu Tage tretende konventionalistische Position, die gleichwohl der Erfahrung bei der Auszeichnung der Geometrie des Raumes eine bedeutende Rolle einräumt[41], erfährt im folgenden weitere Unterstützung. Indem er dabei erneut auf die

[39] Ebd., S. 59.

[40] Ebd., S. 69-71. Vgl. dazu Poincaré 1914, S. 101 f.: „Wir sagten, dass die Evidenz gewisser geometrischer Postulate nichts anderes ist als unser Widerwille, sehr alten Gewohnheiten zu entsagen.“

[41] Vgl. hierzu vor allem die Ausführungen Poincarés: „Man sieht, dass, wenn die Geometrie keine Experimentalwissenschaft ist, sie doch eine im Zusammenhange mit der Erfahrung entstandene Wissenschaft ist; dass wir den Raum, den diese Wissenschaft studiert hat, erschaffen haben, indem wir den Raum der Welt, in der wir leben, anpaßten. Wir wählten den Raum, der uns am bequemsten schien, aber die Erfahrung war es, die unsere Wahl leitete [...].“ (ebd., S. 102)

Meßbarkeit eingeht, thematisiert er ihre Bedeutung bei der Raumkonstruktion nun auch in Verbindung mit den zu seiner Zeit neuesten Entwicklungen in der Physik. Schlick führt aus:

„Noch einen Einwand gegen Helmholtz will ich kurz erwähnen, der auch von fast allen philosophischen Kritikern wiederholt wird (Wundt, Heymans, zuerst von Lotze); er richtet sich gegen die Behauptung, dass tatsächliche Messungen uns unter Umständen davon überzeugen könnten, dass unser physischer Raum kein ebener, kein Euklidischer sei, sondern ein sehr kleines Krümmungsmass besitze. Solche Messungen, wenn sie wirklich gemacht werden sollten, würden, so sagt man, niemals ausgelegt werden als auf die Eigenschaften unseres Raumes hinweisend, sondern man sucht sie stets physikalisch zu erklären.[42] [...] Da ist nun zunächst zu sagen, dass der heutige Physiker, den die moderne Elektrodynamik gelehrt hat, althergebrachte und früher für unausweichlich gehaltene Denkgewohnheiten aufzugeben, unbedenklich die Ebenheit unseres Raumes aufgeben würde, wenn die betrachteten Erscheinungen sich auf diese Weise am einfachsten erklären lassen."[43]

Sind wir damit in Bezug auf die Raumkonstruktion frei, hinsichtlich möglichst einfacher Erklärungen empirischer Erscheinungen die gewohnten Verhältnisse des euklidischen Raumes unserer Anschauung aufzugeben und nichteuklidische Geometrien zu wählen, so stellen die mit diesen angereicherten empirisch erfolgreichen physikalischen Theorien entgegen der Auffassung Wundts die erkenntnistheoretische Bedeutung des mathematischen Raumbegriffs heraus. Maßgeblich für die Kennzeichnung von Wirklichem bleibt aber auch in diesem Rahmen das in unserer angeborenen raumbildenden Fähigkeit wurzelnde Prinzip der Meßbarkeit. Schlick schließt damit an die psychologischen Resultate in Verbindung mit der Ausbildung unserer Raumanschauung durch messende Prozesse unmittelbar an. Gleichwohl geht er

[42] Vgl. hier Wundt 1893, S. 498 f.

[43] Ms Lehre vom Raum, S. 71-73. Schlick denkt hier an die Erklärung des Michelson-Morley-Experiments vermittels der Elektrodynamik durch Hendrik Antoon Lorentz und Georg F. Fitzgerald im Zusammenhang mit ihrer Kontraktionshypothese (vgl. dazu die Ausführungen in Poincaré 1914, S. 82-85). Ein möglicher Verweis auf die Einsteinsche „Elektrodynamik bewegter Körper" liegt nah, scheint aber mit Blick auf weitere nachgelassene Schriften Schlicks sehr unwahrscheinlich.

wesentlich über sie hinaus, indem er die Meßbarkeit als invariantes Element beibehaltend dieses nun auch auf nichteuklidische Räume anwendet, um darin Wirkliches zu bestimmen.

Die Verbindung der Züricher Raum-Texte zu Schlicks späteren erkenntnistheoretischen Schriften

Schlick hatte im Ergebnis seiner frühen Züricher Arbeiten über den Raum gezeigt, dass nur vermittels einer *Einheit* von empirischer Meßbarkeit und starken konventionalistischen Elementen eine Entscheidung über die tatsächlichen geometrischen Verhältnisse des Raumes und der Kennzeichnung von Wirklichem darin erzielt werden kann. Ursprünglich ist es dabei unser eigener Körper, der als Meßinstrument fungierend die Verarbeitung der grundlegenden sinnlichen Daten für den Aufbau unseres Anschauungsraumes liefert.[44] Schlick knüpft an Wundts psychologische Arbeiten an und stellt heraus, dass unsere raumbildende Fähigkeit mit einer bestimmten Art des Zusammenfalls verschiedener Empfindungskomplexe zusammenhängt, die als empirische Notwendigkeiten Messungen erlauben. Als entscheidend erweist sich dabei das Auftreten von Diskontinuitäten, die eine Abgrenzung der entsprechenden Empfindungskomplexe von ihrer unmittelbaren Umgebung gestatten. Die Transzendenz unseres ursprünglichen Anschauungsraumes durch die mathematische Definition abstrakter raum-zeitlicher Ordnungsschemata im Anschluss an die Arbeiten von Helmholtz und Riemann ermöglicht die Ausweitung des durch die psychologische Analyse gewonnenen Wirklichkeitskriteriums auf Erfahrungen „astronomischer oder mechanischer Natur“[45], die nun nicht mehr direkt durch den eigenen Körper

[44] So heißt es auch bei Poincaré: „Wir können also den Raum ohne Anwendung eines Meßinstrumentes nicht konstruieren; dies Instrument nun, auf das wir alles beziehen und dessen wir uns instinktiv bedienen, ist unser eigener Körper.“ (Poincaré 1914, S. 87)

[45] Ms Lehre vom Raum, S. 63.

anhand von qualitativen Sinnesempfindungen erlebt, sondern allein durch auf quantitativen Bestimmungen basierende Abstraktionsprozesse begrifflich erschlossen werden.[46]

Dabei gibt ein weiterer zentraler Aspekt Schlickschen Denkens den Ausschlag: seine strikte Trennung zwischen Anschauung und Begriff, die er wie zuvor bereits gesehen in seiner Züricher Raumarbeit in der Auseinandersetzung mit Wundt zum Ausdruck gebracht hat. Stellt sich hier die Auszeichnung exakter geometrischer Maßverhältnisse im Ergebnis einer psychologischen Untersuchung prinzipiell als undurchführbar heraus, so bleibt dafür allein die Mathematik, deren Definitionen Exaktheit bei der naturwissenschaftlichen, insbesondere der physikalischen Begriffsbildung und infolgedessen bei der Auszeichnung der geometrischen Maßverhältnisse des Raumes garantieren. Damit zusammenhängend können solche Begriffe und aus diesen zusammengesetzte Urteilssysteme den Vorgängen und Ereignissen der Wirklichkeit *eindeutig zugeordnet* werden, womit sich im weiteren auch die an einem semiotischen Erkenntnisbegriff orientierte Wahrheitsdefinition Schlicks verbindet.[47] In seiner ersten veröffentlichten Schrift nach der Zeit in der Schweiz[48] knüpft

[46] In diesem Zusammenhang verbindet Schlick die raumbildene Fähigkeit mit einem schöpferischen und Abstraktionsvermögen (vgl. Ms Lehre vom Raum S. 12). Eine wesentliche Voraussetzung dafür ist die Annahme der Homogenität des gesamten Raumes, die Schlick an anderer Stelle hervorhebt. Er schreibt: „D[ie] Homogenität des Raumes ermöglicht alle Messbarkeit, denn sie bedeutet Abwesenheit aller qualitativer *Verschiedenheiten* also liegen nur quantitative vor." (Schlick-Nachlass, Inv.-Nr. 180, A. 193, Notizheft 1 (1910/11), S. 58) Vgl. hierzu erneut Poincaré 1914, S. 94 f.

[47] Vgl. Moritz Schlick, „Das Wesen der Wahrheit nach der modernen Logik", in: *Vierteljahrsschrift für wissenschaftliche Philosophie und Soziologie*, 34. Jg., N. F. IX, 1910, S. 386-477.

[48] Moritz Schlick, „Die Grenze der naturwissenschaftlichen und philosophischen Begriffsbildung", in: *Vierteljahrsschrift für wissenschaftliche Philosophie und Soziologie*, 34. Jg., 1910, S. 121-142 (nachfolg. Schlick 1910). Schlick stellt diesen Ausatz im Frühjahr 1910 fertig, während er sich in Berlin bei seinen Eltern aufhält.

er an seine Gedanken zur Unterscheidung zwischen Anschauung und Begriff an und führt aus, dass die naturwissenschaftliche Begriffsbildung durch die mathematische Formulierung bestimmt sein muß, deren wesentliches Merkmal ihre unanschauliche raum-zeitliche Form ist. Er schreibt:

„Allein diese Darstellungsweise nämlich erlaubt Exaktheit, weil sie allein Messung gestattet, und nur auf messbare Größen ist natürlich die mathematische Methode anwendbar.“[49]

In diesem Zusammenhang geht es Schlick beim Meßvorgang um die eindeutige Bestimmung von Meß*punkten* in den exakten empirischen Wissenschaften, zu denen er zweifellos die durch die mathematische Methode durchsetzte Physik rechnet. In dieser Einzelwissenschaft bietet allein die völlige Preisgabe der Anschauung die Gewähr für die Sicherheit der Auszeichnung von Wirklichem im Rahmen einer mathematischen Raumlehre, deren Grundbegriffe (Punkt, Gerade, Ebene etc.), wie Schlick in der *Allgemeinen Erkenntnislehre* schließlich ausführlich darstellt, vermittels der im Anschluss an David Hilbert aufgegriffenen unanschaulichen impliziten Definition festgesetzt sind.[50]

[49] Schlick 1910, S. 124. Den Vorteil der mathematischen Methode beschreibend hebt Schlick mit Blick auf aktuelle Entwicklungen hervor: „In der modernen theoretischen Physik [...] ist die Akustik gänzlich in der Mechanik, die Optik gänzlich in der Elektrodynamik aufgegangen, und die beiden Disziplinen haben damit jede wesentliche Beziehung zu Ohr und Auge verloren, die Erkenntnis scheint dadurch tiefer in die betreffenden Wirklichkeitsgebiete eingedrungen zu sein und sie von der sinnlichen Anschauung mit ihren Zufälligkeiten gelöst, die Welt der Objekte in größerer Unabhängigkeit von einem erfassenden Bewusstsein dargestellt zu haben.“ (ebd., S. 122)

[50] Siehe dazu David Hilbert, *Grundlagen der Geometrie.* Vierte, durch Zusätze und Literaturhinweise von neuem vermehrte und mit sieben Anhängen versehene Auflage, Leipzig und Berlin: Verlag von B.G. Teubner 1913, §§ 1-8 und *MSGA* I/1, § 7. Zur Bedeutung der impliziten Definition schreibt Schlick aber schon in seinem für das Wintersemester 1911/12 angefertigten Rostocker Vorlesungsmanuskript „Grundzüge der Erkenntnislehre und Logik“, dass „die anschaulichen Merkmale der geometrischen Grundbegriffe [...] zur Definition ungeeignet [sind]. Die De-

Aufbauend auf die Ergebnisse der empirischen Einzelwissenschaften, der experimentellen Psychologie und der Physik einerseits sowie der mathematischen Geometrie andererseits ist es abschließend die Aufgabe der Erkenntnistheorie, das Wesen vom Raum und von der Zeit zu klären. Dabei bringt Schlick in seinem Hauptwerk, der *Allgemeinen Erkenntnislehre*, die zuvor diskutierten Aspekte unter ein einheitliches Konzept.[51]

Hatte sich soweit für ihn gezeigt, dass die Auszeichnung von Wirklichem sowohl im Anschauungsraum als auch im mathematischen Begriffsraum stets in Verbindung mit Messungen geschieht, faßt Schlick seine Überlegungen nun unter das als „erkenntnistheoretisch von der allerhöchsten Wichtigkeit“[52] bezeichnete *Prinzip der raumzeitlichen Koinzidenzen*, verstanden als eine allgemeine Meßmethode, zusammen. Dabei geht er über eine räumlich-zeitliche Objektivierung von Objekten in Verbindung mit einer bestimmten Art des Zusammenfalls von Empfindungskomplexen in der Anschauung, so wie sie aus der psychologischen Analyse in Bezug auf unmittelbar Erlebtes resultiert, hinaus und gestattet auch unanschauliche phy-

finitionen auf welche die Geometer ohne es zu wissen, ihre Schlüsse gründeten, waren ganz andrer Natur. Diese tatsächlich, aber früher unbemerkt, zu Grunde liegenden Begriffe hatten *keinen* anschaulichen Inhalt; sie waren, wie sich jetzt herausgestellt hat, definiert durch sog. *implicite* Definitionen. Die impl. Def. bestehen in folgenden: man stellt eine Reihe von Urteilen auf, sog. Axiome, die gewisse Begriffe als Subj. u. Präd. enthalten, oder vielmehr zunächst nur Worte als Zeichen für gewisse Begriffe, und dadurch, dass man festsetzt: diese Urteile sollen gelten, dadurch sind diese Begriffe eben definiert. Diese Art der Definition von Begriffen [...] ist die einzig mögliche vollkommen exacte Definition. Diese Entdeckung ist m. E. eine der allergrössten Errungenschaften des modernen Denkens, von höchster Bedeutung für die Erkenntnistheorie.“ (Schlick-Nachlass, Inv.-Nr. 3, A. 3a, Ms Grundzüge der Erkenntnislehre und Logik (nachfolg. Ms Grundzüge), Bl. 42)

[51] Schlick schreibt an der *Allgemeinen Erkenntnislehre* in der ersten Hälfte seiner Rostocker Jahre, wo er sich mit seiner Familie von Oktober 1910 bis 1922 befindet. Fertiggestellt hat er die *Erkenntnislehre* im wesentlichen bis zum Frühsommer 1916.

[52] *MSGA* I/1, A 234, B 249.

sikalische Gegenstände und Ereignisse als wirklich auszuzeichnen, insofern diesen in einem objektiven Meßverfahren Punktkoinzidenzen in einem abstrakten raum-zeitlichen Ordnungssystem eindeutig zugeordnet werden können. Seine Auffassung bringt Schlick in den nachfolgenden Passagen der *Allgemeinen Erkenntnislehre* auf den Punkt.[53] Er schreibt:

„Nicht nur die Empfindungen verschiedener Sinnesgebiete, sondern auch verschiedener Individuen dienen in gleicher Weise zur Bestimmung des transzendenten Ordnungsschemas. Wenn ich ein größeres Auditorium auf einen Punkt einer an der Tafel gezeichneten Figur aufmerksam machen will, so lege ich meine Fingerspitze an die betreffende Stelle; und obgleich dabei jeder Zuhörer eine mehr oder weniger verschiedene Gesichtswahrnehmung hat, ist ihnen allen doch ein Zusammenfallen der Fingerspitze mit dem Tafelpunkt gemeinsam. Diese beiden Objekte, vorher verschieden lokalisiert, erhalten durch meine Geste dasselbe Lokalzeichen. Darin spricht sich die Eindeutigkeit der Zuordnung aus, ohne welche es die transzendente Ordnung des objektiven Raumes nicht gäbe. Zwei Wahrnehmungsgegenstände, die im Gesichts- oder Tastraum sich berühren (ein Lokalzeichen gemeinsam haben), müssen transzendenten Dingen entsprechen, die in dem objektiven Ordnungsschema einen ‚Punkt' gemeinsam haben, denn sonst würden einem und demselben Orte eines Wahrnehmungsraumes zwei Orte des transzendenten Raumes zugeordnet sein, was der Eindeutigkeit widerspräche."[54]

Schlick greift hier das *raumbildende Meßverfahren* ausgehend von dem Zusammenfall unterschiedlicher Empfindungskomplexe in der Anschauung auf und wendet es sogleich auf mehrere Individuen an, deren gemeinsame Bezugnahme auf einen äußeren Gegenstand vermittelt durch einen Meßvorgang, eine *beobachtete Zeigerkoinzidenz*,

[53] In diesem Zusammenhang ist vielfach allein auf den Aspekt hingewiesen worden, dass Schlick vermittels der Methode der Koinzidenzen den Aufbau des objektiven Raum-Zeitbegriffs aus den sinnlichen Empfindungskomplexen unterschiedlicher Vorstellungsräume bestimmt. Übersehen hat man dabei, dass die Methode der Koinzidenzen vor allem auch eine systematische Bedeutung besitzt, insofern damit der Erkenntnisvorgang sowohl im Anschauungsraum als auch im Begriffsraum unter ein einheitliches (allgemeines erkenntnistheoretisches) Konzept gebracht werden kann – gleichwohl in Bezug auf die Relata der jeweiligen Koinzidenzbeziehung Abgrenzungen vorgenommen werden können.

[54] Ebd., A 235, B 250 f.

entsteht. Die damit verbundene Auszeichnung eines Punktes in einem raumzeitlichen Ordnungsschema sichert die Eindeutigkeit ihrer Bezugnahme. Schlick verallgemeinert die angeführte Methode und steigt gleichfalls über sie hinaus, indem er im Anschluss an das zuvor Gesagte unmittelbar fortsetzt:

„Die gesamte Einordnung der Dinge geschieht nun einzig dadurch, dass man derartige Koinzidenzen herstellt. Man bringt (meist optisch) zwei Punkte zur Deckung miteinander und schafft dadurch Singularitäten, indem man die Orte zweier sonst getrennter Elemente zusammenfallen lässt. Auf diese Weise wird ein System von ausgezeichneten Stellen, diskreten Orten in dem transzendenten Raum-Zeit-Schema definiert, die beliebig vermehrt und in Gedanken zu einer kontinuierlichen Mannigfaltigkeit ergänzt werden können, welche dann eine restlos vollständige Einordnung aller räumlichen Gegenstände gestattet."[55]

Deutlich wird, dass es neben den *direkt erlebten* Zeigerkoinzidenzen auch indirekte, das heißt *begrifflich erschlossene* Punktkoinzidenzen gibt.[56] So schreibt Schlick: „Die indirekte Messung räumlicher Größen schließt also kein neues Problem ein; es ist im Prinzip – mithin für unsere erkenntnistheoretischen Betrachtungen – ganz dasselbe, ob ich z. B. die Länge des Erdmeridians unmittelbar feststellen kann durch Anlegen einer Meßkette, oder ob ich sie nur indirekt durch ein Netz trigonometrischer Dreiecke ermittele."[57]

[55] Ebd., A 235, B 251.

[56] Hiermit widerspricht Schlick in Verbindung mit seiner realistischen Weltsicht der Auffassung, dass derartig konstruierte oder erschlossene Punktkoinzidenzen in einem ontologischen Sinne vollständig auf beobachtbare Zeigerkoinzidenzen reduzierbar sind. Schlick grenzt sich hier gegen einen sensualistischen Positivismus ab, wie er vor allem von Joseph Petzoldt im Anschluss an Ernst Mach vertreten wurde. So schreibt Petzoldt: „Die letzten physikalischen Tatsachen sind nun wirklich die Machschen ‚Empfindungen' oder Empfindungszusammenhänge, Koinzidenzen von Wahrnehmungen, im allgemeinen eines Zeigers vor der Skala." (Joseph Petzoldt, *Das Weltproblem. Vom Standpunkte des relativistischen Positivismus aus.* Dritte, neubearbeitete Auflage unter besonderer Berücksichtigung der Relativitätstheorie. Leipzig und Berlin: B.G. Teubner 1921, S. 206)

[57] *MSGA* I/1, A 236 f., B 252.

Als Zusammenfassung bleibt damit festzuhalten, dass Schlick ausgehend von seinen Züricher Raum-Texten insbesondere in Auseinandersetzung mit den Arbeiten Wundts zu einer Methode der Wirklichkeitserkenntnis gelangt ist, die er abschließend in seiner *Allgemeinen Erkenntnislehre* zur allgemeinen Methode der raumzeitlichen Koinzidenzen entwickelt und diese dabei auch auf die exakte empirische Einzelwissenschaft im mathematischen Raum ausgedehnt hat. Er konnte seine erkenntnistheoretische Koinzidenzmethode nur wenig später in dem Auftragswerk *Raum und Zeit in der gegenwärtigen Physik* mit Erfolg bestätigen.[58] Mit seiner erkenntnistheoretischen Diskussion der Einsteinschen Relativitätstheorie zeigte Schlick, das Wirkliches in der Physik durch Punktkoinzidenzen bestimmt wird.[59] Die allgemeine Relativitätstheorie gab ihm dabei eine empirisch erfolgreiche physikalische Theorie an die Hand, in der sich sein zuvor entwickeltes Kriterium für die Auszeichnung von Wirklichem in der zeitgenössischen Physik auf eine Weise bestätigt und umgesetzt hatte, die eine weitestgehende Vereinheitlichung des Naturerkennens

[58] Nach Abschluß der *Allgemeinen Erkenntnislehre* im Frühsommer 1916 schreibt Schlick einige Monate später aus Rostock an seinen Vater: „Ich habe auf besonderen Wunsch der Studenten und des Physikprofessors wieder eine mehrstündige Vorlesung über theoretische Physik übernommen, und dadurch ist meine Arbeitslast noch wieder sehr gestiegen. Ferner hat mir die ‚Vierteljahrsschrift', für die ich bisher immer gearbeitet habe, eine Reihe wertvoller dicker Bücher übersandt, die noch in den nächsten 14 Tagen besprochen werden müssen. [...] Ausserdem habe ich immer noch die schon seit längerer Zeit versprochene grössere Abhandlung über Einsteins Theorie abzuliefern [...]. [...] Vor einigen Tagen habe ich von Prof. Erdmann einen Brief erhalten, in dem er sich sehr warm über mein Buch äussert und von dem ich nun eine Abschrift an die in Frage kommenden Verleger schicken will. Nach allem, was ich bisher gehört und erfahren habe, wird es aber wohl unmöglich sein, einen zu finden, der während des Krieges den Druck auf seine Kosten übernehmen will.“ (Moritz Schlick an Albert Schlick, 22. November 1916)

[59] Vgl. Moritz Schlick, *Raum und Zeit in der gegenwärtigen Physik*, hrsg. von Fynn Ole Engler und Matthias Neuber, in: *Moritz Schlick Gesamtausgabe*, Abteilung I: Veröffentlichte Schriften, Band 2, Wien, New York: Springer 2006, Abschn. X.; nachfolg. *MSGA* I/2.

und des naturwissenschaftlichen Weltbildes nach sich zog. Die verallgemeinerte Theorie Einsteins stellt dabei die Forderung, dass sich das einzig infolge von Punktkoinzidenzen direkt oder indirekt Beobachtbare in der Physik, das über ihre Gleichungen den Zuständen der raum-zeitlichen Ereignisse der Wirklichkeit zugeordnet ist, sich als auf *beliebige* Koordinatensysteme übertragbar erweisen sollte. Das heißt, dass die Gleichungen allgemein kovariant sind und sich ihre Form bei beliebigen raum-zeitlichen Koordinatentransformationen nicht verändert. Schlick schreibt:

„Der Wunsch, in den Ausdruck der Naturgesetze nur physikalisch Beobachtbares aufzunehmen, führt mithin zu der Forderung, dass die Gleichungen der Physik ihre Form bei [...] ganz beliebigen Transformation nicht ändern, dass sie also für beliebige Raum-Zeit-Koordinatensysteme gelten, mithin, mathematisch ausgedrückt, allen Substitutionen gegenüber ‚kovariant' sind. Diese Forderung enthält unser allgemeines Relativitätspostulat in sich, denn zu allen Substitutionen gehören natürlich auch die, welche Transformationen auf gänzlich beliebige bewegte dreidimensionale Koordinatensysteme darstellen – sie geht aber noch darüber hinaus, indem sie auch noch innerhalb dieser Koordinatensysteme die Relativität des Raumes in jenem allgemeinsten Sinne bestehen lässt, den wir so ausführlich besprochen haben. Auf diese Weise wird in der Tat, wie Einstein es ausdrückt, dem Raum und der Zeit ‚der letzte Rest physikalischer Gegenständlichkeit' genommen."[60]

Auf diese Weise bestätigt und erweitert die Relativitätstheorie Einsteins auf eine revolutionäre Art die von Schlick seit seinen Züricher Tagen entwickelte erkenntnistheoretische Auffassung. Einsteins Lehre stellt heraus, dass die raum-zeitliche Einordnung von Wirklichem beim Erkennen, die stets vermittels einer Messung erfolgt, nun keinesfalls mehr durch ein ausgezeichnetes (absolutes) Bezugssystem bestimmt ist, sondern dass die Geometrie des Raumes auf einer Konvention beruht, die als die einfachste und bequemste durch die Erfahrung nahe gelegt wird, gleichwohl auf einer freien Schöpfung des Geistes beruht. In Anlehnung an Formulierungen Poincarés und sei-

[60] Ebd., A 38.

ne eigenen Ausführungen im Züricher Raummanuskript führt Schlick aus:

„So sehen wir, dass uns die Erfahrung keineswegs zwingt, bei der physikalischen Naturbeschreibung eine bestimmte, etwa die Euklidische Geometrie zu benutzen; sondern sie lehrt uns nur, welche Geometrie wir verwenden müssen, wenn wir zu den einfachsten Formeln für die Naturgesetze gelangen wollen. Hieraus folgt sofort: es hat überhaupt keinen Sinn, von einer bestimmten Geometrie ‚des Raumes' zu reden ohne Rücksicht auf die Physik, auf das Verhalten der Naturkörper, denn da die Erfahrung uns nur dadurch zur Wahl einer bestimmten Geometrie führt, dass sie uns zeigt, auf welche Weise das Verhalten der Körper am einfachsten formuliert werden kann, so ist es sinnlos, eine Entscheidung zu verlangen, wenn von Körpern überhaupt nicht die Rede sein soll."[61]

Schlick und Einstein

Die vorhergehende Argumentation wirft neues Licht auf das Verhältnis zwischen Schlick und Einstein. Beide standen seit Ende des Jahres 1915 in brieflichem Kontakt miteinander. Persönliche Treffen fanden in den folgenden Jahren mehrfach sowohl in Berlin als auch in Rostock statt, so dass sich schließlich eine freundschaftliche Atmosphäre zwischen den beiden entwickeln konnte.[62] In der Literatur wird bisher davon ausgegangen, dass mit Blick auf die erkenntnistheoretische Methode der raum-zeitlichen Koinzidenzen Schlick diese im wesentlichen von Einstein übernommen habe.[63] Im Zusammen-

[61] Ebd., A 17.

[62] Vgl. dazu Don Howard, „Realism and Conventionalism in Einstein's Philosophy of Science: The Einstein-Schlick Correspondence", in: *Philosophia Naturalis*, Bd. 21, 1984, S. 616-629; Klaus Hentschel, „Die Korrespondenz Einstein-Schlick: Zum Verhältnis der Physik zur Philosophie", in: *Annals of Science*, Bd. 43, 1986, S. 475-488 und Fynn Ole Engler, „Albert Einstein als Physiker und Philosoph und sein Verhältnis zu Moritz Schlick", in: *Traditio et Innovatio*, 10. Jg., H. 1, 2005, S. 38-43.

[63] So heißt es bei Michael Friedman: „In 1916 [...] Einstein brought years of work on a relativistic theory of gravitation to successful completion with the publication of ‚The Foundation of the General Theory of Relativity'. Section 1-3 of

hang mit dem zuvor Gezeigtem lässt sich diese Behauptung jedoch nur noch sehr schwer aufrechterhalten.

Im Gegensatz dazu wird in diesem Aufsatz die These entwickelt, dass Schlick die Methode der raum-zeitlichen Koinzidenzen nicht erst in der Einsteinschen Relativitätstheorie vorfindet[64] und daraufhin ihre erkenntnistheoretischen Implikationen in seinem exzellenten *Raum*

that paper make far-reaching philosophical claims on behalf of the new theory. In particular, Einstein claims finally to realize the thoroughgoing relativity of motion envisioned by Mach (hence the name of the new theory) and to remove from space and time ‚the last vestige of physical objectivity'. The only spatio-temporal features left invariant under the *arbitrary* substitutions allowed by the principle of general covariance are space-time *coincidences*: meetings of material particles, matching of endpoints of rigid rods, coincidences between the hands of a clock and points on the dial, and so on. It follows that only such ‚observable' events are physically real. Abstract theoretical structures [...] can be arbitrarily transformed at will and are therefore only conventionally chosen aids for facilitating the description of the totality of space-time coincidences. In *Space and Time in Contemporary Physics*, Schlick embraces these new ideas with easily understandable enthusiasm." (Michael Friedman, *Reconsidering Logical Positivism.* Cambridge: Cambridge University Press 1999, S. 23 f.) An anderem Ort lautet es: „Für Schlick ist die entscheidende Beziehung von ‚Zuordnung' oder ‚Bezeichnung' eines abstrakten formalen axiomatischen Systems zur Wirklichkeit durch das begründet, was er die ‚Methode der Übereinstimmung [meint: Koinzidenzen]' nennt. Diese Methode ist nach dem Modell der raum-zeitlichen Messung und der Verwendung der raum-zeitlichen Koordinaten in der Relativitätstheorie gebildet." (Michael Friedman, *Carnap, Cassirer, Heidegger. Geteilte Wege.* Wien: Fischer 2004, S. 118)

[64] Einstein verwendet den Koinzidenzbegriff in Bezug auf raum-zeitliche Punktereignisse erstmals öffentlich in seinem Aufsatz „Die Grundlage der allgemeinen Relativitätstheorie", der am 20. März 1916 bei der Redaktion der *Annalen der Physik* eingegangen ist. Das Heft 7, in dem der Aufsatz erschien, wurde am 11. Mai 1916 ausgegeben (vgl. Albert Einstein, „Die Grundlage der allgemeinen Relativitätstheorie", in: *Annalen der Physik*, Bd. 49, 1916, S. 769-822, hier S. 774). Siehe dazu Don Howard, „Point Coincidences and Pointer Coincidences: Einstein on the Invariant Content of Space-Time Theories", in: H. Goenner, J. Renn, T. Sauer (eds.), *The Expanding Worlds of General Relativity.* Boston: Birkhäuser 1999, S. 463-500, v. a. 471-477.

und Zeit in der gegenwärtigen Physik herausstellt.[65] Meine These ist, dass die in der *Allgemeinen Erkenntnislehre* formulierte Koinzidenzmethode, die zweifellos ihre Wurzeln in den Züricher Raum-Texten und damit vor allem auch in der empirischen Psychologie hat, anhand der Einsteinschen allgemeinen Relativitätstheorie ihre erste ernsthafte Überprüfung erfährt. Sie wird von Schlick auf eine empirisch erfolgreiche physikalische Theorie angewendet und erfährt dabei eine überzeugende Bestätigung. In der Diskussion der allgemeinen Relativitätstheorie stimmt Schlick überdies mit Einstein überein, dass Raum und Zeit von einem erkenntnistheoretischen Standpunkt aus betrachtet, wie Einstein es ausdrückt, „den letzten Rest physikalischer Gegenständlichkeit“[66] verlieren. Hierbei handelt es sich um eine Ansicht, die bereits in Schlicks früher erkenntnistheoretischer Arbeit angelegt war, wie sogleich gezeigt werden soll.

Blickt man aber zunächst auf die Passagen in der erster Buchauflage von *Raum und Zeit in der gegenwärtigen Physik* zur erkenntnistheoretischen Rolle der raum-zeitlichen Koinzidenzmethode, die sich im letzten Abschnitt „Beziehungen zur Philosophie“ befinden, um den der ursprünglich als Aufsatz erschienene Text ergänzt worden war[67], dann fällt die Ähnlichkeit zu den zuvor bereits zitierten entsprechenden Abschnitten aus der *Allgemeinen Erkenntnislehre* ins Auge. So schreibt Schlick in *Raum und Zeit in der gegenwärtigen Physik*[68]:

„Es ist nun wichtig, sich klarzumachen, welche besonderen Erfahrungen dazu führen, ein ganz bestimmtes Element des optischen Raumes einem ganz bestimmten Element des haptischen zuzuordnen und dadurch den Begriff des ‚Punktes‘

[65] Dagegen betont Don Howard, dass „the overall aim of Schlick's essay is to explore the philosophical implications of the chief corollary to the point-coincidence argument.“ (ebd. S. 477)

[66] Einstein 1916, S. 776.

[67] Moritz Schlick, „Raum und Zeit in der gegenwärtigen Physik“, in: *Die Naturwissenschaften*, 5. Jg, 1917, H. 11, S. 161-167 und H. 12, S. 177-186.

[68] Vgl. zum Folgenden die beiden Zitate aus der *Allgemeinen Erkenntnislehre*, weiter oben, S. 131 f.

> im objektiven Raume zu bilden. Es sind nämlich Erfahrungen über Koinzidenzen die hier in Betracht kommen. Um einen Punkt im Raume festzulegen, muß man irgendwie direkt oder indirekt auf ihn *hinzeigen*, man muß eine Zirkelspitze oder den Finger oder ein Fadenkreuz mit ihm zur Deckung bringen, d. h. man stellt eine raum-zeitliche Koinzidenz zweier sonst getrennter Elemente her. Und nun stellt sich heraus, dass diese Koinzidenzen für alle anschaulichen Räume der verschiedenen Sinne und Individuen stets übereinstimmend auftreten: eben deshalb wird durch sie ein objektiver, d. h. von den Einzelerlebnissen unabhängiger, für sie alle gültiger ‚Punkt' definiert. Ein geöffneter Zirkel ruft bei Applikation auf die Haut im allgemeinen zwei Stichempfindungen hervor; führe ich aber seine beiden Spitzen zusammen, so dass sie für den Gesichtssinn, im optischen Raume, denselben Ort einnehmen, so erhalte ich nunmehr auch nur *eine* Stichempfindung, d. h. es besteht auch im Tastraum Koinzidenz. Bei näherer Überlegung findet man leicht, dass wir zur Konstruktion des physischen Raumes und der Zeit ausschließlich durch diese Methode der Koinzidenzen und auf keinem andern Wege gelangen. Die Raum-Zeit-Mannigfaltigkeit ist eben nichts anderes als der Inbegriff der durch diese Methode definierten objektiven Elemente.[69]

Geht man davon aus, dass Schlick seine *Allgemeine Erkenntnislehre* spätestens im Frühsommer 1916 im wesentlichen abgeschlossen hatte[70] und seine erkenntnistheoretischen Erörterungen zu *Raum und Zeit in der gegenwärtigen Physik* im März 1917 verfaßt[71], so ist es evident, dass für letztere nur die Abschnitte aus der *Erkenntnislehre* Pate gestanden haben konnten. Infolgedessen ist die Annahme, Schlick habe die erkenntnistheoretische Methode der raum-zeitlichen Koinzidenzen in *Raum und Zeit in der gegenwärtigen Physik* von Einstein einfach übernommen, aus historischer und systematischer Sicht problematisch.

Mehr noch: Um eine solche Annahme weiter zu untermauern, sollten sich auch die Konsequenzen aus der Methode der raum-zeitlichen Koinzidenzen, insofern letztere bereits in den frühen erkenntnistheoretischen Schriften Schlicks angelegt ist, in diesen auffinden lassen.

[69] *MSGA* I/2, A 57.

[70] Er widmet sie seinem Vater zu dessen 70. Geburtstag am 3. Juni 1916.

[71] Zu den weiteren werkgeschichtlichen Details vgl. den Editorischen Bericht zu *Raum und Zeit in der gegenwärtigen Physik*, in: *MSGA* I/2.

Dabei scheint es klar, worin diese Konsequenzen letztlich liegen sollten. Als Fazit seiner erkenntnistheoretischen Ausführungen am Ende der ersten Buchfassung von *Raum und Zeit in der gegenwärtigen Physik* stellt Schlick fest, dass

> „die Begriffe von Raum und Zeit in der Form, in der sie bisher in der Physik auftraten [zu [...] überflüssigen Momenten gehören]. Auch sie finden keine Anwendung für sich allein, sondern nur insofern, als sie in den Begriff der raumzeitlichen Koinzidenz von Ereignissen eingehen. Wir dürfen also wiederholen, dass sie nur in dieser Vereinigung, nicht schon allein für sich etwas Wirkliches bezeichnen.[72]

Bereits in einem Brief an Einstein vom 4. Februar 1917 schreibt Schlick hinsichtlich der Aufsatzfassung von *Raum und Zeit in der gegenwärtigen Physik*, die er als Manuskript Einstein zur Kommentierung zugesandt hatte und in der wie schon erwähnt der letzte Abschnitt „Beziehungen zur Philosophie" noch fehlte:

> „Das Thema wurde in der Form von der Redaktion [der *Naturwissenschaften*] gestellt, wie die Überschrift es angibt, und so ist der Aufsatz weniger eine Darstellung der allgemeinen Relativitätstheorie selbst als eine eingehende Erläuterung des Satzes, dass Raum und Zeit nun *in der Physik* alle Gegenständlichkeit eingebüsst haben."[73]

Worauf bezieht sich Schlick an dieser Stelle? Allein auf die Physik und dabei auf die Arbeiten Einsteins, der ihm schon in seinem Brief vom 14. Dezember 1915 (mit dem die erhaltene Korrespondenz zwischen Schlick und Einstein einsetzt) mitgeteilt hatte, dass infolge der allgemeinen Relativitätstheorie „Zeit u[.] Raum den letzten Rest physikalischer Realität [verlieren]"[74]. Wie schon bei der erkenntnistheoretischen Methode der raum-zeitlichen Koinzidenzen ist es aber

[72] *MSGA* I/2, A 63. Bei Howard heißt es in Bezug auf diese Passage: „By the time Schlick wrote this words, Einstein was clearly thinking along similar lines and no doubt educating Schlick." (Howard 1999, S. 481)

[73] Moritz Schlick an Albert Einstein, 4. Februar 1917 (meine Hervorhebung).

[74] Albert Einstein an Moritz Schlick, 14. Dezember 1915. Einstein hatte kurz zuvor seine allgemeine Relativitätstheorie anhand einer neuartigen empirischen Tatsache, der Erklärung des altbekannten Merkurperihelions, bestätigt (vgl. Al-

erneut nicht Einstein, der Schlick von der Gegenstandslosigkeit von Raum und Zeit überzeugt. So finden sich in Schlicks Manuskript zur Vorlesung „Grundzüge der Erkenntnislehre und Logik" vom Wintersemester 1911/12 an der Universität Rostock, welches als die umfassendste überlieferte Vorarbeit zur *Allgemeinen Erkenntnislehre* angesehen werden muß, die Worte:

„Wenn wir als das Merkmal der Realität die absolute räumliche und zeitliche Bestimmtheit erkannt haben, so heisst das nicht, dass *Raum u. Zeit selber real sind.* Dies folgt keineswegs, wie man leicht meinen könnte. Man dürfte vielmehr sogar versucht sein, schon hier das Gegenteil zu schliessen, dass nämlich *Raum und Zeit nicht in die Reihe der wirklichen Gegenstände gehören.* [...] Bekanntlich sind ja alle Raum- und Zeitbestimmungen, die wir machen können relativ; d. h. wir können den Ort eines Dinges nur in Bezug auf den Ort andrer Dinge, den Zeitpunkt eines Ereignisses nur in Bezug auf ein bestimmtes anderes Ereignis angeben. Aber wenn einmal solche Bezugspunkte festgestellt sind, dann ist damit die ganze Welt aller realen Dinge räumlich-zeitlich eindeutig bestimmt, jedes ist dann in Bezug auf jedes eindeutig orientiert – und dies ist es, was wir meinen, wenn wir von völliger Bestimmtheit sprechen."[75]

In Bezug auf die Methode dieser *eindeutigen Bestimmung* ist sich Schlick darüber im klaren, dass diese derart sein muß, dass sie einem realen Objekt – einem Gegenstand oder einem Ereignis – einen Raum-Zeitpunkt zuweist. So schreibt er:

„Es ist also nicht Bestimmtheit überhaupt, sondern eine ganz besondere *Art* der Bestimmtheit, welche alles Wirkliche als real charakterisiert. Und wenn wir

bert Einstein, „Erklärung der Perihelbewegung des Merkur aus der allgemeinen Relativitätstheorie", in: *Sitzungsberichte der Königlich Preussischen Akademie der Wissenschaften*, XLVII, Gesamtsitzung vom 18. November 1915, S. 831-839). In seinem Aufsatz heißt es schon: „In einer jüngst in diesen Berichten erschienenen Arbeit, habe ich Feldgleichungen der Gravitation aufgestellt, welche [...] kovariant sind. In einem Nachtrage habe ich gezeigt, dass jenen Feldgleichungen allgemein kovariante entsprechen, wenn der Skalar des Energietensors der ‚Materie' verschwindet, und ich habe dargetan, dass die Einführung dieser Hypothese, durch welche Zeit und Raum der letzten Spur objektiver Realität beraubt werden, keine prinzipiellen Bedenken entgegenstehen." (ebd., S. 831)

[75] Ms Grundzüge, Bl. 90 (meine Hervorhebungen).

über diese Art der Bestimmtheit [...] nachdenken, so finden wir, dass wir als real alle Objecte ansehen, zu deren wesentlichen Bestimmtheiten ein bestimmter *Zeit*punkt, und meist auch eine bestimmte Stelle des *Raumes* gehört.[76]

Bringt man nun Schlicks Ausführungen aus dem Rostocker Vorlesungsmanuskript mit denen der Züricher Raum-Texte zusammen, so wird deutlich, dass Schlick bereits im Jahre 1911 (also kurz nach seiner Übersiedelung nach Rostock und Jahre vor der intensiven Diskussion mit Einstein über die philosophischen Konsequenzen der allgemeinen Relativitätstheorie) die Auffassung vertreten hat, dass sich Wirkliches als raum-zeitlich Eingeordnetes kennzeichnen lassen muß. Dabei besitzen Raum und Zeit als solche keine objektive Realität. Unsere Aussagen über ihre geometrischen Eigenschaften lassen sich nur noch im Zusammenhang mit exakten Meßvorgängen treffen. Hierbei spielen physikalische Theorien eine herausragende Rolle, insofern diese angereichert mit unanschaulichen raum-zeitlichen Begriffsschemata einfache Erklärungen meßbarer empirischer Tatsachen liefern. Infolgedessen wird über die Geometrie des Raumes allein in Verbindung mit der physikalischen Erfahrung entschieden. Von hier aus ist es für Schlick nur noch ein kurzer Schritt zu seinen Aussagen in der *Allgemeinen Erkenntnislehre*. Dort wird er seine Überlegungen zum Raumproblem, die in Zürich ihren Ursprung haben, unter das allgemeine erkenntnistheoretische Konzept der raum-zeitlichen Koinzidenzen subsumieren.

Für die Schlick–Einstein-Debatte hat dies zur Folge, dass es wohl nicht Einstein gewesen ist, von dem Schlick die Koinzidenzmethode übernahm, sondern es war eher der Philosoph Schlick, der den Physiker Einstein von der *erkenntnistheoretischen Bedeutung* der

[76] Ebd., Bl. 89. In der *Allgemeinen Erkenntnislehre* heißt es dann: „Natürlich ist diese Einordnung relativ, da sie sich ja auf das gegenseitige Verhältnis der Körper gründet (das transzendente Raum-Zeit-Schema ist also nicht etwas ‚Absolutes', unabhängig von den Dingen Existierendes); dadurch wird aber ihrer Objektivität kein Abbruch getan, denn sie kann jederzeit für jeden Beobachter vollkommen eindeutig konstruiert werden, sobald das zugrunde gelegte Bezugssystem angegeben wird." (*MSGA* I/1, A 235 f.)

raum-zeitlichen Koinzidenzen überzeugte. Was könnte dafür sprechen? Einstein hatte Ende November 1915 nach Jahren zähen Ringens die endgültige Formulierung seiner *allgemein kovarianten* Feldgleichungen erzielt. Daraufhin hatte er schließlich das in der Literatur vieldiskutierte *Lochargument* zugunsten des Punktkoinzidenzarguments aufgegeben. Das Lochargument war von Einstein Ende August 1913 erdacht worden.[77] Es war entscheidend dafür, dass Einstein über Jahre hinweg Zweifel an der Formulierung allgemein kovarianter Feldgleichungen der Gravitation besaß. Mit dem Punktkoinzidenzargument konnte Einstein *post-hoc* diese Zweifel jedoch zerstreuen.[78]

[77] Vgl. Michel Janssen, „What did Einstein know and when did he know it? A Besso Memo dated August 1913", in: Jürgen Renn (ed.), The Genesis of General Relativity, Vol. 2, Dordrecht: Springer 2007, pp. 785-837. Für eine Formulierung des Arguments vgl. Albert Einstein, „Die formale Grundlage der allgemeinen Relativitätstheorie", in: *Sitzungsberichte der Königlich Preußischen Akademie der Wissenschaften*, 1914, S. 1067.

[78] Zu den Details siehe Howard 1999, S. 465-471. Vgl. ferner John D. Norton, „How Einstein found his field equations, 1912-1915", in: Don Howard/John Stachel (eds.), *Einstein and the History of General Relativity.* Boston: Birkhäuser 1989, S. 101-159; John Stachel, „Einstein's search for general covariance, 1912-1915", in: ebd., S. 63-100 und Elie G. Zahar, *Einstein's Revolution. A Study in Heuristic.* La Salle, Ill.: Open Court 1989, § 8; John D. Norton, „Einstein, the Hole Argument and the Reality of Space", in: John Forge (ed.), *Measurement, Realism and Objectivity.* Dordrecht: Reidel 198, pp. 153-188; Don Howard/John D. Norton, „Out of the Labyrinth? Einstein, Hertz, and the Göttingen Answer to the Hole Argument", in: John Earman, Michel Janssen and John D. Norton (eds.), *The Attraction of Gravitation: New Studies in the History of General Relativity.* Boston: Birkhäuser 1993, pp. 30-62; Robert Rynasiewicz, „The Lessons of the Hole Argument", in: *The British Journal for the Philosophy of Science* 45, 1994, pp. 407-436; John D. Norton, „‚Nature is the Realisation of the Simplest Conceivable Mathematical Ideas': Einstein and the Canon of Mathematical Simplicity", in: *Stud. Hist. Phil. Mod. Phys.*, Vol. 31, No. 2, 2000, pp. 135-170; John Stachel, „‚The Relations between Things' versus ‚The Things between Relations': The deeper Meaning of the Hole Argument", in: David B. Malament (ed.), *Reading Natural Philosophy. Essays in the History and Philosophy of Science and Mathematics.* Chicago and La Salle, Ill.: Open Court 2002, pp 231-266; Michel Janssen, „Of pots and holes: Einstein's bumpy road to general relativity", in: *Annalen der Physik*, Vol. 14, Supplement, 2005, pp. 58-85; Jürgen Renn, *Auf den*

Am 3. Januar 1916 schreibt er an seinen Freund Michele Besso, dass in der Konsequenz der allgemeinen Relativitätstheorie raum-zeitliche Punktkoinzidenzen als einzig Wirkliches in der Physik ausgezeichnet werden können. Einstein führt aus:

„*Real* ist physikalisch nichts als die Gesamtheit der raum-zeitlichen Punktkoinzidenzen. Wäre z. B. das physikalische Geschehen aufzubauen aus Bewegungen materieller Punkte allein, so wären die Bewegungen der Punkte, d. h. die Schnittpunkte ihrer Weltlinien das einzig Reale, d. h. prinzipiell beobachtbare. Diese Schnittpunkte bleiben natürlich bei allen Transformationen erhalten (und es kommen keine neuen hinzu), wenn nur gewisse Eindeutigkeitsbedingungen gewahrt bleiben. Es ist also das natürlichste, von den Gesetzen zu verlangen, dass sie nicht *mehr* bestimmen als die Gesamtheit der zeiträumlichen Koinzidenzen. Dies wird nach dem Gesagten bereits durch allgemein kovariante Gleichungen erreicht."[79]

Schultern von Riesen und Zwergen. Weinheim: Wiley 2006; Michel Janssen, John D. Norton, Jürgen Renn, Tilman Sauer and John Stachel, „Introduction to Volumes 1 and 2: The Zurich Notebook and the Genesis of General Relativity", in: Jürgen Renn (ed.), *The Genesis of General Relativity*, Vol. 1, Dordrecht: Springer 2007, pp. 7-20; Jürgen Renn, „Classical Physics in Disarray. The Emergence of the Riddle of Gravitation", in: Jürgen Renn (ed.), *The Genesis of General Relativity*, Vol. 1, Dordrecht: Springer 2007, pp. 21-80; Jürgen Renn/Tilman Sauer, „Pathways out of Classical Physics. Einstein's Double Strategy in his Search for the Gravitational Field Equation", in: Jürgen Renn (ed.), *The Genesis of General Relativity*, Vol. 1, Dordrecht: Springer 2007, pp. 113-312; John D. Norton, "What Was Einstein's ‚Fateful Prejudice'?", in: Jürgen Renn (ed.), *The Genesis of General Relativity*, Vol. 2, Dordrecht: Springer 2007, pp. 715-783; Michel Janssen/Jürgen Renn, „Untying the Knot: How Einstein Found His Way Back to Field Equations Discarded in the Zurich Notebook", in: Jürgen Renn (ed.), *The Genesis of General Relativity*, Vol. 2, Dordrecht: Springer. 2007, pp. 839-926; Fynn Ole Engler, „Reconsidering Einstein's struggle with general covariance. The solution of the epistemological problem posed by the hole argument by the point-coincidence argument in December 1915" (forthcoming).

[79] Albert Einstein an Michele Besso, 3. Januar 1916 (zitiert nach *The Collected Papers of Albert Einstein*, Vol. 8, The Berlin Years: Correspondence, 1914-1918, Part A: 1914-1917, hrsg. von Robert Schulmann, Anne J. Kox, Michel Janssen, and József Illy, Princeton: Princeton University Press 1998, S. 235). Zuvor hatte Einstein am 26. Dezember 1915 in einem Brief an Paul Ehrenfest in diesem Sinne argumentiert. Hier verwendet Einstein erstmals den Punktkoinzidenzbegriff (vgl. ebd., S. 228 f. und in diesem Zusammenhang die Anm. 82 dieser Arbeit).

Es ist ein naheliegender Gedanke, dass Einstein mit Blick auf diese neuen Ansichten zu Raum, Zeit und physikalisch Wirklichem auch kompetenten philosophischen Beistand gesucht hat. Dafür bot sich Schlick an. Dieser hatte gerade seinen Aufsatz über die philosophische Bedeutung des Relativitätsprinzips publiziert und war darin auch auf Einsteins Relativitätstheorie eingegangen.[80] Schlick hat Einstein den Aufsatz zugeschickt[81], woraufhin dieser am 14. Dezember 1915 in seinem Brief an Schlick nicht nur dessen Aufsatz sehr lobt, sondern ihn auch gleich zu sich nach Berlin einlädt.[82] Daß Schlick Einstein mehrmals getroffen hat, wird aus dem Brief Schlicks an Einstein vom 4. Februar 1917 deutlich.[83] Dass sich bei-

[80] Vgl. Moritz Schlick, „Die philosophische Bedeutung des Relativitätsprinzips“, in: *Zeitschrift für Philosophie und philosophische Kritik*, Bd. 159, 1915, S. 129-175.

[81] Er könnte sich dafür die Berliner Adresse Einsteins (Wittelsbacherstraße 13) besorgt haben. Ein entsprechender Eintrag findet sich in einem Notizheft Schlicks aus dieser Zeit (vgl. Schlick-Nachlass, Inv.-Nr. 180, A. 198, Ms Notizheft 6 (1915), S. 63).

[82] Einstein schreibt: „Ich habe gestern Ihre Abhandlung erhalten und bereits vollkommen durchstudiert. Sie gehört zu dem Besten, was bisher über Relativität geschrieben worden ist. Von philosophischer Seite scheint überhaupt nichts annähernd so Klares über den Gegenstand geschrieben zu sein. Dabei beherrschen Sie den Gegenstand materiell vollkommen. Auszusetzen habe ich an Ihren Darlegungen nichts. [...] Indem ich Sie bitte, mich zu besuchen, wenn Sie Ihr Weg nach Berlin führt, verbl. ich mit bestem Gruß Ihr ganz ergebener A. Einstein.“ (Albert Einstein an Moritz Schlick, 14. Dezember 1915) Bemerkenswert ist, dass Schlick mit seiner Familie ab dem 17. Dezember 1915 bei seinem Vater, Schlick, in Berlin weilt (vgl. Moritz Schlick an Albert Schlick, 12. und 14. Dezember 1915). Möglicherweise hat er schon bei diesem Berliner Aufenthalt die Einladung Einsteins – den entsprechenden Brief dürfte er noch vor seiner Abreise nach Berlin in Rostock erhalten haben – angenommen und diesen erstmals besucht. Ist dies der Fall, so könnte es Schlick gewesen sein, der Einstein den Begriff der raum-zeitlichen Punktkoinzidenzen als passendes philosophisches Konzept für die Resultate aus der allgemeinen Relativitätstheorie nahelegte. Einstein verwendet diesen Koinzidenzbegriff dann zuerst in seiner Korrespondenz mit Paul Ehrenfest am 26. Dezember 1915 (siehe Anm. 79 dieser Arbeit).

[83] Dieser beginnt mit den Worten: „Bei Gelegenheit meines letzten Besuches bei Ihnen waren Sie so freundlich, sich zu einer Durchsicht eines Aufsatzes über die

de auch über die Methode der raum-zeitlichen Koinzidenzen ausgetauscht haben, scheint unter den gegebenen Tatsachen sehr wahrscheinlich zu sein. Schlick dürfte sich dabei vor dem Hintergrund der zeitgenössischen Physik in seiner erkenntnistheoretischen Auffassung bestätigt gefunden haben, während Einstein den erwünschten philosophischen Beistand für seine revolutionären Gedanken erfuhr.

Relativität bereit zu erklären, den ich für die ‚Naturwissenschaften' zu liefern versprochen hatte." Das Verhältnis zwischen Einstein und Schlick war zu diesem Zeitpunkt offensichtlich ein sehr vertrautes. Dies geht auch aus dem Postskript zum Brief hervor. Darin bittet Schlick Einstein darum, den zugesandten Aufsatz („Raum und Zeit in der gegenwärtigen Physik"), wenn es „keiner nennenswerten Änderungen an dem Manuskript" bedarf, gleich an die Redaktion der *Naturwissenschaften* weiterzuleiten.

Edwin Glassner

Was heißt Koinzidenz bei Schlick?

„Das Denken schafft niemals die Beziehungen der Wirklichkeit, es hat keine Form, die es ihr aufprägen könnte, und die Wirklichkeit lässt sich keine aufprägen, denn sie ist selbst schon geformt. ... Die Wirklichkeit erhält Form und Gesetz nicht erst durch das Bewusstsein, sondern dieses ist nur ein Ausschnitt aus ihr.“[1]

Was heißt Koinzidenz bei Einstein?

Der Weg, der Einstein zur Allgemeinen Relativitätstheorie führt, ist alles andere als gerade. So meint Einstein noch 1914, gerechtfertigt an die Unmöglichkeit einer generell kovarianten Form von Gleichungen zu glauben.

„Wir beweisen nämlich, dass Gesetze, welche den Ablauf des Geschehens im Gravitationsfelde bestimmen, unmöglich *allgemein* kovariant sein können.“[2]

Einstein hat sich zu dieser Zeit noch nicht vollständig von den Ideen der Speziellen Relativitätstheorie gelöst, im besonderen ist der Zusammenhang zwischen Gravitationsfeld, Metrik und Punktindividuation auf der Mannigfaltigkeit noch nicht ausgearbeitet.[3] Das im

[1] Schlick (1918), S. 326-7

[2] Einstein (1914), S. 1066

[3] vgl. Stachel (1989), S. 88: „... for Einstein, I suggest, the coincidence argument was not primarily an element of a positivistic credo. Rather, it was an important link in the chain of arguments by which he convinced himself that a manifold only becomes a space-time with a certain gravitational field after the specification of the metric tensor field, and that, prior to such a specification, there is no physical distinction between the elements of the manifold.“

diesbezüglich relevanten Artikel[4] abgehandelte Problem ist als *Lochbetrachtung* in die Wissenschaftsgeschichte eingegangen. Dies ist insbesondere wesentlich, weil Einstein explizit das Koinzidenzargument als Nachfolger für das Argument der Lochbetrachtung vorsieht.[5] In seinem bekannteren Artikel über die Grundlage der Allgemeinen Relativitätstheorie schreibt Einstein (1916) im Gegensatz dazu die Forderung nach allgemeiner Kovarianz nieder. Das ist der *systematische* Kontext, in dem das Koinzidenzargument in der Folge eingebettet wird.

„*Die allgemeinen Naturgesetze sind durch Gleichungen auszudrücken, die für alle Koordinatensysteme gelten, d.h. die beliebigen Substitutionen gegenüber kovariant (allgemein kovariant) sind.*"[6]

Diese Forderung wiederum entspringt dem (gegenüber der Speziellen Relativitätstheorie) erweiterten Relativitätspostulat.

„*Die Gesetze der Physik müssen so beschaffen sein, dass sie in Bezug auf beliebig bewegte Bezugssysteme gelten.*"[7]

Welche *philosophische* Bedeutung das Postulat nach allgemeiner Kovarianz hat, hängt ab von der Motivation, die man Einstein unterstellen will. Eine mögliche rezente Antwort findet sich bei Ryckman (2005).

„the fundamental motivation for the principle ... is that it serves as a guiding specification ... of *what is a possible object of fundamental physical theory.*"[8]

[4] Einstein (1914)

[5] vgl. Stachel (1989), S. 87: „The context in which Einstein presented the coincidence argument and referred to space and time losing ‚their last remnant of physical reality' should ... be clear. We see here the traces of his rejection of the ‚hole' argument and his concomitant acceptance of general covariance." Einstein stellt das auch selbst so dar. vgl. Stachel (1989), S. 86.

[6] Einstein (1916), S. 776

[7] Einstein (1916), S. 772

[8] Ryckman (2005), S. 16

Die Eigenschaften und Bewegungen solcher („dynamischen“[9]) Objekte müßten ohne jegliche Referenz auf ein bestimmtes Koordinatensystem beschrieben werden. In allgemein kovarianter Form bleiben die Gleichungen, die solche Objekte beschreiben, nach Koordinatentransformationen bis auf die eingesetzten Zahlenwerte gleich; es kommen keine zusätzlichen Terme hinzu. Einstein (1916) hätte laut Ryckman (2005) demnach – wiederum eine unterstellte, diesmal innerwissenschaftliche Motivation – zur möglichen Umsetzung des Ideals einer rein relationalen Dynamik im Machschen Sinn vorgeschlagen, dass das Feld nicht als Eigenschaft der Raum-Zeit-Punkte zu verstehen ist, sondern das Feld selbst mit den Raum-Zeit-Punkten identifiziert wird, sodaß jegliche Referenz auf einen Raum-Zeit-Hintergrund überflüssig wird. In der Folge bringt Einstein (1916) auch jenen erkenntnistheoretischen Stützpunkt als *Argument für die Leitidee der Forderung nach allgemeiner Kovarianz* ins Spiel, der von Schlick mit besonderem Interesse rezipiert werden wird.

> „Daß diese Forderung der allgemeinen Kovarianz, welche dem Raum und der Zeit den letzten Rest physikalischer Gegenständlichkeit nehmen, eine natürliche Forderung ist, geht aus folgender Überlegung hervor. Alle unsere zeiträumlichen Konstatierungen laufen stets auf die Bestimmung zeiträumlicher Koinzidenzen hinaus.“[10]

[9] vgl. z. B. Ryckman (2005), S. 22: „. . . the invariance (or symmetry) group of a theory is the transformation group that picks out all the objects of the theory, if any, given once and for all. Such objects are ‚absolute‘, acting but not acted upon, unaffected by dynamical laws and so not among the set of state variables distinguishing different physical states of affaires.“ Michael Friedman hat diese Unterscheidung verwendet (vgl. Friedman (1983)), mittlerweile aber wieder aufgegeben; u.a. weil sie sich nicht für seine Identifikation von konstitutiven Aprioris eignet. vgl. Ryckman (2005), S. 245 sowie Friedman (2001)

[10] Einstein (1916), S. 776

Der Koinzidenzbegriff wird an dieser Stelle nicht weiter erläutert.[11] Im Jahr darauf kritisiert Kretschmann (1917), dass Einsteins Allgemeine Relativitätstheorie nicht auf die Basis der Forderung nach genereller Kovarianz gestellt werden kann und vor allem nicht im Sinn Einsteins mit dem Koinzidenzargument begründet werden kann, da allgemeine Kovarianz nur Sache der *Formulierung* von Naturgesetzen ist und nichts über den beobachtbaren *Inhalt* von Naturgesetzen aussagt. Die Niederschrift von generell kovarianten Gleichungen, die beobachtbare Objekte beschreiben, wäre daher trivial in dem Sinn, dass eine solche Formulierung *immer* möglich sein muß, wenn man sich auf Koinzidenzen beschränkt. Er kommt daher zum Schluss, dass die Konzentration auf Koinzidenzen die Niederschrift von über beliebige Koordinatentransformationen kovarianten Gleichungen[12] prinzipiell für *jede* physikalische Theorie gleichermaßen ermöglicht.

„Vergegenwärtigt [man] sich, dass alle physikalischen Beobachtungen letzten Endes in der Feststellung rein topologischer Beziehungen (‚Koinzidenzen') zwischen räumlich-zeitlichen Wahrnehmungsgegenständen bestehen und daher durch sie unmittelbar kein Koordinatensystem vor irgend einem anderen bevorrechtigt ist, so wird man zu dem Schlusse gezwungen, dass jede physikalische Theorie ohne Änderung ihres – beliebigen – durch die Beobachtungen prüfbaren Inhaltes mittels einer rein mathematischen und mit höchstens mathematischen Schwierigkeiten verbundenen Umformung der sie darstellenden Gleichungen mit jedem beliebigen – auch dem allgemeinsten – Relativitätspostulate in Einklang gebracht werden kann."[13]

[11] Einstein (1916), S. 774 (Anm.): „Die Konstatierbarkeit der Gleichzeitigkeit für räumlich unmittelbar benachbarte Ereignisse, oder – präziser gesagt – für das raumzeitliche unmittelbare Benachbartsein (Koinzidenz) nehmen wir an, ohne für diesen fundamentalen Begriff eine Definition zu geben."

[12] vgl. die Unterscheidung in „passive" Kovarianz (Koordinatenunabhängigkeit, „coordinate generality") und „aktive" Kovarianz („diffeomorphism invariance", „general invariance") bei Ryckman (2005), S. 20-21 sowie die mit Invarianz zusammenhängende Unterscheidung in „absolute" und „dynamische" Objekte bei Friedman (1983), S. 54

[13] Kretschmann (1917), S. 576

„Denn nach den Untersuchungen von *Ricci* und *Levi-Cività* dürfte es kaum zweifelhaft sein, dass man jedes physikalische Gleichungssystem ohne Änderung seines durch Beobachtungen prüfbaren Inhaltes auf eine allgemein kovariante Form bringen kann. Das leuchtet von vornherein ein, wenn man sich wieder vergegenwärtigt, dass in Strenge nur rein topologische Tatsachen des Naturgeschehens oder nach *Einstein* Koinzidenzen beobachtbar sind.“[14]

Einsteins (1918) Antwort auf Kretschmann (1917) bedeutet im Grunde einen Rückzug auf die Position, dass das Postulat nach genereller Kovarianz aus Gründen der Einfachheit (auf konventionalistische Weise) vorzuziehen sei.

„Wenn es nämlich auch richtig ist, dass man jedes empirische Gesetz in allgemein kovariante Form muß bringen können, so besitzt das Prinzip ... doch eine bedeutende heuristische Kraft ... Von zwei mit der Erfahrung vereinbarten Systemen wird dasjenige zu bevorzugen sein, welches vom Standpunkte des absoluten Differentialkalküls das einfachere und durchsichtigere ist.“[15]

Es entspricht dem heutigen Stand der Physik, dass *jede* physikalische Theorie (auch etwa die Newtonsche Physik) auf der Basis von Koinzidenzen *in generell kovarianter Form darstellbar* ist.[16] Daraus folgt, dass die erkenntnistheoretische Konsolidierung über Koinzidenzen, die Einstein (1916) vorschlägt, genaugenommen nicht funktioniert, da sich die Unveränderlichkeit der Form der Gleichungen schon a priori (i.e. durch eine entsprechende Formulierung der Raum-Zeit-Theorie) herstellen lässt.

„[Einstein] inadvertedly conflated mathematical technique and physical content.“[17]

Es bleibt aber hervorzuheben, dass der heuristische Vorteil des Postulats nach genereller Kovarianz abgesehen von der von Einstein

[14] Kretschmann (1917), S. 579. Die hier angesprochenen Arbeiten hat Einstein schon 1912 durch Marcel Grossmann kennengelernt. vgl. Stachel (1989), S. 65

[15] Einstein (1918), S. 242

[16] vgl. Norton (1991), S. 281: „... because it is now commonplace for any reasonably coherent space-time theory to have a generally-covariant formulation“

[17] Ryckman (2005), S. 18

(1918) genannten größeren Einfachheit historisch gesehen tatsächlich erst den entscheidenden Anstoß zur Entwicklung der Allgemeinen Relativitätstheorie gegeben hat, da erst durch Loslösung von der Idee eines bloß topologischen Raumes das Argument der Lochbetrachtung überwunden werden konnte. Das Koinzidenzargument spielt in diesem Zusammenhang also eine wesentliche Rolle, um der Auffassung Nachdruck zu verleihen, dass Punkte nicht physikalisch sinnvoll individuiert werden können ohne vorherige Spezifikation des metrischen Feldes. Lediglich die Koinzidenz von Punkten auf der Basis eines metrischen Feldes zeichnet sich durch physikalische Existenz aus.

> „Having now recognized his mistake, Einstein in 1916 sought to underscore this new understanding by adopting a programmatic characterization of what is physically observable as, in principle, reducible to the broad category of ‚point coincidences‘ (or intersection of world lines). This ensures that the conclusion of the hole argument can no longer go through, since only a physical process – the metric field (and possibly other physical fields) – can accord physical existence to the events that make up the space-time manifold. ... the striking statement situating physical reality in ‚point-coincidences‘ represents an attempt to distinguish clearly what is required for certain mathematical structures of the theory to have physical significance.“[18]

Ungeachtet dessen bleibt Kretschmanns (1917) Kritik aufrecht. Diese Verwirrung bedeutet aber nicht, dass der Koinzidenzbegriff deshalb philosophisch unfruchtbar sein muß. Schlick zeigt von Anfang an undogmatische Distanz in der Frage der wissenschaftshistorischen resp. epistemologischen Beurteilung der Relativitätstheorie[19], und es ist angesichts dieser Unklarheiten bei Einstein nicht verwunderlich, dass

[18] Ryckman (2005), S. 21

[19] Albert Einstein an Moritz Schlick, 6. Februar 1917, gemeint ist (eine Version der Aufsatzfassung von) *Raum und Zeit in der gegenwärtigen Physik*: „Sehr gut hat mir gefallen, dass Sie nicht a posteriori die allgemeine Relativitätstheorie als erkenntnistheoretisch *notwendig* sondern nur als in höherem Maße *befriedigend* hingestellt haben. Diese Unbestechlichkeit freut mich besonders.“

die Interpretationen des Koinzidenzbegriffs bei den Wissenschaftsphilosophen zur damaligen Zeit weit auseinandergehen.[20]

„Einstein offered a ‚reflection' concluding that ‚all our physical experience' is reducible to ‚coincidences' of point-events, for whose description alone a reference system is required. No aspect of the foundations of general relativity has resulted in more controversy and confusion than these puzzling assertions, coupling a generalized principle of relativity for rotating and accelerating frames of reference (apparently expressing the relativity of all motions), to a condition of coordinate generality, to reach such striking conclusions."[21]

Objektivität als *Nichtrelativität* heißt im folgenden hier soviel wie Unveränderlichkeit des formalen Ausdrucks, mit dem empirische Objekte beschrieben werden. Ironischerweise ist es Schlick selbst, der diesen Sinn von Objektivität schon früh besonders stark macht.[22] Dennoch ist der *Koinzidenzbegriff bei Schlick* gerade nicht ausschließlich im Hinblick auf die Unveränderlichkeit des *formalen Ausdrucks*, sondern *auch* (philosophisch allgemeiner) im Hinblick auf die Konsistenz von Wahrnehmung innerhalb der Vielfalt der – gleichsam

[20] vgl. vor allem Schlick (1917) im Gegensatz zu den Folgerungen bei Reichenbach (1924), S. 27: „Jedoch ist die Loslösung des Koinzidenzbegriffes von der Wahrnehmung für die Konstruktion der Außenwelt unvermeidlich. Erst mit ihrer Durchführung wird der Beobachter ausgeschaltet, und objektive Tatsachen treten an die Stelle subjektiver Erlebnisse." sowie bei Carnap (1922), S. 83 (Anm.): „*Nur raum-zeitliches Zusammenfallen* (‚Koinzidenz') ist physikalisch *feststellbar* ... Daher *nur topologische Bestimmungen eindeutig*". Sowohl Einstein als auch Schlick hätten beiden Positionen *nicht* zugestimmt.

[21] Ryckman (2005), S. 16

[22] Ryckman (2005), S. 14-15: „... a fundamental shift of epistemological discussion initiated by Schlick's influential *definition* of cognition as a ‚univocal coordination' in 1918. Subsequently, philosophers of science would have progressively less and less understanding of the relevance of any account of ‚physical objectivity' in accordance with conformity to presupposed ‚conditions of possible experience'. Instead, the relevant epistemological issues of interest concerned the applicability of an uninterpreted mathematical formalism to an empirically given concrete subject matter or, in terms more redolent of mature logical empiricism, the semantical rules through which a mathematical framework acquires empirical content, and so ‚cognitive meaning' in physics."

fensterlosen – phänomenalen Räume weiterkonstruiert. Der Koinzidenzbegriff bei Schlick unterliegt daher nur zum Teil der Kritik von Kretschmann (1917).

Die Aporie des Koinzidenzarguments und die logische Bedeutung von Raum-Zeit-Stellen

Dennoch ist wissenschaftshistorisch zu konstatieren, dass das Zusammenfallen von Punkten nach dem Übergang zur (Allgemeinen) Relativitätstheorie *ex negativo* als unverdächtiger anschaulicher Rest übrig bleibt und nicht positiv von Einstein oder Schlick unmotiviert als philosophisch oder psychologisch bevorzugte Erkenntnismethode ins Feld geführt wird. Der Rekurs auf Koinzidenzen bei Einstein und vor allem bei Schlick ist vielmehr als Ergebnis der Entwicklung der Wissenschaftsgeschichte zu betrachten.

Das als Koinzidenz bezeichnete Zusammenfallen von Punkten ist also der *aller*letzte Rest physikalischer Gegenständlichkeit[23], der erhalten bleibt, wenn beliebige stetige und eindeutige Transformationen möglich sein sollen ohne den Verlust der ursprünglichen Gleichungsform.

Diese „Gegenständlichkeit“ ist nun allerdings insofern unbefriedigend, als sie auf ausdehnungslose Punkte rekurriert. Das führt zu der Frage, inwiefern Einsteins (1916) Ausführungen über die Bedeutsamkeit von Koinzidenzen als bloßes Gedankenexperiment zu verstehen sind und was nun tatsächlich der erkenntnistheoretische Status von Koinzidenzen – im beschriebenen Sinn – ist, da ausdehnungslose Punkte eben nicht wahrnehmbar sind und sich daher schlecht als erkenntnistheoretische Basis eignen. Besäßen die Koinzidenzen Ausdehnung, würden sie ja wiederum der relativierten Metrik anheimfallen und das erkenntnistheoretische Argument wäre wiederum entkräftet.

[23] vgl. das Einstein-Zitat oben S. 148

Sind die Koinzidenzen jedoch ausdehnungslos, wäre damit die letzte Bastion physikalischer Gegenständlichkeit eben doch schon mit der Einführung nichteuklidischer Geometrien gefallen, wie es Einstein (1916) ja auch selbst beschreibt. Mit anderen Worten: Wenn der letzte Rest physikalischer Gegenständlichkeit von Raum und Zeit herausgefallen ist, wozu bedient sich Einstein (1916) noch eines empirisch orientierten *erkenntnistheoretischen Arguments*, das sich ja auf „*Konstatierungen*" als „*Bestimmungen* raumzeitlicher Koinzidenzen" beruft? Ich nenne dieses Konundrum die *Aporie des Koinzidenzarguments.*

Es geht also um nicht weniger als die *Diskrepanz*, dass Einstein einerseits „den letzten Rest physikalischer Gegenständlichkeit" wie einen Schleier der Wahrnehmung behandelt und vom Gesicht von Raum und Zeit herunterzieht, gleichzeitig aber das Zusammenfallen von ausdehnungslosen Punkten zur erkenntnistheoretischen Basis, zum *unmittelbar erkennbaren* und objektiven – gegenständlichen – Gerüst macht.[24] Eine Analyse des Begriffs der Gegenständlichkeit resp. Objektivität zeigt, dass dieser Begriff *bei Einstein (1916)* in *Nichtrelativität* einerseits[25] und *Beobachtbarkeit* andererseits dissoziiert. Bei Schlick werden in der Folge die dissoziierten Konnotationen von Objektivität versuchsweise philosophisch in Einklang gebracht.

Die *logische* Diskrepanz des *erkenntnistheoretischen* Arguments, das für Einstein (1916) freilich nur philosophische Fingerübung ist[26],

[24] vgl. Einstein (1916), S. 776: „Die Einführung eines Bezugssystems dient zu nichts anderem als zur leichteren Beschreibung der Gesamtheit solcher Koinzidenzen."

[25] vgl. Stachel (1989), S. 88: „[Einstein's] comments about space and time losing their last vestiges of objective reality were not meant, I believe, to indicate that space and time have *no* physical reality, but that they no longer have any *independent* reality, apart from their significance as the spatial and temporal aspects of the metrical field."

[26] Einstein macht selbst die prinzipielle Unterscheidung zwischen physikalischer und erkenntnistheoretischer Argumentation explizit. vgl. Einstein (1916), S. 771 (Anm.): „Eine ... erkenntnistheoretisch befriedigende Antwort kann natürlich im-

wiegt aber nicht allzu schwer, da auch von der Konklusion des Arguments – der „Natürlichkeit" der Forderung nach allgemeiner Kovarianz[27] – für die Gültigkeit der Theorie nicht allzu viel abhängt.[28] Kovarianz trüge auch ohne Nachweis ihrer „Natürlichkeit" zur Vereinheitlichung und Vereinfachung des Raum-Zeit-Schemas bei. Und rein *ontologisch* wäre es vermutlich auf den ersten Blick keine Schwierigkeit, von ausdehnungslosen Punkten als Basis auszugehen. Die *logische* Diskrepanz würde allerdings schwerer wiegen – und Schlick geht dieses Risiko ein –, wenn die raumzeitlichen „Konstatierungen" über Koinzidenzen selbst *logischen Status* bekämen.

Viel ungefährlicher scheint es daher, den erkenntnistheoretischen Status von Koinzidenzen *psychologisch* zu formulieren. Schlick versucht sich in dieser Formulierung.

> „Aber ich glaube, dass gerade diese ‚Koinzidenz' sich garnicht als bloßer Inbegriff und Knotenpunkt apriorischer Sätze auffassen lässt, sondern zunächst durchaus Repräsentant eines psychologischen Erlebnisses des Zusammenfallens ist, so wie etwa das Wort ‚gelb' ein einfaches nicht mehr definierbares Farberlebnis bezeichnet."[29]

Dieses Vorgehen zeigt, dass Schlick folgendes für die Koinzidenz veranschlagt: Wenn die logische Analyse nicht weitergetrieben werden kann, weil sie auf ein elementares und gleichzeitig gegenständliches Fundament getroffen ist, so muß an dieser Stelle die Erfahrung konstatieren, was sie vorfindet (gleich, ob die Erfahrung dabei konzeptuell kontaminiert ist oder nicht). Für das psychologische Moment des

mer noch *physikalisch* unzutreffend sein, falls sie mit anderen Erfahrungen im Widerspruch steht."

[27] Diese Natürlichkeit besteht für Einstein eben gerade darin, dass Koinzidenzen als das einzig „Wirkliche" auch prinzipiell beobachtbar sind. vgl. Albert Einstein an Michele Besso, 3. Jänner 1916 sowie Friedman (1983), S. 22: „the features of the world that are now objective according to general relativity are precisely the observable features of the world"

[28] Das gibt auch Kretschmann (1917), S. 577 zu.

[29] Schlick (1921), S. 101

Farberlebnisses ist ein logischer Rahmen in der normalen Sprache vorgesehen; die Begriffe desselben („das Wort ‚gelb'") können nur mehr durch Hinweis auf die Gegenstände näher erläutert werden. Ebensogut ist die Koinzidenz im logischen Rahmen des Koordinatensystems der Physik zu erfassen; welcher gegenständliche Punkt der Mannigfaltigkeit jedoch gemeint ist, kann nur durch den Akt des Hinzeigens näher bestimmt werden. Die Koordinatenwerte einer Koinzidenz sind ja zufällig, insofern auch ein alternatives Koordinatensystem hätte verwendet werden können. Weitere erkenntnistheoretische Bedeutung kann ihr nur mehr aus der Empirie erwachsen. Ebenso könnte auch „das Wort ‚gelb'" für eine andere als die uns geläufige Farbe stehen, was man aber rein logisch nicht ohne weiteres spezifizieren kann. Dennoch kann beim einfachen Wahrnehmungsvorgang die Bedeutung des Wortes durch Hinweis auf die Sinnesqualität erfaßt werden.

Diese psychologische Linie der Argumentation läuft auf eine Analyse der Begriffsgenese hinaus, die die ursprünglichen Festsetzungen, die zum Aufbau des begrifflichen Systems dienten, rekapituliert. Im von Schlick gewählten Beispiel handelt es sich um einen Begriff der Alltagssprache („das Wort ‚gelb'"), der nicht mehr gesondert definiert wird, sondern dessen Bedeutung einfach aus dem herkömmlichen Spracherwerb der Alltagssprache hervorgeht. In der Wissenschaftsgeschichte würde die Rekapitulation im Aufzeigen jener Konventionen bestehen, die das Begriffssystem mitkonstituiert haben.[30]

Die psychologische Erklärung erlaubt es Schlick, den neukantianischen Interpretationen entgegenzuhalten, dass sich *je nach empirischem Befund der Wahrnehmungspsychologie* anders beurteilen lässt, welche Teile einer Theorie man sich *anschaulich* zurechtlegen kann und welche nicht. Es lassen sich folglich keine unrevidierbaren

[30] Wie oben angedeutet würde eine Analyse dieser Art zeigen, dass für Einstein (1916) die Einfachheit der neuen Theorie Grund genug ist, die Bedeutung von allgemeiner Kovarianz anders zu bewerten, als man das heute tun würde. vgl. dazu Norton (1991)

Aussagen über den Raum als Anschauungsform mehr machen; *an dieser Stelle* konterkariert die psychologisch-empiristische Methode einfach den Kantschen Apriorismus.

„Die ... psychologischen Theorien lassen zumeist die Kantsche Meinung gänzlich fallen, nach welcher der Raum die apriorische Form der sinnlichen Erfahrung ist. Diese empiristischen Meinungen sehen demnach die Eigenschaften unseres Raumes an als zum *Inhalt* der Erfahrung gehörig."[31]

Es ist festzuhalten, dass Schlicks Werk *erst ab 1916* mit dem Erscheinen von Einsteins *Grundlage* (Einstein (1916)) und mit der Niederschrift der *Idealität des Raumes* (Schlick (1916)) konsequent einen *logischen Status* für Raum-Zeit-Stellen vorsieht; zuvor behandelt Schlick Raum-Zeit-Theorien hauptsächlich von der psychologischen Warte aus, da er sich wohl von dieser Seite weitere aufklärende Erkenntnisse zum Raumbegriff erwartet.[32] *Ex post* ist freilich festzuhalten, dass eben mit der Relativitätstheorie als physikalischer und nicht psychologischer Theorie der Raumbegriff eine weitere Umwälzung erfährt. Nur weil Einstein (1916) auch auf die erkenntnistheoretische Perspektive der Theorie Wert legt, kann Schlick die psychologische Analyse des Raum- und Zeitbegriffs anhand der Re-

[31] TS Die Lehre vom Raum in der gegenwärtigen Philosophie, Inv. Nr. 1, A.1, Bl. 10

[32] Schlick behandelt wohl auch die mathematischen Ergebnisse beispielsweise von Riemann und Helmholtz. Doch diese haben den Nachteil, dass sie philosophisch gesehen den Angriffen der Neukantianer nicht gleichermaßen standhalten können. Für Riemann ist schon die bloße Formulierbarkeit nichteuklidischer Geometrien ein Argument gegen den Apriorismus. Der Neukantianer entgegnet in der Regel, dass sich physische Erfahrung anschaulich dennoch ausschließlich euklidisch in eine Form bringen lässt. Helmholtz behauptet über Riemann hinausgehend, dass sich auch tatsächlich nichteuklidische Geometrien vorstellen lassen. Das Argument der Neukantianer gegen Helmholtz lautet, dass, selbst wenn nichteuklidische Anschauung möglich wäre, praktischerweise physische Erfahrung immer so formuliert würde, dass neue physische Hypothesen eingeführt würden, um so das ‚abnorme' Verhalten *im euklidischen Raum* zu erklären. vgl. TS Die Lehre vom Raum in der gegenwärtigen Philosophie

lativitätstheorie umsetzen und der empiristischen Methode dadurch einen neuen Impuls geben.

Was ist nun mit dem logischen Status von Aussagen über Koinzidenzen genau gemeint? Schlick (1916) geht freilich konform mit Einstein, dass nur Aussagen über Koinzidenzen im begrifflich-logischen Rahmen der Physik einen einheitlichen Rang bekommen können. Aussagen über Längenmaße können sich widersprechen. „Strecke A ist größer als Strecke B“ kann konfligieren mit „Strecke B ist größer als Strecke A“, da je nach Bezugssystem einmal die eine, einmal die andere Aussage wahr sein kann. Gegeben, dass ein einheitliches logisches System für die Physik realisiert werden soll (Objektivität im Sinne von *Nichtrelativität*), sind lediglich Aussagen über Koinzidenzen gegen logische Widersprüche dieser Art immun.

Schlick (1916) verfolgt nun die Strategie, die psychologischen Konsequenzen aus dem postulierten logischen Einheitsrahmen (Objektivität im Sinn von *Nichtrelativität*) zu ziehen.

> „Nun können sehr wohl zwei verschiedene Individuen (z. B. ein normalsichtiges und ein farbenblindes) einem Gegenstande verschiedene Qualitäten zuschreiben, denn die eine ist ja im Erscheinungsraum des einen, die andere im Raum des anderen Bewusstseins lokalisiert, beider Orte sind daher nicht miteinander zu identifizieren, und es ergibt sich also kein Widerspruch.“[33]

Aussagen über Koinzidenzen müssen demnach widerspruchsfrei bleiben, selbst wenn sie mit psychologischen Kategorien wie Sinnesqualitäten verknüpft sind (Objektivität als *Beobachtbarkeit*). Es muß sich konsequenterweise so verhalten, dass phänomenale Räume verschiedener Personen sich nicht überlappen. Sonst käme es zu einem Widerspruch der Form „Ort A hat für den Gesichtssinn Qualität x“ *versus* „Ort A hat für den Gesichtssinn Qualität y“. Eine Raum-Zeit-Stelle darf nicht mit widersprüchlichen Aussagen belegt werden. Da aber die beiden angesprochenen Raum-Zeit-Stellen „nicht miteinander zu identifizieren“ sind, ergibt sich kein Widerspruch. Mit anderen Worten: Für den anschaulichen Raum gilt gleichermaßen wie für den

[33] Schlick (1916), S. 244

begrifflichen Raum der Physik die Forderung nach Widerspruchsfreiheit an Raum-Zeit-Stellen. Die philosophische Konsequenz für die Bewusstseinsphilosophie lautet: Qualitative Sinneseindrücke sind subjektiv.[34]

Aus dieser Stelle geht *nicht* hervor, dass der Inhalt von Sinneseindrücken nicht kommunizierbar ist. Freilich kann man Aussagen über einen gelben Gegenstand sinnvoll machen und man kann die Aussagen auch eindeutig Raum-Zeit-Stellen zuordnen. Der Preis für Objektivität als *Beobachtbarkeit* ist allerdings subjektive Isolation in individuellen phänomenalen Räumen.[35] (Es handelt sich also in diesem Fall um Raum-Zeit-Stellen des phänomenalen Raumes, nicht des begrifflich-objektiven Raumes der Physik.) Der erkenntnistheoretische Status von Aussagen über Sinnesqualitäten ist *nicht derselbe* wie der von Aussagen über physikalische Größen. Die Logik von Raum-Zeit-Stellen funktioniert hingegen für Schlick in beiden Fällen *gleich.*

Zwei Anmerkungen sind zu machen. Erstens zeigt diese Anwendung der Raum-Zeit-Logik auf Sinnesqualitäten, dass Schlick *nicht*, wie man aufgrund der obigen Ausführungen vielleicht annehmen könnte, Erkenntnistheorie durch Psychologie ersetzt. Auch wenn die Raum-Zeit-Logik in Bezug auf Bewusstseinsdaten ebenfalls funktioniert, unterscheidet sich doch der erkenntnistheoretische Status psychologischer Aussagen von dem physikalischer oder eben philosophischer Aussagen. Es ist deshalb *nicht* so, dass Schlicks empiristische Methode *an jeder Stelle* einem (wie auch immer gearteten) Apriorismus zuwiderläuft. Schlick grenzt sich in dieser Hinsicht auch klar

[34] Daß es Schlick ernst ist mit dieser bewusstseinsphilosophischen Konsequenz geht auch hervor aus Schlick (1932), S. 15.

[35] Daraus folgt, dass Schlick in diesem Bereich *kein Privatsprachenargument* sowie *keinen wissenschaftlichen Reduktionismus* intendiert, da dazu die skeptische Komponente fehlt. vgl. Glassner (2005)

vom Positivismus ab und argumentiert für die Möglichkeit von *genuin philosophischen* Erkenntnissen.[36]

Der Einheitsrahmen für das Raum-Zeit-Schema ist logischer und nicht anschaulicher Natur. Wenn Schlick also im obigen Zitat von den Eigenschaften des Raumes als „zum *Inhalt* der Erfahrung gehörig" spricht, so bedeutet das: Die Wissenschaften bringen logische Einheitsrahmen (auf der Basis von Konventionen) hervor, und welche Begriffe sich für die einheitliche Sprechweise über die Raum-Zeit besonders eignen, ist gewissermaßen historisch kontingent (für die Allgemeine Relativitätstheorie eignet sich eben der Begriff der Koinzidenz, nicht aber der des Längenmaßes). Hingegen ist die geforderte Raum-Zeit-Logik nicht erfahrungs- resp. entwicklungsabhängig, wo Erfahrungsqualitäten zu Widersprüchen im begrifflichen Raum-Zeit-Schema der Physik führen würden. Der „*Inhalt* der Erfahrung" bezieht sich im Zusammenhang mit Schlicks Interpretation der Relativitätstheorie auf die wissenschaftshistorische Genese des sprachlichen Rahmenwerks einer Raum-Zeit-Theorie (resp. banalerweise auf die konkreten Objekte im Raum). Der psychologische Ansatz räumt der Erfahrung eine gewisse Rolle in der Wahl der Geometrie ein (und zwar als wissenschaftshistorische Realisierung eines Einfachheitsprinzips im Zusammenhang mit Schlicks Überlegungen zum Konventionalismus), aber nicht im apodiktisch-apriorischen Sinn von Kants reiner Anschauung.[37]

Zweitens betreibt Schlick *keine naturalisierte Erkenntnistheorie.* Die Differenzierung der epistemologischen Dignität von Aussagen in Psychologie und Physik steht der wissenschaftlichen Reduktion von

[36] Zum Verhältnis Philosophie–Wissenschaft im Zusammenhang mit Schlicks Stellung zum transzendentalen Idealismus vgl. Ferrari (2005). Die Schatzgräber-Metapher bei Schlick (1915), S. 148 enthält den Vorbehalt, dass erst die Philosophie das „eigentliche Lebensprinzip" der Wissenschaften zu Tage fördern kann.

[37] Die Verwendung der euklidischen Geometrie heute wäre wissenschaftshistorisch ein Rückschritt und kompliziert gegeben den heutigen Wissensstand, aber nicht unmöglich. Das hält schon Schlick (1915) fest.

Aussagen über Sinnesqualitäten im Weg. Die Raum-Zeit-Logik ist vereinheitlicht, aber nicht die Bewertung der Erkenntnistheorie.

An dem Punkt, an dem die Koinzidenz ihren logischen Status erlangt, wird die Aporie des Koinzidenzarguments virulent. Denn durch die einheitliche sprachliche Verwendungsweise der Koinzidenz in Bezug auf Bewusstseinsdaten einerseits wie in Zusammenhang mit physikalischen Größen andererseits wird der erkenntnistheoretische Unterschied verwischt.

> „Der Wert jeder physikalischen Größe ist eine Zahl, die durch *Messung* festgestellt wird. Durch unsere physikalischen Instrumente werden aber alle Größenbestimmungen auf Längenmessung von *Strecken* (d.h. des Abstandes zweier materieller Punkte) zurückgeführt, sie geschehen ja durch Ablesung einer Skala, eines Zifferblattes usw. Jede Ablesung besteht nun im Prinzip in der Beobachtung der Begegnung zweier materieller Punkte am gleichen Orte und zu gleicher Zeit – es koinzidiert z. B. eine Zeigerspitze zu einer bestimmten Zeit mit einem bestimmten Punkt einer Skala. Alle Messungen müssen also zu dem gleichen Resultat (zu dem gleichen Zahlenwert für die gemessene Größe) führen, sobald nur dafür gesorgt ist, dass immer die gleichen materiellen Punktpaare zeitlich und räumlich koinzidieren.“[38]

Der springende Punkt ist nicht, dass sich der logische Einheitsrahmen nicht durchhalten lässt. Wie man an dieser Stelle besonders gut sieht, stellt das kein Problem dar. Der erkenntnistheoretische Unterschied hingegen tritt nicht mehr klar zu Tage. Was Schlick in dieser Analyse des Meßvorgangs gleichsam übersieht, ist die Tatsache, dass die „Beobachtung der Begegnung zweier materieller Punkte am gleichen Orte und zu gleicher Zeit“ sich nur anhand ausgedehnter „materieller Punktpaare“ realisieren ließe; *es lassen sich mithin immer nur näherungsweise Koinzidenzen bestimmen* und zeiträumliche Konstatierungen machen.[39]

[38] Schlick (1922), S. 31. Diese Stelle kommt erst in der vierten Auflage von *Raum und Zeit in der gegenwärtigen Physik* hinzu. Derselbe Rekurs auf Koinzidenzen als Medium der exakten Erkenntnis findet sich als „Methode der Koinzidenzen“ in der *Allgemeinen Erkenntnislehre.*

[39] Philosophisch gesehen ist es also ein Manko, dass Einstein (1916) keine genaue Definition der Koinzidenz gibt.

Die *slippery slope* besteht darin, dass zwei beobachtbare *ausdehnungslose* Punkte immer einen (wenn auch minimalen) Abstand verschieden von Null haben, sonst könnte man sie nicht auseinanderhalten und von *Ko*-inzidenz (im Sinn einer Metrik) sprechen. (Der menschliche Beobachtungsapparat ist nicht unendlich genau.) Bei genügend pervertierender Transformation kann der Abstand zwischen zwei Punkten selbst bei kleinstem Ausmaß auf ein beträchtliches wachsen, sodaß keine Koinzidenz mehr vorläge. *A fortiori* können *ausgedehnte* Punkte nicht koinzidieren. Im erkenntnistheoretischen Bereich muß letztlich zwischen Identifikation (Objektivität als *Nichtrelativität*) und Koinzidenz im Sinn Schlicks (Objektivität als *Beobachtbarkeit*) unterschieden werden, auch wenn der logische Status oberflächlich derselbe ist.

Was heißt Koinzidenz bei Schlick?

Die Verwendung der Koinzidenz zur Rechtfertigung einer allgemeinen Meßtheorie – als soetwas ist wohl vor allem die „Methode der Koinzidenzen“ zu verstehen – ist als Motor des neuen Empirismus vielversprechend. Dennoch ist die Tragweite des neuen Impulses, der auf dieser Basis von Schlick ausgeht, in historischer Perspektive jüngst kritisiert worden.

> „1921 draws our attention as a ‚pivotal year‘ for ‚scientific philosophy‘ because it brought Schlick's crystallization of the new empiricist interpretation of physics. Based on a highly selective reading of these texts of Einstein, and of Helmholtz, Schlick's new empiricism is an almost ‚on-the-spot‘ improvisation, seeking to find the resources for an empiricist interpretation of the metric of space-time in observable facts about measurement bodies and light rays whose fiduciary behavior has been fixed by conventional stipulation.“[40]

Es scheint, als ob Schlick erst recht in der wesentlichen epistemologischen Rechtfertigungsfunktion, die die Koinzidenz seiner philo-

[40] Ryckman (2005), S. 52

sophischen Konzeption nach tragen soll[41], wiederum auf im Sinn des Konventionalismus willkürliche Elemente angewiesen ist. Es ist nicht klar, inwiefern hier einem *topologischen* Begriff[42] eine *metrisch* konstitutive Funktion zugewiesen wird. Was in diesem Zusammenhang allerdings wohl erhellt wird, ist, dass der Koinzidenzbegriff *bei Einstein* eine direkte Konsequenz der Lochbetrachtung ist und als programmatische Vorgabe und Heuristik dazu diente, aus früheren Irrungen herauszuführen.

„In brief, the posited intimate connection between space-time and matter meant that there could be *no* individuation of the points of space-time in an entirely ‚empty‘ region prior to the specification of a metric field.“[43]

„In a sense, Einstein had to *unlearn* (Stachel's term) the lesson of Special Relativity, where in his later words, (‚Relativity and the Problem of Spacc‘, Appendix V to the 5th edition of *Relativity: The Special and the General Theory*, translated by R. Lawson (New York: Bonanza Books, 1952), pp. 135-157, p. 155) space-time still ‚has an existence independent of matter or field ... [and] the inertial system with its metrical properties must be thought of at once as existing, for otherwise the description of ‚that which fills up space‘ would have no meaning.‘“[44]

Aufgrund dieser Priorität der *Metrik* vor der Punktindividuation ist es daher zweifelhaft, inwiefern der Koinzidenzbegriff als Grundlage des *Messens* gerechtfertigt verwenden kann, da der Koinzidenzbegriff

[41] Chapuis-Schmitz (2005) analysiert den Unterschied zwischen Einsteins ontologischer *Differenzierung* des physisch Realen und des phänomenal Gegebenen einerseits sowie Schlicks ontologischer *Integration* dieser beiden Bereiche des Realen andererseits. Dieser Kontrast impliziert hienach den unterschiedlichen Zugang bei Einstein und bei Schlick zum Koinzidenzkonzept. Chapuis-Schmitz (2005), S. 42: „As Einstein himself explains ... the defining of points of the space-time manifold as coincidences of world-lines is the result of a conceptual inquiry. ... On the other hand Schlick takes the idea of *observed* coincidences as a fundamental one. ... Coincidences are absolutely necessary to bridge the gap between the two kinds of access to reality that Schlick identifies.“

[42] vgl. oben die zitierten Stellen bei Carnap (1922) und Kretschmann (1917)

[43] Ryckman (1992), S. 493

[44] Ryckman (1992), S. 493 (Anm.)

Schlickscher Prägung selbst die Relation von einzelnen (benachbarten) Punkten voraussetzt; mithin auch die ‚Individuation' von einzelnen „materiellen" Punkten zur Vorbedingung macht, so es sich um eine konkrete Messung handelt, wie sie von Schlick oben beschrieben wird.

Es bleibt zu vermuten, dass Schlick aufgrund seiner Unkenntnis dieser Entwicklung des Koinzidezbegriffs aus der Lochbetrachtung heraus das erkenntnistheoretische Argument bei Einstein hypostasiert hat. Einstein hat jedenfalls, soviel bekannt ist, keine explizite Kritik am Schlickschen Koinzidenzbegriff geäußert, wie man es insbesondere nach dem Beitrag von Kretschmann (1917) hätte erwarten können. Vermutlich hat Einstein zu diesem Zeitpunkt den Koinzidenzbegriff schon aufgegeben, sodaß es ihm nicht mehr wert erschien, Schlick auf die eigentliche physikalisch-mathematische Bedeutung der Koinzidenz hinzuweisen. Oder aber Einstein hat von Anfang an gesehen, dass Schlick etwas anderes mit dem Koinzidenzbegriff verbindet und sich deshalb nicht dazu geäußert, weil er dachte, dass Kretschmanns Kritik Schlick ohnedies nur peripher tangiert. Eine ultimative Spekulation wäre die Option, dass Schlick ganz bewusst den Begriff der Koinzidenz, eingedenk seiner hier dargelegten empirischen Instabilität, rhetorisch als Treibstoff für eine empiristische Methode in Feld führte. Das würde bedeuten, dass Schlick die „holistische Message"[45] der Relativitätstheorie für den Koinzidenzbegriff vollkommen internalisiert hatte und er mancher erst viel später formulierten Kritik am Logischen Empirismus weit voraus war.

Literatur

Carnap, Rudolf, *Der Raum. Ein Beitrag zur Wissenschalftslehre*, Bd. 56 d. Reihe *Kant Studien (Ergänzungshefte)*, Berlin: Reuther und Reichard Verlag, Dissertation, 1922.

[45] vgl. Ryckman (1992), S. 494

Chapuis-Schmitz, Delphine, „What is Physically Real? Schlick vs. Einstein“, *Beiträge der Österreichischen Ludwig Wittgenstein Gesellschaft*, Kirchberg am Wechsel: ÖLWG, 2005, S. 41-43.

Einstein, Albert, „Die formale Grundlage der allgemeinen Relativitätstheorie“, *Sitzungsberichte der Preußischen Akademie der Wissenschaften 30*, 1914, S. 1030-1085.

——, „Die Grundlage der allgemeinen Relativitätstheorie“, *Annalen der Physik 49*, 1916, S. 769-822.

——, „Prinzipielles zur allgemeinen Relativitätstheorie“, *Annalen der Physik 55*, 1918, S. 241-244.

Ferrari, Massimo, „Der Philosoph als Schatzgräber. Moritz Schlick und das ‚Weltbild‘ der Relativitätstheorie Einsteins“, *Beiträge der Österreichischen Ludwig Wittgenstein Gesellschaft*, Kirchberg am Wechsel: ÖLWG, 2005, S. 66-69.

Friedman, Michael, *Foundations of Space-Time Theories*, Princeton: Princeton University Press, 1983.

Friedman, Michael, *Dynamics of Reason*, Stanford: CSLI Publications, 2001.

Glassner, Edwin, „Space-Time Theories, Schlick's Phenomenal Spaces and the Possibility of Qualia Inversion“, *Beiträge der Österreichischen Ludwig Wittgenstein Gesellschaft*, Kirchberg am Wechsel: ÖLWG, 2005, S. 89-91.

Kretschmann, Erich, „Über den physikalischen Sinn der Relativitätspostulate, *A. Einsteins* neue und seine ursprüngliche Relativitätstheorie“, *Annalen der Physik 53*, 1917, S. 575-614.

Norton, John, „The Physical Content of General Covariance“, In: Eisenstaedt, Jean und A. Kox (Hrsg.), *Studies in the History of General Relativity*, Bd. 3 d. Reihe *Einstein Studies*, Boston, Basel, Berlin: Birkhäuser Verlag, 1991, S. 281-315.

Reichenbach, Hans, *Axiomatik der relativistischen Raum-Zeit-Lehre*, Braunschweig: Vieweg Verlag, 1924, zitiert nach Bd. 3 d. Reihe

Hans Reichenbach – Gesammelte Werke, Braunschweig: Vieweg Verlag, 1979.

Ryckman, Thomas, „P(oint)-C(oincidence)-Thinking: The Ironical Attachment of Logical Empiricism to General Relativity (and Some Lingering Consequences)“, *Studies in History and Philosophy of Science 23(3)*, 1992, S. 471-497.

——, *The Reign of Relativity. Philosophy in Physics 1915-1925*, New York: Oxford University Press, 2005.

Schlick, Moritz, TS Die Lehre vom Raum in der gegenwärtigen Philosophie, Inv. Nr. 1, A.1.

——, „Die philosophische Bedeutung des Relativitätsprinzips“, *Zeitschrift für Philosophie und philosophische Kritik 159(2)*, 1915, S. 129-175.

——, „Idealität des Raumes, Introjektion und psychophysisches Problem“, *Vierteljahrsschrift für wissenschaftliche Philosophie und Soziologie 40*, 1916, S. 230-254.

——, *Raum und Zeit in der gegenwärtigen Physik* Berlin: Springer Verlag, 1917. (= MSGA I/2)

——, *Allgemeine Erkenntnislehre*, Bd. 1 d. Reihe *Naturwissenschaftliche Monographien und Lehrbücher*, Berlin: Springer Verlag, 1918. (= MSGA I/1)

——, „Kritizistische oder empiristische Deutung der neuen Physik?“, *Kant Studien 26*, 1921, S. 96-111.

——, *Raum und Zeit in der gegenwärtigen Physik*, Berlin: Springer Verlag, 4. Auflage, 1922. (= MSGA I/2)

——, „Positivismus und Realismus“, *Erkenntnis 3*, 1932, S. 1-31.

Stachel, John, „Einstein's Search for General Covariance“, In: Howard, Don und J. Stachel (Hrsg.), *Einstein and the History of General Relativity*, Bd. 1 d. Reihe *Einstein Studies*, Boston, Basel, Berlin: Birkhäuser Verlag, 1989, S. 63-100.

Björn Henning

Der Pädagoge Schlick

Viele, die mit dem Denken von Moritz Schlick in Berührung kommen, tun dies in erster Linie im Zusammenhang mit seinem philosophischen Wirken. Den meisten ist Schlick demnach als Wissenschaftsphilosoph und Begründer des *Wiener Kreises* vertraut, der mit den führenden Naturwissenschaftlern und Philosophen seiner Zeit im angeregten Briefkontakt stand. Jedoch nur wenige wissen etwas über den Bildungsbürger Moritz Schlick, der in seiner Zeit in Rostock (1910-1921) neben seiner akademischen und philosophischen Tätigkeit besonderen Wert auf Erziehung und Bildung legte und sich überdies in Vereinen für bessere und gleichberechtigte Bildungschancen einsetzte. Der vorliegende Aufsatz versucht die Rostocker Jahre Schlicks vor dem Hintergrund seines pädagogischen und bildungsbürgerlichen Wirkens zu beleuchten.

Nach dem Umzug (im Herbst 1910) anfänglich noch mit der Organisation des neuen Haushalts beschäftigt, beginnen Blanche und Moritz Schlick schnell Anschluss an das gesellschaftliche Leben in Rostock zu finden.[1] Die Schlicks bewegen sich alsbald in den intellektuellen Kreisen der Stadt. Zu ihren Bekannten zählen in erster Linie Akademiker. In ihrer Freizeit besuchen sie regelmäßig das Rostocker Stadttheater, dessen Orchester über die Stadtgrenze hinaus einen hervorragenden Ruf genießt und sogar im Ausland, etwa auf dem „Baltischen Musikfest“ in Malmö 1914, musikalisch das Deutsche

[1] „Wir beginnen allmählich ein paar Leute kennen zu lernen.“ (Moritz Schlick an Albert Schlick, 12. Februar 1911).

Reich vertreten darf.[2] Neben ihrer regen Teilnahme am kulturellen Leben (Theaterbesuche, Vortragsabende, Galeriebesuche[3]), pflegen die Schlicks besonders den Kontakt zu Universitätskollegen, wie dem Historiker Hermann Bloch, dem Biologen Gustav Gassner und dem Zoologen Siegfried Becher.[4] Darüber hinaus verbindet sie eine enge Freundschaft mit dem Ehepaar Winterstein, in dessen Haus Schlick im Anschluss eines Konzertbesuchs „alle musikalischen Größen Rostocks" während eines abendlichen Zusammenseins kennen lernt.[5] Ferner trifft sich Schlick, der aufgrund einer Herzmuskelschwäche und eines Lungenspitzenkatarrhs zunächst nicht in den Kriegsdienst eingezogen wird, mit Rostocker Naturwissenschaftlern, dem Physiologen Hans Winterstein[6] und Siegfried Becher, zu philosophischen Diskussionsabenden, denen er nach eigenen Angaben „sehr gute Anregung[en]" verdankt.[7] Es ist durchaus vorstellbar, dass diese Ge-

[2] Michael Pietschmann, *Die Werke Richard Wagners am Rostocker Stadttheater in der Zeit von 1895 bis 1933 und deren Rezeption*, Magisterarbeit vorgelegt der Philosophischen Fakultät der Universität Rostock, 1998, S. 16.

[3] Mitunter sind die Schlicks so intensiv am kulturellen Leben in Rostock beteiligt, dass Schlick Anfang 1914 seinem Vater berichtet: „Es sind jetzt unaufhörlich interessante Vorträge hier [...] aber man kann nicht so viel ausgehen, und wir haben alle Einladungen für die nächste Zeit abgesagt" (Moritz Schlick an Albert Schlick, 1. Februar 1914).

[4] Vgl. die Briefe von Moritz Schlick an Albert Schlick, 18. Januar 1914 und Blanche Schlick an Albert Schlick, 13. Juni 1914.

[5] Vgl. Moritz Schlick an Albert Schlick, 1. Februar 1914.

[6] Winterstein ist ein überzeugter Demokrat, der 1918 der DDP und DVP beitreten und gemeinsam mit Hermann Bloch im Mecklenburger Landtag für die Weimarer Republik streiten wird. (Vgl. Wilhelm Kreutz, Jüdische Dozenten und Studenten der Universität Rostock, in: Peter Jakubowski und Ernst Münch (Hrsg.), *Wissenschaftliche Tagung. Universität und Stadt*, anlässlich des 575. Jubiläums der Eröffnung der Universität Rostock, veranst. v. d. Univ. Rostock, Fachber. Geschichtswiss. in Verb. mit d. Archiv u. d. Städtischen Museen d. Hansestadt, Rostock 1994, S. 248.)

[7] Vgl. Moritz Schlick an Albert Schlick, 13. März 1916 und Moritz Schlick an Albert Schlick, 22. Juli 1916.

sprächsrunden die spätere Gründung des Schlick-Zirkels in Wien motiviert haben könnten.

Neben seiner gesellschaftlichen Integration in die kultivierten Kreise Rostocks engagiert sich Schlick vor allem als Hochschullehrer. Abgesehen von seiner Lehrtätigkeit an der *Universität Rostock* gibt er zusätzlich Veranstaltungen am Rostocker *Konservatorium der Musik* am Hopfenmarkt (in der heutigen Geschäftsstraße jenseits des Universitätsgebäudes). „[A]uf Drängen der Vorsteherin eines hiesigen sehr guten Musik-Conservatoriums" (hiermit ist wahrscheinlich die stellvertretende Direktorin Hedwig Mie gemeint[8]) wird Schlick gebeten, „in ihrem Institut in der Seminarklasse[,] Vorträge über Pädagogik und Psychologie zu halten". Diese Lehrgelegenheit bietet sich Schlick durch Zufall, nachdem ein Universitätskollege, der mit der Vorsteherin befreundete Philosophieprofessor Franz Erhardt zunächst für die Vorträge gewonnen werden konnte, jedoch aufgrund eines Augenleidens seiner Zusage nicht nachzukommen vermochte. Schlick, der in diesem Semester für eine Wochenstunde vor „sechs jungen Damen" am Konservatorium vorträgt, plant, trotz seiner zu dieser Zeit intensiven Arbeiten an der *Allgemeinen Erkenntnislehre*, sich vorerst nur für ein Semester für diesen Lehrauftrag zu verpflichten. Diese Aufgabe – wahrscheinlich trägt er zur pädagogischen Ausbildung von Musiklehrern bei – nimmt er erstmals am 24. April 1914 auf.[9] Kurz darauf berichtet er seinem Vater, dass die neue Tätigkeit zwar „ganz spassig" sei, doch letztendlich mehr Vorbereitungszeit beanspruche, als eigentlich von ihm erwartet.[10]

Anders als anfänglich beabsichtigt nimmt Schlick am 30. April 1915 erneut seine Lehrtätigkeit am Rostocker Konservatorium auf. Nicht nur, dass er auch im Wintersemester 1915/16 Pädagogikunterricht erteilen wird, er erhöht auch seine Stundenzahl auf zwei Seme-

[8] Vgl. Adreßbuch Rostock 1915, Stadtarchiv der Hansestadt Rostock.

[9] Vgl. Moritz Schlick an Albert Schlick, 25. April 1914.

[10] Vgl. Moritz Schlick an Albert Schlick, 6. Mai 1914.

sterwochenstunden an der Musikschule.[11] In diesem Zusammenhang ist die Tatsache interessant, dass Schlick, neben seinen Pädagogik- und Psychologievorträgen am *Konservatorium* nach Beendigung des *Ersten Weltkrieges* auch an der Philosophischen Fakultät der *Universität Rostock* zunächst im Zwischensemester 1919 über „Geschichte und System der Pädagogik" (ausschließlich vor Kriegsteilnehmern!) liest und im darauf folgenden Sommersemester eine zweistündige „Übung zur Pädagogik" gibt.[12] Doch warum hält Schlick 1919 diese Lehrveranstaltungen? Woher kommt in dieser Zeit sein verstärktes Interesse an der Pädagogik und die Überzeugung, dass die „Bildung des Menschen [...] der wichtigste Zweck menschlicher Betätigung" sei?[13]

Es scheint kein Zufall zu sein, dass sich der Philosoph und Humanist Schlick nach der Ernüchterung und den Entbehrungen des Krieges, „der 4 jährigen Katastrophe", dem stattfindenden Wandel vom Kaiserreich zur Weimarer Demokratie, dem Zusammensturz von „Institutionen und Ideen, die mancher unerschütterlich glaubte, [...] [für] die neue Freiheit" einsetzt und in seiner Pädagogikvorlesung den Studenten enthusiastisch entgegenruft, dass nun „die Bahn frei für

[11] Vgl. die Briefe von Moritz Schlick an Albert Schlick, 30. April 1915 und 10. November 1915.

[12] Vgl. *Vorlesungsverzeichnis der Universität Rostock für das Zwischensemester 1919*, Rostock: Universitätsbuchdruckerei von Adlers Erben G.m.b.H. 1915, S. 13 und *Vorlesungsverzeichnis der Universität Rostock für das Sommerhalbjahr 1919*, Rostock: Universitätsbuchdruckerei von Adlers Erben G.m.b.H. 1915, S. 16. in: *Vorlesungs-Verzeichnis* W.S. 1914-15 W.S. 1919-20 (UAR, AL 37770-1914/20). Zur Bedeutung der Pädagogik soll hier erwähnt werden, dass Schlick, der 1914 von seinem Bruder Hans ein Abonnement der seit 1904 erscheinenden Zeitschrift *Kosmos* erhält (vgl. Hans Schlick an Moritz Schlick, 11. April 1914), im Mai 1919 folgendes seinem Bruder schreibt: „Nochmals auch schönen Dank für das Kosmosgeld; ich habe es zum Abonnement auf eine pädagogische Zeitschrift verwendet, die mir bei meinen Vorlesungen über pädagogische Themata von Nutzen ist." (Moritz Schlick an Hans Schlick, 6. Mai 1919).

[13] Schlick-Nachlass, Inv.-Nr. 7, A.12, Geschichte und System der Pädagogik, Bl. 1.

neue Entwicklungen, der Boden [...] frei, um neue Gebäude darauf zu errichten", sei und „allen [...] das Herz höher schlagen [müsste] vor Freude und Zuversicht bei dem Gedanken, was jetzt alles geschaffen werden kann". Denn „[w]as auch immer zu tun ist: es läuft letzten Endes hinaus auf eine Änderung, eine Besserung [...] der Menschen selber". Insofern liegt die Annahme nahe, dass sich in Schlick, aufgrund seiner Erfahrungen im *Ersten Weltkrieg*, die Einsicht in die „unerschöpfliche Bedeutung" der Erziehung weiter verfestigt und er vermutlich dadurch den Impuls für ein intensiveres pädagogisches Engagement verspürt.[14]

Neben seiner Lehrtätigkeit zeigt sich Schlick gleichsam aktiv in der Rostocker *Vereinigung fortschrittlich gesinnter Akademiker*[15], deren konstituierende Versammlung am 13. Mai 1919 zusammenkommt. Ziel dieser Vereinigung, so ein Artikel in der lokalen Tagespresse *Rostocker Zeitung*, ist „die Umgestaltung der Hochschule in eine der *neuen* Zeit entsprechende Form, Durchsetzung des Prinzips ‚Freie Bahn dem Tüchtigen'[16] auch an der Universität, Abschaffung alter überlebter Formen und tätige Mitarbeit an der Einstellung

[14] Vgl. ebd. Zudem mögen die Arbeiten an dem nie fertig gestellten Buch *Philosophie der Jugend* (vgl. u.a. Schlick-Nachlass, Inv.-Nr. 17, A.65b sowie Inv.-Nr. 19, A.75b), an dem Schlick unter anderem in den Kriegsjahren 1917/18 schreibt (vgl. Briefwechsel Moritz Schlick an Gerda Tardel), Schlicks Interesse zur Pädagogik vergrößert haben. Zur Form des Buches bemerkt er: „Du wolltest noch mehr von der äusseren Form wissen. Sie ist sehr einfach: es sind Gespräche eines Lehrers mit seinen Zöglingen auf einer gemeinsamen Reise" (Moritz Schlick an Gerda Tardel, 15. Juni 1918).

[15] Der Verein ging hervor aus der *Gruppe sozialistischer Akademiker* und der *Vereinigung deutschdemokratischer Studenten* (vgl. Gerhard Heitz [wiss. Gesamtleitung], *Geschichte der Universität Rostock 1419-1969. Die Universität von 1419-1945*, Festschrift zur Fünfhundertfünfzig-Jahr-Feier an der Universität, Im Auftrag des Rektors und des Wissenschaftlichen Rates, verfasst und herausgegeben von der Forschungsgruppe Universitätsgeschichte unter der Leitung von Günter Heidorn, Gerald Heitz, Johannes Kalisch, Karl-Friedrich Olechnowitz, Ulrich Seemann, Bd. II, Berlin: VEB Deutscher Verlag der Wissenschaften 1969, S. 310).

[16] „Freie Bahn jedem Tüchtigen", so der Leitspruch der Deutschen Einheitsschulbewegung (vgl. Johannes Tews, *Deutsche Einheitsschule. Freie Bahn jedem*

der Universität der Zukunft“. Der Verein, dem zuvorderst „sozialistisch und demokratisch“ orientierte Studenten – aber auch Dozenten, die im so genannten Dozentenbeirat eher konsultative Funktionen ausüben – angehören,[17] setzt sich im Wesentlichen für *drei* hochschulpolitische Forderungen ein. Wie aus der Programmschrift der Vereinigung hervorgeht, beabsichtigt man, besonders die Gleichberechtigung der Studenten, gleichgültig der politischen, sozialen und konfessionellen Ausrichtung des Einzelnen, durchzusetzen. Noch immer waren an der *Universität Rostock*, die „in dieser Beziehung hinter allen anderen Universitäten Deutschlands zurücksteht“[18], beispielsweise weibliche Studenten gegenüber ihren männlichen Komilitonen benachteiligt. So durften sich etwa Ehefrauen zu diesem Zeitpunkt weder an der *Universität Rostock* immatrikulieren noch habilitieren. Die zweite Forderung strebt eine Verbesserung der Lehre an der Universität an (wie diese aussehen könnte, wird weiter unten ausgeführt). Schließlich fordert die Organisation die „Selbstverwaltung der rein studentischen Angelegenheiten“ und die „Einflußnahme der Studierenden in allen [...] sie betreffenden Universitätsangelegenheiten“.[19]

Der Vereinigung gehören kurz nach ihrer Gründung bereits mehr als 50 Mitglieder in Rostock an. Neben der überwiegenden Zahl von Studenten engagieren sich auch fünf Professoren im Dozentenbeirat. Besonders erwähnenswert ist diesbezüglich die Mitgliedschaft der liberalen mit Schlick befreundeten Kollegen Becher und Winterstein. Darüber hinaus sind auch der Chemiker Pfeiffer und der Philosoph Utitz in der Organisation tätig.[20]

Tüchtigen, Hrsg. u. mit einem Nachw. vers. v. Karl Düsseldorff, Heinsberg: Dieck 2001, S. 151).

[17] Vgl. *Rostocker Zeitung*, 209. Jg., Nr. 130, 15. Mai 1919.

[18] Vgl. ebd.

[19] Vgl. Vereinigung fortschrittlich gesinnter Akademiker, Programm, Universitätsarchiv Rostock (UAR , R13 N 5).

[20] Vgl. ebd., Mitgliederverzeichnis.

Schon wenige Monate nach ihrer Gründung benennt sich die Vereinigung gemäß ihrer Programmatik in die *Vereinigung für Hochschulreform* um.[21] In den Satzungen der umbenannten Organisation werden nun auch die Mittel zur Durchsetzung der Ziele genauer benannt. Neben „regelmäßigen Mitgliederversammlungen, Referate[n] und anschließende[n] Diskussionen“ plant man außerdem mit gleich gesinnten „Vereinigungen anderer Universitäten“ zusammenzuarbeiten.[22]

Wahrscheinlich entstand im Zusammenhang mit seinem Engagement in dieser bildungspolitischen Vereinigung das Nachlaßstück „Unterrichtsreform“, das sich anhand der von Schlick angeführten Literatur auf das Jahr 1919, spätestens aber 1920, datieren lässt.[23] Bei der Lektüre des zum Teil notizartig verfassten Dokuments entsteht der Eindruck, als handele es sich hierbei um ein mögliches Vortragsmanuskript. Es ist denkbar, dass Schlick vor dem Auditorium der *Vereinigung fortschrittlich gesinnter Akademiker* (resp. *Vereinigung für Hochschulreform*) dieses Skript vorgetragen hat.

Mit Blick auf das Ende des Deutschen Kaiserreichs formuliert Schlick eingangs des Schriftstücks, dass „alle Reformen, die die Gestaltung des menschlichen Lebens überhaupt in irgend einer Weise beeinflussen, ihren Reflex im Unterricht [und] seinen Methoden finden müssen [...] [und] jede Wandlung der Ziele [sowie] Inhalte des Lebens muss zurückwirken auf die Bildungsideale der Zeit, mithin auf

[21] Vgl. ebd., das Schreiben vom 13. Oktober 1919.

[22] Vgl. ebd. Der Vereinigung wurde später vorgeworfen, dass ihre Ziele „zu allgemein gehalten waren [und] damit eine klare Orientierung und Anleitung zum Handeln nicht [ge]geben“ wurde (vgl. Gerhard Heitz [wiss. Gesamtleitung], *Geschichte der Universität Rostock 1419-1969. Die Universität von 1419-1945*, Festschrift zur Fünfhundertfünfzig-Jahr-Feier an der Universität, Im Auftrag des Rektors und des Wissenschaftlichen Rates, verfasst und herausgegeben von der Forschungsgruppe Universitätsgeschichte unter der Leitung von Günter Heidorn, Gerald Heitz, Johannes Kalisch, Karl-Friedrich Olechnowitz, Ulrich Seemann, Bd. I, Berlin: VEB Deutscher Verlag der Wissenschaften 1969, S. 222).

[23] Vgl. Schlick-Nachlass, Inv.-Nr. 12, A.32, Unterrichtsreform.

den Unterricht, der ja den Zweck hat, jene Ideale zu realisieren". Gerade die Institution der Universität ist ihm zufolge bei den allgemeinen Bildungs- und Erziehungsdebatten oftmals vernachlässigt worden. Bezug nehmend auf die stoffliche Aktualität in den Hörsälen und die erfolgreichen wissenschaftlichen Errungenschaften der Forscher an den Universitäten, hielt man die deutschen Hochschulen bisher für wenig reformbedürftig. Dem entgegen verweist Schlick kritisch auf die veralteten Verfassungen der Universitäten, die Teilung der Fakultäten und die antiquierten Unterrichtsmethoden, aufgrund derer eine Reform des Universitätsaufbaus und des Universitätsbetriebes durchaus gerechtfertigt werden kann. Im Besonderen bemängelt er mit Blick auf die Philosophische Fakultät die Unverhältnismäßigkeit von theoretischer und praktischer Ausbildung während des Studiums. Denn nur die wenigsten können das Erlernte nach dem Studium auch anwenden. Zwar gibt es ein so genanntes Probejahr als Bestandteil des Studiums, das Problem hierbei ist jedoch, dass dieses praxisorientierte Probejahr „nur nach dem Studium, statt *in* ihm" geleistet wird. Insofern fordert Schlick die Einrichtung einer, wie er es nennt, „Versuchsschule", in der das erworbene Wissen unter Anleitung einer Fachkraft praktisch angewendet und eingeübt werden kann. Die Studenten würden insofern schon während ihres Studiums den Wechsel von Theorie und Praxis, von Erlernen und Anwenden, erfahren und wären dadurch besser auf ihr künftiges Berufsleben vorbereitet.[24]

Auch die Eintönigkeit der Unterrichtsmethoden beanstandet Schlick. Die Stoffdarbietung in Form von Vorlesungen wird der langjährigen Forderung der Pädagogen nach Selbsttätigkeit[25] des Ler-

[24] Vgl. ebd., Bl. 5.

[25] Die Forderung nach *Selbsttätigkeit* findet sich u.a. im 18. Jahrhundert prominent bei Jean-Jacques Rousseau formuliert. (vgl. Albert Reble, *Geschichte der Pädagogik*, Fünfzehnte, neu bearb. Aufl., Stuttgart: Klett-Cotta 1989, S. 151-160. Oder vgl. zur vertiefenden Lektüre das erziehungswissenschaftliche Werk von Jean-Jacques Rousseau, *Emile oder Über die Erziehung*, Übers. v. Ludwig Schmidts, 13. unveränd. Aufl., Nachdr., Paderborn: Schöningh 2001).

nenden nicht gerecht.[26] Der Student soll aktiv an der Erarbeitung des Stoffes beteiligt werden, denn „[d]as Selbsterrungene wird viel tiefer erfasst, haftet besser [und] erweist sich [...] viel wertvoller als [das] fertig übermittelte [Wissen]". Schlick, der hier möglicherweise das *sokratische Gespräch* vor Augen hat[27], schlägt für die Erarbeitung des Stoffes die Methode des Unterrichtsgesprächs in seminaristischer Form vor. Ohne das Vorlesungswesen gering schätzen zu wollen, um aber eine Reform des Universitätsunterrichts anzuregen, erhebt er die Forderung nach einer „Vermehrung der Übungen [...], äußere Gleichstellung mit den Vorlesungen an Wichtigkeit [und] möglichst eine Übungsstunde parallel mit einer oder zwei Vorlesungsstunden".[28] Die damit einhergehende engere Zusammenarbeit von Lehrer und Schüler würde, neben dem größeren Lernerfolg, zusätzlich eine bessere Beurteilung des Lernenden nach sich ziehen.[29] Zudem sieht Schlick durchaus größeres Potential in den Seminaren, die „bisher nur zur Förderung der Einzelforschung, nicht des allgemeinen Wissens" dienten. Durch eine Verminderung der Teilnehmerzahl und einer Vermehrung der Dozenten wäre eine gute Voraussetzung für eine Verbesserung der Qualität der Lehre geschaffen.[30]

[26] Dazu heißt es süffisant: „[Der] Hörer schreibt mit – oder nicht, ist vielleicht gar abwesend. Das ist die akademische Freiheit." (vgl. Schlick-Nachlass, Inv.-Nr. 12, A.32, Unterrichtsreform, Bl. 7).

[27] Vgl. Dieter Birnbacher und Dieter Krohn (Hrsg.), *Das sokratische Gespräch*, Stuttgart: Philipp Reclam 2002, S. 7-21.

[28] Schlick dazu: Die „[u]ngeheure[n] Vorzüge liegen auf der Hand. Lebendige Durchdringung des Stoffes, Selbstfind[un]g, Erledig[un]g von Bedenken [und] Einwend[un]gen, Anreg[un]g der Aufmerksamkeit, Zwang zu selbständiger Arbeit, durch Vorträge Übung im Reden [und] schriftliche Arbeiten, engerer Konnex zwischen Lehrer [und] Schüler" (vgl. Schlick-Nachlass, Inv.-Nr. 12, A.32, Unterrichtsreform, Bl. 7).

[29] Vgl. ebd.

[30] Hierzu heißt es: „In allen diesen Dingen gehen uns die englischen [und] besonders amerikan[ischen] Universitäten mit gutem Beispiel voran" (vgl. ebd.).

Ein weiteres Problem des deutschen Hochschulsystems besteht nach Schlick in der Zweiteilung von Forschung und Lehre. Sicherlich verdankt das deutsche Universitätssystem seinen weltweit guten Ruf den deutschen Forscherpersönlichkeiten, die Forschung und Lehre in sich vereinen, dennoch sieht Schlick hier Reformbedarf und empfiehlt, zumal der Staat ohnehin nur die Lehre und nicht die Forschung vergütet, die Trennung beider Disziplinen. Wie hat man sich diese Trennung vorzustellen? Schlick befürwortet zunächst die Gründung von Forschungsinstituten neben den Lehrinstituten. Er ist sich zwar bewusst, dass eine Trennung von Lehrer- und Forscherpersönlichkeit nicht ohne weiteres vollzogen werden kann. Denn jeder Lehrer, der seinen Forschungsgegenstand in aller Tiefe durchdrungen hat, will auch „schöpferisch“ als Forscher tätig werden. Dem entgegen ist allerdings der hervorragendste Forscher nicht notwendiger Weise ein guter Lehrer. Es gilt also festzustellen, was einen guten Hochschullehrer ausmacht. In diesem Zusammenhang führt Schlick als Kriterium „die *Wucht* der Lehre“ an. Demnach soll ein guter Dozent nicht psychologisch durch Rhetorik und *Suggestion* auf seine Studenten einwirken und diese zu bloßen auswendig lernenden Rezipienten erziehen, sondern ein guter Hochschullehrer soll, das Forschungsthema in seiner Tiefe verstehend, unter Anwendung der logischen Methode, mit Hilfe vernunftgeleiteter Argumente die Lernenden *überzeugen*. Gleichsam verspürt ein guter Hochschullehrer den für Schlick selbstverständlichen Drang, in seinem Fachbereich auch forschend tätig zu werden. Schlick, der hier möglicherweise die Lehrkunst seines Physikprofessors und Doktorvaters Max Planck vor Augen hat, intendiert also, dass die Studenten durch das didaktische Geschick des Dozenten und den „Zwang der Logik“ überzeugt werden und dadurch den Forschungsgegenstand „am tiefsten einzusehen“ vermögen. Insofern legt er großen Wert auf die individuellen Fähigkeiten der Wissenschaftler, nach der sich ihre Verwendung entscheidet.[31]

[31] Vgl. ebd., S. 8.

Doch auch an den Forschungsinstituten soll gelehrt werden. Es ist nach Schlick sogar die „höchste Form des akad[emischen] Unterrichts". Nachdem man nämlich die Ausbildung an einem Lehrinstitut durchlaufen hat, dort zur selbständigen Arbeit erzogen wurde, vermag man nun, ohne die Notwendigkeit einer didaktischen Aufarbeitung des Forschungsgegenstandes, an einem Forschungsinstitut „schöpferisch" tätig zu werden.[32]

Sowohl Schlick als auch die Mitglieder der *Vereinigung fortschrittlich gesinnter Akademiker* sehen durch die Errichtung von so genannten *Einheitsschulen* die Möglichkeit für eine Verbesserung des akademischen Bildungssystems.[33] Erste Gedanken über eine Vereinheitlichung des Schulsystems reichen zurück bis ins 17. Jahrhundert. Auf Grundlage der Gleichheit beider Geschlechter, unabhängig der sozialen Schicht, entwirft der Pädagoge Johann Comenius einen Erziehungs- und Schulplan, der die Kinder durch das Absolvieren einer sechsjährigen Grundschule zum „vollen Menschsein" führen soll.[34] Nachdem im revolutionären Frankreich Ende des 18. Jahrhunderts durch Antoine Nicolas de Condorcet eine Einheitsschuldiskussion zunächst angeregt, daraufhin die allgemeine Chancengleichheit auf Grundlage der neuen Verfassung für das Schulsystem durchgesetzt wird, hat dies auch Auswirkungen auf den deutschsprachigen Raum.[35] Trotz der Vereinheitlichung der Elementarbildung

[32] Vgl. ebd.

[33] Dazu heißt es: „[So] stehen den angeregten Reformen keine großen inneren Schwierigkeiten entgegen. Und diese werden noch vermindert, wenn nach einer Reihe von Jahren erst die Wirk[un]gen der Einheitsschule fühlbar werden." (ebd., Bl. 8). Und in dem Programm der Vereinigung fortschrittlich gesinnter Akademiker heißt es: „Einstellung der Universität auf die kommende Einheitsschule." (vgl. Vereinigung fortschrittlich gesinnter Akademiker, Programm, Universitätsarchiv Rostock (UAR, R13 N 5)).

[34] Vgl. Albert Reble, *Geschichte der Pädagogik*, Fünfzehnte, neu bearb. Aufl., Stuttgart: Klett-Cotta 1989, S. 117-121.

[35] Johannes Tews, *Deutsche Einheitsschule. Freie Bahn jedem Tüchtigen*, Hrsg. u. mit einem Nachw. vers. v. Karl Düsseldorff, Heinsberg: Dieck 2001, S. 151.

durch Wilhelm von Humboldt bleibt das deutsche Schulsystem jedoch weiterhin strukturkonservativ und klassenbezogen.[36] Erst mit der deutschen Einheitsschulbewegung Anfang des 20. Jahrhunderts entsteht eine ernstzunehmende bildungspolitische Debatte. Besonders die Zeit zwischen 1900 bis 1933, die durch eine pädagogische Kritik am Bildungsverständnis und Schulsystem des 19. Jahrhunderts geprägt ist, ist in Deutschland „von einem pädagogischen Enthusiasmus“ erfüllt.[37] Nach dem Vortrag des königlichen Oberstudienrates Georg Kerschensteiner und seinem Plädoyer gegen „[j]ede Differenzierung der öffentlichen Schule nach ökonomischen oder sozialen Rücksichten“[38] beschließen mehr als 132.000 Lehrer auf der Deutschen Lehrerversammlung in Kiel (am 2. Juli 1914) die Durchsetzung der deutschen Einheitsschule und die Abschaffung der sozialen Trennung.[39] Für eine Differenzierung nach Begabung der Kinder, aber gegen eine Sozialdifferenzierung fordert einer ihrer Vertreter, Johannes Tews, überdies die Schulgeld- und Lehrmittelfreiheit. Tews, der im Auftrag des *Deutschen Lehrervereins* ein umfangreiches Konzept für die Einheitsschule entwerfen wird, setzt sich außerdem dafür ein, dass jeder Schüler nach der sechsjährigen Grundschulpflicht, so er die intellektuellen Fähigkeiten besitzt, jede weiterführende Schule (z. B. Mittelschule, Oberschule) besuchen darf.[40] Ein weiteres bedeutendes Anliegen des *Deutschen Lehrervereins* (was auch im Nachlaßdokument von Schlick Erwähnung findet) ist die systematische akademische Ausbildung von Lehrern auf pädagogischen Instituten an

[36] Vgl. ebd., S. 151 ferner unter Albert Reble, *Geschichte der Pädagogik*, Fünfzehnte, neu bearb. Aufl., Stuttgart: Klett-Cotta 1989, S. 193-197.

[37] Vgl., Albert Reble, *Geschichte der Pädagogik*, Fünfzehnte, neu bearb. Aufl., Stuttgart: Klett-Cotta 1989, S. 280.

[38] Zitiert nach Johannes Tews, *Deutsche Einheitsschule. Freie Bahn jedem Tüchtigen*, Hrsg. u. mit einem Nachw. vers. v. Karl Düsseldorff, Heinsberg: Dieck 2001, S. 33.

[39] Vgl. ebd.

[40] Vgl. ebd., S. 153 f.

Universitäten.[41] Trotz des berechtigten bildungspolitischen Aktionismus des beginnenden 20. Jahrhunderts kommt es allerdings nur zu begrenzten, überschaubaren Veränderungen des deutschen Bildungswesens. Aufgrund der beachtlichen weltanschaulichen Gegensätze in der Zwischenkriegszeit werden zahlreiche Verhandlungen über schulpolitische Themen in der Nationalversammlung scheitern.[42]

Im Zusammenhang mit seiner Vereinstätigkeit soll an dieser Stelle nicht unerwähnt bleiben, dass Schlick über seine Aktivität in der *Vereinigung fortschrittlich gesinnter Akademiker* hinaus nicht zuletzt in der *Vereinigung der Privatdozenten an der Universität Rostock*[43] und außerdem der *Kantgesellschaft* tätig ist. Gemeinsam mit seinem Kollegen Emil Utitz tritt Schlick als einer der ersten Rostocker Anfang 1914 der *Kantgesellschaft* des Hallenser Philosophen Hans Vaihinger bei.[44] Trotz zahlreicher Beitritte neuer Rostocker Mitglieder gelingt es erst 1924, also nach der Übersiedlung

[41] Vgl., Albert Reble, *Geschichte der Pädagogik*, Fünfzehnte, neu bearb. Aufl., Stuttgart: Klett-Cotta 1989, S. 321 f.

[42] Vgl. ebd.

[43] Noch bevor Schlick einem der oben genannten Vereine beitritt, zeigt er sich als eines der Gründungsmitglieder für die am 12. Februar 1913 ins Leben gerufene *Vereinigung der Privatdozenten an der Universität Rostock* verantwortlich, welche kurz darauf mit der *Vereinigung der Rostocker ausserordentlichen Professoren* zum *Verein der Rostocker Nichtordinarien* fusioniert. Ziel der Vereinigung der Privatdozenten ist „die Pflege der Kollegialität und die Wahrung gemeinsamer Interessen" (vgl. Vereinigung der Privatdozenten an der Universität Rostock, Satzungen und das Schreiben vom 26. Februar 1913, Universitätsarchiv Rostock, (UAR, R 8 E 4/2)). Ferner treten die Mitglieder des *Vereins der Rostocker Nichtordinarien* (Honorarprofessoren, außerordentliche Professoren und Privatdozenten) besonders für mehr Mitspracherecht bei den sie betreffenden Angelegenheiten und eine „erhebliche Vermehrung der Stellen für Nichtordinarien" ein (vgl. ebd., das Schreiben vom 24. Februar 1913).

[44] Vgl. Hans Vaihinger und Bruno Bauch (Hrsg.), *Kant-Studien. Philosophische Zeitschrift*, mit Unterstützung der „Kantgesellschaft", Bd. XIX, Heft 1 u. 2, Berlin: Verlag von Reuther & Reichard 1914, S. 297. Nach Schlick und Utitz folgte der Beitritt von Franz Erhardt, Konrad Eilers (Oberlehrer), Dr. H. Sawitz (Jurist) und Dr. Boenheim. (vgl. Akte der Kantgesellschaft für die Zeit von 1904-1916,

Schlicks nach Wien, in der Hansestadt eine Ortsgruppe der *Kantgesellschaft* zu gründen.[45] Neben seinen Aufsatzbeiträgen und Rezensionen in den *Kant-Studien*, der wissenschaftlichen Zeitschrift der *Kantgesellschaft*, wird Schlick gelegentlich, besonders während seines Militärdienstes (März 1917 bis November 1918), an Vortragsabenden der Berliner *Kantgesellschaft* teilnehmen. Dort hält er am 25. Mai 1917 den anschließend in den *Kant-Studien* publizierten Vortrag über „Wesen und Erscheinung".[46] Nach seinem Ruf auf den Lehrstuhl für Naturphilosophie in Wien wird er ferner 1925 an alter Wirkungsstätte vor der Rostocker Ortsgruppe der *Kantgesellschaft* über „Begriff und Möglichkeit der Metaphysik" referieren.[47]

Als einen der wichtigsten Beiträge zur öffentlichen Bildung von Schlick darf freilich seine Monographie *Raum und Zeit in der gegenwärtigen Physik* gezählt werden.[48] Ursprünglich als gleichnamiger Aufsatz in der von Arnold Berliner herausgegebenen Zeitschrift *Die Naturwissenschaften* 1917 publiziert,[49] erscheint noch im selben Jahr die erste Auflage der Abhandlung über die Relativitätstheorie Albert Einsteins. Die erstmals 1913 erschienene naturwissenschaftlich orientierte Zeitschrift hat, nach Aussagen ihres Begründers und Herausgebers Berliner, das Ziel, aktuelle Themen allgemeinverständlich einem

Mitgliederverzeichnis 1915, Universitätsarchiv Halle (UA Halle, Rep. 6, Nr. 1863), S. 289 ff.).

[45] Am 22. Februar 1924 wird im wirtschaftswissenschaftlichen Seminar der *Universität Rostock* die 17-köpfige Ortsgruppe der *Kantgesellschaft* gegründet (vgl. Vaihinger (Hrsg.), *Kant-Studien. Philosophische Zeitschrift*, mit Unterstützung der „Kantgesellschaft", Bd. XXIX, Heft 1/2, Berlin: Verlag von Reuther & Reichard 1924, S. 338-339).

[46] Vgl. ebd., Bd. XXII, 1918, S. 505. Vgl. den Aufsatz: Moritz Schlick, „Erscheinung und Wesen", Bd. XXIII, 1919, S. 188-208.

[47] Vgl. ebd., Bd. XXX, Heft 1/2, 1925, S. 620.

[48] Vgl. *MSGA* I/2.

[49] Vgl. Moritz Schlick, „Raum und Zeit in der gegenwärtigen Physik. Zur Einführung in das Verständnis der allgemeinen Relativitätstheorie", in: *Die Naturwissenschaften* 5 (1917), S. 161-167, 177-186.

interessierten Publikum, aber auch Fachleuten zu präsentieren. Dazu formuliert Berliner in einem Brief an den Verleger Ferdinand Springer folgendes: „[Die Zeitschrift] schliesst [...] Mittheilungen, oder besser *Darstellungen*, die nur der Fachspezialist versteht, grundsätzlich aus [...] – sie soll nur referiren, aber sie soll es in *der* Weise thun, dass sie Jedem [...] stets *aktuelle* und ihn *interessirende* Übersicht über den Fortschritt auf dem Gesamtgebiet der Naturwissenschaften giebt."[50]

Auf Anregung des ursprünglich für den Relativitätsaufsatz vorgesehenen Philosophen Erich Bechers, sucht Berliner im Juli 1916 den Kontakt zu Schlick mit der Bitte, einen „Aufsatz etwa unter dem Titel ‚Zeit und Raum im Lichte der modernen Physik'" zur allgemeinen Relativitätstheorie Einsteins für die *Naturwissenschaften* zu verfassen.[51] Der Rostocker Philosoph genoss seit der Veröffentlichung seines Aufsatzes „Die philosophische Bedeutung des Relativitätsprinzips"[52] einen ausgezeichneten Ruf bei den Wissenschaftlern, die sich zu dieser Zeit mit der Relativitätstheorie auseinandersetzten.[53] „Da

[50] Vgl. Arnold Berliner an Ferdinand Springer, 6. August 1912. Zitiert nach: Arnold Berliner und Die Naturwissenschaften, in: *Wissenschaft und Buchhandel. Der Verlag von Julius Springer und seine Autoren. Briefe und Dokumente aus den Jahren 1880-1946*, bearb. v. Michael Davidis, München: Deutsches Museum 1985, S. 43-51, hier besonders S. 44.

[51] Vgl. Arnold Berliner an Moritz Schlick, 21. Juli 1916. Der in Münster lehrende Becher kann der Bitte Berliners, einen einführenden Aufsatz über Einsteins allgemeine Relativitätstheorie zu schreiben, aufgrund einer bevorstehenden Übersiedlung nach München nicht nachkommen (vgl. ebd.).

[52] Moritz Schlick, „Die philosophische Bedeutung des Relativitätsprinzips", in: *Zeitschrift für Philosophie und philosophische Kritik*, Nr. 159, 1915, S. 129-175.

[53] So schreibt auch Einstein über Schlicks Aufsatz: „Ich habe gestern Ihre Abhandlung erhalten und bereits vollkommen durchstudiert. Sie gehört zu dem Besten, was bisher über Relativität geschrieben worden ist. Von philosophischer Seite scheint überhaupt nichts annähernd so Klares über den Gegenstand geschrieben zu sein. Dabei beherrschen Sie den Gegenstand materiell vollkommen. Auszusetzen habe ich an Ihren Darlegungen nichts." (Albert Einstein an Moritz Schlick, 14. Dezember 1915).

aber der Wunsch, hinter die Einsteinsche Theorie zu kommen, bei den Physikern selbstverständlich durchweg, aber auch bei ausserordentlich vielen überhaupt naturwissenschaftlich Interessierten, vorhanden ist“, wendet sich Berliner an Schlick mit dem Gesuch, „recht allgemein verständlich und so übersichtlich, wie es der Stoff eben gestattet, zu schreiben“.[54] Nach seiner anschließenden Zusage werden einige Monate vergehen bis Schlick, dessen Hauptziel zuvorderst Allgemeinverständlichkeit der Darstellung ist, Einstein sein Aufsatzmanuskript zur Durchsicht im Februar 1917 zusendet.[55] In seinem Antwortschreiben äußert sich Einstein außerordentlich lobend über das Manuskript: „Ihre Darlegung ist von unübertrefflicher Klarheit und Übersichtlichkeit. Sie haben sich um keine Schwierigkeit herumgedrückt[,] sondern den Stier bei den Hörnern gepackt. [...] Wer Ihre Darlegung nicht versteht, der ist überhaupt unfähig, einen derartigen Gedankengang aufzufassen.“[56] Von Schlicks Untersuchung dermaßen überzeugt, bittet Einstein sogar um Exemplare, welche er seinen Freunden in Zürich zukommen zu lassen beabsichtigt.[57] Mit „eine[r] Erweiterung durch Einfügung allgemeiner erkenntnistheoretischer Betrachtungen“[58] erscheint im Mai 1917 die erste Auflage von *Raum und Zeit in der gegenwärtigen Physik* beim *Verlag von Julius Springer* in einer Auflage von 1.500 Exemplaren.[59] Der Er-

[54] Arnold Berliner an Moritz Schlick, 21. Juli 1916.

[55] Vgl. den Briefwechsel zwischen Schlick und Einstein: Klaus Hentschel, Die Korrespondenz Einstein-Schlick: zum Verhältnis der Physik zur Philosophie, in: *Annals of Science*, Bd. 43, 1986, S. 475-488.

[56] Albert Einstein an Moritz Schlick, 6. Februar 1917.

[57] Vgl. ebd.

[58] Julius Springer an Moritz Schlick, 26. Februar 1917. Überlegungen erkenntnistheoretischer Art fließen in das Kapitel VIII „Beziehungen zu Philosophie“ mit ein (siehe *MSGA* I/2, A 51, B 73, C 77, D 89).

[59] Über den genauen Erscheinungstermin äußert sich Schlick nur indirekt (siehe Datumsangabe des nachfolgend zitierten Briefes): „[...] mein kleines im vorigen Monat erschienendes Büchlein [...]“ (Moritz Schlick an Gerda Tardel, 6. Juni 1917). Zur Auflagenzahl vgl. Julius Springer an Moritz Schlick, 9. März 1917.

folg des Buches bewirkt,[60] dass neben drei weiteren jeweils vermehrten Auflagen von *Raum und Zeit* sogar eine von Schlick autorisierte Auflage in englischer Sprache 1920 erscheint und somit nicht nur in Deutschland, sondern auch im englischsprachigen Raum die komplexe Theorie Einsteins durch Schlick im populären Stil Einführung findet (daneben werden weitere Übersetzungen, etwa in Russisch und Italienisch, folgen).[61]

Mit seiner einführenden Arbeit über die allgemeine Relativitätstheorie entwickelt sich allmählich eine gute Freundschaft mit Einstein. Am Anfang noch beruflich motiviert, kommt es, neben ihrer Korrespondenz, während und nach der Ausarbeitung von *Raum und Zeit* immer wieder zu freundschaftlichen Verabredungen und Begegnungen.[62] So formuliert Schlick anlässlich der Feierlichkeiten zum fünfhundertjährigen Jubiläum der *Universität Rostock* (vom 25. bis 27. November 1919)[63] – bei denen Einstein die Ehrendoktorwürde von der Medizinischen Fakultät verliehen werden soll – eine Einla-

[60] Zum Erfolg des Buches formuliert Schlick im Vorwort seiner zweiten Auflage: „Daß die zweite Auflage der ersten so bald folgen darf, ist mir ein willkommenes Zeichen der Bereitwilligkeit, mit der man die neuen Ideen aufzunehmen und zu verarbeiten strebt.“ (vgl. *MSGA* I/2, B III, C V, D IV).

[61] Vgl. Moritz Schlick, *Space and Time in Contemporary Physics. An Introduction to the Theory of Relativity and Gravitation*, rendered into English by Henry L. Brose, with an introduction by F. A. Lindemann, Oxford: Clarendon Press/New York: Oxford University Press 1920.

[62] Vgl. u.a. die Briefe Moritz Schlick an Albert Einstein, 4. Februar 1917. Weiter heißt es in einem Brief an seine Frau Blanche: „Well, Einstein and I sat on the balcony in the Haberlandstrasse for over two hours, talking about philosophy and science [...]. He talked very nice about my book and said I was much more bedeutend than Mr. Riehl or Mr. Erdmann [...]. He really seems to think that [I am] überhaupt the most wonderful philosopher at present.“ (Moritz Schlick an Blanche Schlick, 12. Juni 1917).

[63] Vgl. *Die Fünfhundertjahrfeier der Universität Rostock. 1419-1919*, Amtlicher Bericht im Auftrag des Lehrkörpers, erstattet v. Gustav Herbig u. Hermann Reincke-Bloch, Rostock: Selbstverlag der Universität 1920.

dung an den Physiker, mit dem Angebot, während der Festtage in seinem Haus zu wohnen.[64]

„Aus Anlass ihrer Fünfhundertjahrfeier hat die *Universität Rostock* einer Anregung der deutschen Rektorenkonferenz folgend die Würde eines Ehrenmitgliedes der Universität eingeführt [...].“[65] Einstein, dem die Ehrendoktorwürde „in Anerkennung der gewaltigen Arbeiten seines Geistes, durch die er die Begriffe von Raum und Zeit, von Schwerkraft und Materie von Grund aus erneuert hat“[66], überreicht werden soll, freut sich weniger auf die festlichen Formalitäten und die damit verbundenen Verpflichtungen als vielmehr auf „die Aussicht, wieder einmal in Ruhe mit [Schlick] plaudern zu können“.[67] Die Weitsicht, Einstein das Ehrendoktorat – das einzige in Deutschland – zu verleihen, wird die *Universität Rostock* vor allen anderen Hochschulen Deutschlands bis heute auszeichnen.[68] Der spätere Physiknobelpreisträger Einstein wird die Tage in Obhut der Schlicks genießen und sich wenig später eindringlich für die „rührend[e] Sorgfalt“ und die „entsagungsvolle“ Bewirtung bedanken.[69] Es ist an dieser Stelle wichtig, zu betonen, dass selbst ein Jahr nach Kriegsende die Versorgungssituation in der Weimarer Re-

[64] Vgl. Moritz Schlick an Albert Einstein, 15. Oktober 1919. Auch Schlicks früheren Hochschullehrer Max Planck erreicht 1919 eine Einladung zur Fünfhundertjahrfeier der *Universität Rostock*. Leider muss Planck, der Schlick zuvor zusagte, ebenfalls bei ihm Quartier zu beziehen, aufgrund des unglücklichen Todes seiner Tochter der Universität absagen (vgl. Max Planck an Moritz Schlick, 23. November 1919).

[65] *Die Fünfhundertjahrfeier der Universität Rostock. 1419-1919*, Amtlicher Bericht im Auftrag des Lehrkörpers, erstattet v. Gustav Herbig u. Hermann Reincke-Bloch, Rostock: Selbstverlag der Universität 1920, S. 131.

[66] Ebd., S. 138.

[67] Albert Einstein an Moritz Schlick, 17. Oktober 1919.

[68] Abraham Pais, „Raffiniert ist der Herrgott...“ Albert Einstein. Eine wissenschaftliche Biographie, übers. v. Roman U. Sexl, Helmut Kühnelt u. Ernst Streeruwitz, Braunschweig/Wiesbaden: Friedr. Vieweg & Sohn Verlagsgesellschaft mbH 1986, S. 527.

[69] Vgl. Albert Einstein an Moritz Schlick, 1. Dezember 1919.

publik äußerst kritisch war und demzufolge mit Heizmaterial und Lebensmitteln, wenn vorhanden, enorm sparsam umgegangen wurde.

Die erfolgreiche Verbreitung der Relativitätstheorie und besonders die Fürsprache Einsteins, die Schlick Aufsatzpublikationen und Vorträge ermöglicht, tragen in dieser Zeit eminent zur Popularität des Rostocker Philosophen bei.[70] Dies, seine wissenschaftsphilosophische Position und daneben die inhaltlich klare Gedankenführung, die all seine Veröffentlichungen kennzeichnet, führen vermutlich dazu, dass Schlick bei dem Berufungsverfahren für die Nachfolge des Kieler Philosophieordinarius Götz Martius 1921 Berücksichtigung findet und schließlich dem Ruf als ordentlicher Professor an die Universität Kiel folgen wird.[71]

[70] Vgl. Moritz Schlick, „Einstein und die Relativitätstheorie", in: *Mosse Almanach* 1921, Berlin: Rudolf Mosse Buchverlag 1920, S. 105-123, u. vgl. Moritz Schlick an Albert Einstein, 9. Oktober 1920. Ein weiterer Beitrag von Schlick zur öffentlichen Bildung findet sich in der *Norddeutschen Zeitung*, in der Schlick am 3. Januar 1920 über die Ehrendoktorwürde Einsteins und dessen Leistungen auf dem Gebiet der Physik informiert (vgl. *Norddeutsche Zeitung. Landeszeitung für Mecklenburg, Lübeck und Holstein*, Nr. 8, 11. Januar 1920, 2. Beiblatt).

[71] Zum Kieler Berufungsverfahren vgl. Christian Tilitzki, *Die deutsche Universitätsphilosophie in der Weimarer Republik und im Dritten Reich*, Teil 1, Berlin: Akademie Verlag 2002, S. 94-96.

Thomas Oberdan

Geometry, Convention, and the Relativized Apriori: The Schlick–Reichenbach Correspondence[1]

1. Introduction

One of the most distinctive features of Logical Positivist philosophy of science is its understanding of the nature, grounds, and function of the conventional element in scientific knowledge. The doctrine of conventionalism that first emerged in the writings of the early Positivists, and became a central dogma of Positivist thought, had

[1] I especially wish to thank the archivist Gerry Heverly at the Archives for Scientific Philosophy (ASP) in the Twentieth Century at Hillman Library at the University of Pittsburgh. Reichenbach's correspondence is owned by ASP and is here quoted by express permission; all rights reserved. Another archivist, perhaps not as well known but who has been extremely generous with his efforts to aid my own research, is John Widman, who manages the archives of the Vienna Circle Foundation at the Archief voor Nord Holland in Haarlem, The Netherlands. To assist readers in locating references, works shared by the Vienna Circle Foundation and the Pittsburgh collection will be cited by their number in the Archives for Scientific Philosophy, preceded by 'ASP'. Nonetheless, rights to the correspondence of Moritz Schlick belong to the Vienna Circle Foundation and are herein quoted with their permission, all rights reserved. The rights to the Einstein correspondence belong to the Hebrew University of Jerusalem and are quoted with their permission, all rights reserved. The National Endowment for the Humanities supported travel to Princeton University to study the Einstein–Schlick correspondence; the National Science Foundation provided funding for the study of the Schlick–Reichenbach correspondence.

its roots in previous philosophies ranging from Kant's to Wittgenstein's.[2] But one neglected source of Positivist doctrine is the earlier writings of those philosophers who became the acknowledged leaders of early Positivism. In fact, the leaders of the Vienna and Berlin circles, Moritz Schlick and Hans Reichenbach, were corresponding as early as 1920 about issues which would figure centrally in later Positivism. Each had independently developed a philosophical analysis of the theories of Special and General Relativity which implied that traditional conceptions of the apriori were inadequate to comprehend the new physics. Initially, the approaches Schlick and Reichenbach each developed seemed quite at odds with one another. Schlick, on the one hand, thought the new physics entailed that Kantian apriorism was altogether wrong, while Reichenbach argued that Kant's doctrine of the synthetic apriori – with important modifications – accommodated the new physics quite comfortably. Clearly, both Schlick and Reichenbach thought that the development of the new physics bore profound epistemological implications concerning the role of the apriori in scientific knowledge. But whether, and to what extent, they agreed on the exact import of Relativity for the apriori remains unclear.[3]

Nonetheless, in correspondence in the Fall of 1920, both Schlick and Reichenbach concurred that the differences in their epistemologies were minor, perhaps merely 'terminological'. And while some recent commentators heartily endorse this diagnosis, others disagree.

[2] It is well known that, in the mid-1920's, the group that gathered around the mathematician Hans Hahn and Moritz Schlick repeatedly studied Wittgenstein's *Tractatus*, eventually leading Schlick to contact Wittgenstein, hoping to obtain more copies of the work. Thus began their interaction which would continue well into the early 1930s. Less well appreciated is the fact that, during the same period, the Vienna group was also studying the Logicist writings of Gottlob Frege and Bertrand Russell. (Cf. EC 21.596, p. 2, EC 21.599, p. 1.)

[3] To say that the issues have not been fully clarified does not mean that Schlick's and Reichenbach's views have never been the focus of salutatory analyses. Cf. Coffa 1991, pp. 201-204; Friedman 1999, pp. 59-70.

(Coffa 1991, Ch. 10; Friedman 1999, Ch. 3) Nor is the issue a mere historical quibble, bereft of contemporary philosophical significance. For the demise of Logical Positivism in the 1960s and 1970s has left few philosophers hopeful of the prospects of any attempt to explicate the apriori by means of the analytic-synthetic distinction. But philosophical naturalism, the would-be successor of Positivism, has left more and more thinkers disappointed with a philosophical conception of science founded on the wholesale rejection of the apriori. One recent response to this disappointment, which avoids the vicissitudes of both Kant's synthetic apriori and the Positivists' analytic-synthetic distinction are recent reconsiderations of the relativized synthetic apriori espoused by Reichenbach in 1920. (Friedman 2000) Thus the historical understanding of issues that arose between Schlick and Reichenbach in the Fall of 1920 promises to yield substantial grounds for understanding the current philosophical predicament in new ways.

The discussion to follow begins by briefly considering the difference between Schlick and Reichenbach to be a matter of distinct terminologies, as if what Schlick called 'conventions' were just Reichenbach's synthetic apriori. The rejection of this assessment rests on consideration of the principled grounds offered by Reichenbach for identifying the synthetic apriori and the further charge that such grounds are not to be found in Schlick's conventionalist analysis. Thus a brief review of Reichenbach's account of Relativity is developed, especially the basis for identifying synthetic apriori principles. Turning to Schlick's treatment, it becomes apparent quite early that he pioneered many of the very reasons on which Reichenbach rested the synthetic apriori. Thus the only tenable conclusion is the dismissal of the alleged difference between Schlick and Reichenbach and acknowledgement of the fact that, as far as the reasons each offered for identifying the select class of precepts – which Schlick called 'conventions' and Reichenbach dubbed 'synthetic apriori' – there is little difference separating them. Nonetheless, in the closing section, it is urged that one principal difference remains, which concerns the constitutive function of the selected class of principles in Schlick's and

Reichenbach's accounts. For while Schlick thought that conventions constituted the concepts deployed in scientific theories, Reichenbach maintained that it was the objects of knowledge that the synthetic apriori constituted. And this difference, it is urged, runs far deeper than the dispute about terminology, touching on the most fundamental issue separating Positivist thought from its Kantian predecessors.

2. The New Physics

In his influential 1915 essay, "The Philosophical Significance of the Relativity Principle," Schlick argued that the development of Special Relativity was not only a scientific accomplishment of the first magnitude, but a philosophical one as well. The scientific achievement of Special Relativity – its simplification of the physics of rectilinear motion through the modification of the concept of time – bore profound epistemological implications, for it undermined the idea that fundamental scientific concepts are given apriori or, alternatively, drawn from experience. Rather, Schlick argued, the precepts governing the foundational notions of science should be regarded as conventions, which may be adopted, rejected, or modified when doing so results in the simplification and unification of empirical theory. Schlick sent a copy of the paper to Einstein in December 1915, who commended it as "among the best which have until now been written about relativity" – not only because it displayed "a complete command" of the physics involved but also because other philosophical work on the topic was not "nearly so clear". (Einstein 1915) Two years later, Schlick extended his conventionalist understanding to General Relativity, in *Space and Time in Contemporary Physics*, which incorporated changes suggested by Einstein.[4] Embracing conventionalism

[4] After its initial publication in *Die Naturwissenschaften*, Schlick's essay was reprinted as a monograph in three successive editions. The English translation of the third edition of 1920, with additions from the fourth edition of 1922, is reprinted in Schlick 1979a, pp. 207-269.

more fully, Schlick argued – *contra* Kant – that the character of space is not determined apriori by the structure of human cognitive faculties but is fixed by conventions, conventions adopted in association with the acceptance of laws governing motion. In 1918, Schlick's *General Theory of Knowledge* appeared, sustaining his efforts to chart the course of an epistemology which was neither Kantian nor phenomenalistic.[5] Like his essays on Relativity, Schlick's *General Theory of Knowledge* was well-received, especially by Einstein, who was by then Schlick's most influential and one of his most supportive admirers. Indeed, on April 19, 1920, Einstein sent Schlick a friendly note, remarking that his epistemology was finding many friends, including the neo-Kantian Ernst Cassirer, as well as "the young Reichenbach", who had written "an interesting treatise on Kant and General Relativity", in which he had cited Schlick. (Einstein 1920)

On September 25, 1920, Schlick wrote to Reichenbach, acknowledging receipt of *Relativity Theory and Apriori Knowledge* and expressing his heartfelt thanks for the book. (Schlick 1920a)[6] Temporarily postponing a more detailed discussion, Schlick insisted that they agreed on essentials and that their unanimity ran deeper than might appear. In any case, he promised to address the apparent differences between them as soon as he found time. Though Schlick's letter to Reichenbach was cordial, it would not be hard to imagine what Schlick must have been thinking. For in the book Schlick had just received, '*der junge*' Reichenbach, as Einstein called him, had provided an account of Relativity Theory that identified key elements of the new physics as a sort of synthetic apriori. Thus Reichenbach's book implicitly challenged Schlick's own conventionalist approach, which was fundamentally opposed to Kantianism. In short, Reichen-

[5] Friedman and Goldfarb have identified the date of the dedication of the first edition of *General Theory of Knowledge* as 1916. Friedman 1999, p. 34, fn. 18.

[6] Schlick (Rostock) to Reichenbach (Stuttgart), September 25, 1920. Hans Reichenbach Collection, Archives for Scientific Philosophy, University of Pittsburgh #015-63-23.

bach had tacitly questioned Schlick's view by presenting an alternative based on a re-vitalized conception of the synthetic apriori. Worse yet, Reichenbach's treatment was warmly recommended by Einstein, suggesting that the latter also had doubts about Schlick's epistemology of relativity.

In his own essays, Schlick had challenged Kantian apriorism principally by identifying the presuppositions of the new physics as conventions, in a sense borrowed from Henri Poincaré.[7] Since the presuppositions of Relativity were alien to classical physics, they were nothing like the self-evident, eternal verities that comprised the Kantian apriori. Thus, in its most fundamental respects, Schlick's epistemology departed significantly from aprioristic orthodoxy. At the same time, Schlick thought the indispensability of conventions in scientific thought also refuted strict empiricism, in the form of Machian positivism, for conventions were presuppositions of experience and could not, therefore, be derived from experience. But while Schlick rejected Kant's treatment of the apriori altogether, Reichenbach claimed to have preserved its most important element. As he explained in Chapter V of *Relativity Theory and Apriori Knowledge*, entitled "Two Meanings of 'Apriori' and Kant's Implicit Presupposition", the Kantian notion of the apriori really admits of two distinct senses. On the one hand, Kant regarded apriori principles as apodeictically necessary – necessarily true, that is, once and for all time. But Kant also attributed the apriori the far more significant function of constituting the object of experience or knowledge. The second sense of the apriori is due to the fact that it captures "Kant's general discovery that the object of knowledge is not immediately given, but constructed, and that it contains conceptual elements not contained in pure perception." (Reichenbach 1920/1965, p. 49) Thus conceived, Kant's constitutive principles are necessary because they are prescribed by the structure of the cognitive faculties of intuition and understanding. Indeed, such principles are the general laws for ordering experi-

[7] Cf. Poincaré 1905, Ch. 3.

ence to produce knowledge. (Reichenbach 1920/1965, p. 55) Since all empirical knowledge presupposes these ordering principles, they can never conflict with experience and are, in this sense, necessarily true. (Reichenbach 1920/1965, pp. 55-56) But that is just to say that experience can never disprove nor effect a change in reason, because all experience presupposes reason. Since, however, scientific knowledge consists in a unique coordination with the facts, and perception provides an independent criterion of uniqueness, scientific knowledge cannot be wholly constituted by apriori principles. Rather, reason can only provide the principles which determine the conditions of the possibility of unique coordination. (Reichenbach 1920/1965, p. 57) These principles of coordination are synthetic because they concern the empirically given, and apriori since they necessarily precede experience. Of course, scientific knowledge also contains principles which connect experiential situations in lawlike fashion, or connect values of parameters in one state with those in another. These latter synthetic principles, called 'laws of connection' by Reichenbach, are not, however, apriori.

Kant's conception of the apriori was the first topic Schlick addressed when he responded to Reichenbach in detail on November 26, 1920.[8] Schlick acknowledged that his own writings had emphasized the negative side of Kant's philosophy, unlike Reichenbach's more sympathetic treatment. Schlick noted that this difference in emphasis may have made the distance between them appear greater than it actually is. Emphasizing his deep respect for "the old Königsberger", Schlick nonetheless professed that the spirit of Kant's epistemology seemed reactionary; indeed, it seemed to be the reaction of someone enamoured of metaphysics who had been shaken by Hume's positivistic critique. (Schlick 1920b, p. 1) In mathematics and 'pure natural science', Kant discovered synthetic propositions that were necessary and universal; then he justified their validity by identify-

[8] Apparently, Reichenbach had responded to Schlick in October, though no copy of the letter exists.

ing the most general laws of nature as principles of natural knowledge, or principles of the possibility of experience.[9] In other words, Kant equated the general precepts of natural science with the epistemological principles constituting the object of experience. Schlick thought Kant's most original insight was his identification of the two senses of 'apriori', each of which had, in its own right, a long lineage in philosophical thought. Kant's first sense of 'apriori' – the idea of self-evident, apodeictically valid propositions – is an old 'heirloom' of philosophy, going back (at least) to Descartes, and Kant's second sense of 'apriori' is a precisely formulated expression of matters implicit in previous philosophies from Hume to Leibniz. Schlick himself regarded the assumption of constitutive principles as self-evident; indeed, so self-evident that he feared he might not have discussed the matter sufficiently in his *General Theory of Knowledge.* (Schlick 1920b, p. 1; Oberdan 1994, pp. 109-110) For it seemed obvious to Schlick that an experience only becomes an 'observation' or a 'measurement' if certain principles are presupposed through which the observed or measured object is constructed. These principles are constitutive, or apriori in Kant's second sense. (Schlick 1920b, pp. 1-2) But Kant would undoubtedly regard the principles governing observation and measurement as relatively insignificant, for only if they are self-evident precepts – like the principle of causality – do they genuinely possess all the characteristics of the Kantian apriori. Nonetheless, it is precisely the former principles – the ones that constitute an observation or a measurement of an experience –, which Reichenbach himself had identified as synthetic apriori. Moreover, Schlick confesssed, he was unable to discover any characteristics of these alleged synthetic apriori principles that genuinely distinguish them from conventions. Thus, it appeared that the precepts Reichenbach called "synthetic apriori" were just what Schlick had identified

[9] Significantly, Schlick's letter contains a correction at this point. Where he had originally written "Sätze der Naturwissenschaft", he replaced "Sätze" with "Gesetze" and crossed out "wissenschaft" in "Naturwissenschaft".

as "conventions" and the differences between them were, at most, terminological. (Schlick 1920b, p. 2) Indeed, Schlick further emphasized this point by noting that, whenever Reichenbach described the relativized apriori – or what he had called "coordinating axioms" – Schlick found a thorough-going definition of the concept of a convention. (Schlick 1920b, pp. 2-3)

3. The Relativized Apriori

Prima facie, the issue at stake appears to be, as Schlick thought, purely terminological, as if what Reichenbach regarded as synthetic apriori principles were just what Schlick was calling 'conventions'. Despite this superficial coincidence, a more significant question concerns the grounds on which Schlick and Reichenbach respectively demarcated these precepts from empirical scientific claims. Michael Friedman contends that it is in this connection that the genuine differences between Schlick and Reichenbach first emerge. Friedman's thesis depends primarily on whether a principled distinction between the apriori and the genuinely empirical claims of a theory can be sustained. And he argues that only an understanding of the relativized synthetic apriori, like that which figured in Reichenbach's interpretation of Relativity Theory, can provide an account of the constitutive apriori requisite for a truly philosophical understanding of science *writ large*. Friedman's thesis, then, is that Reichenbach's understanding of the relativized apriori yields a principled distinction between the apriori and the empirical that is wholly absent from Schlick's conception of the role of conventions in empirical knowledge. Consequently, his thesis depends, first of all, on his understanding of Reichenbach's conception of the relativized apriori.

The heart of Reichenbach's epistemology in *Relativity Theory and Apriori Knowledge* is the distinction between "axioms of connection", so-called because they "connect certain variables of state with other" state variables and thus express *bona fide* scientific claims, and "axioms of coordination", which "contain general rules according to which connnections take place". (Reichenbach 1920/1965, p. 54) Since axioms of connection describe the relations among states of affairs, their truth depends on whether or not states are actually connected as described; thus, axioms of connection express contingent, empirical generalizations. But their very possibility – the possibility of describing connections among states – in turn presupposes principles establishing coordinations among the categories employed in the characterization of connections. (Reichenbach 1920/1965, p. 50) The coordinative axioms do not specify particular relationships among variables of state but are, rather, the principles governing any specification whatsoever of relations among state variables. Thus axioms of coordination function in Reichenbach's epistemology in much the same way that the synthetic apriori figured in Kant's: they serve to explicate the insight that the object of knowledge is constructed from conceptual elements which are not given in experience. For instance, any description of the path of an electron over time presupposes, as an axiom of coordination, some principle of genidentity, which allows for the identification of the same object at different times. (Reichenbach 1920/1965, p. 55) Similarly, the relations expressed in the gravitational equations of General Relativity presuppose the axioms of arithmetic; hence, the arithmetic axioms are coordinating principles governing the relations expressed in the relations. (Reichenbach 1920/1965, p. 54) Finally, in classical physics, the Euclidean metric functioned as an axiom of coordination, because the attribution of physical properties to spatial bodies presupposed principles for combining points in space into extended structures. (Reichenbach 1920/1965, p. 53) Since coordinative axioms do not themselves relate states of affairs to one another, but only serve as presuppositions of the principles which directly connect states, the axioms of coordination are self-evident presuppositions of empirical knowledge and, hence, apriori. As Reichenbach explained it, the situation arising from relativistic physics is that the new theory presupposes axioms of coordination which are inconsistent with the presuppositions of classical physics, the presuppositions which Kant himself identified as synthetic apriori principles. Thus some of the self-evident principles presupposed by classical physics, like the axioms of Euclidean geometry, are abandoned in General Relativity. Assuming the principle of general covariance (along with the presuppositions of Special Relativity) creates an inconsistency, which is resolved by replacing Euclidean geometry with a geometry of variable curvature approximating Euclidean space in the infinitesimal domain. (Reichenbach 1920/1965, pp. 30-32) Reichenbach's conclusion, then, is just that, since the apriori presuppositions of distinct scientific theories may differ, so coordinative principles are relative to the specific theory that presupposes them.

Reichenbach thought Kant was certainly right to regard the axioms of Euclidean geometry as synthetic apriori presuppositions underlying classical physics. But Kant erred in thinking that the axioms are apodeictically valid. For the role of Euclidean geometry had been filled, in General Relativity, by a geometry of variable curvature and so, in Einstein's physics, it is this geometry rather than Euclid's that is synthetic apriori. Although some constitutive principles are required by every empirical theory, the particular principles thus required depend on the specific theory in question. Consequently, as the development of scientific thought leads to the replacement of a previously accepted theory, the synthetic apriori principles presupposed by previous theory may also be replaced.

The Kantian doctrine of the apriori has been transformed into the theory that the logical construction of knowledge is

> "determined by a select class of principles, and that this logical function singles out this class, the significance of which has nothing to do with the manner of its discovery and its duration of validity."[10]

Empirical theory presupposes constitutive principles that may, as a group, undergo deletions and additions as science develops. So Kant simply erred when he attributed constitutive principles an apodeictic

[10] Reichenbach 1920/1965, p. 94

character, for he failed to recognize their relativization to empirical theory.

Appearances notwithstanding, Reichenbach's relativization revolutionizes the conception of the apriori. The apriori is no longer conceived as a permanent, fixed feature of the body of scientific knowledge, constant through successive changes in scientific belief. The contribution of reason to scientific knowledge is not expressed by 'eternal verities', true for every scientific system. Rather, the apriori determines only the conditions for the establishment of unique coordination, and the particular coordinations are specified by axioms of connection which may (or may not) be verified in experience. Consequently, distinct systems of coordinative principles may be presupposed by different, alternative sets of axioms of connection. Thus, the coordinative principles of classical mechanics included, as Kant thought, the principles defining Newtonian space-time. But the axioms of Newtonian space-time function as coordinative principles and are thus apriori only relative to classical physics. Components of the apriori background framework – like Euclidean space – survive the transition to Special Relativity, continuing to function as coordinative principles. And even though the historical transition from one scientific theory to a successor may occur in response to empirical discoveries, the change may also affect constitutive apriori principles. Then the shift to General Relativity involved not only profound changes in the axioms of connection of physical theory, but an associated modification of the axioms of coordination as well, especially affecting the spatial coordinative principles, as Euclidean geometry was replaced by a geometry of variable curvature.

Importantly, the apriori is now relativized in a second sense as well. For the axioms of coordination of a given theory are no longer distinguished from its empirical claims, the axioms of connection, on extra-theoretic philosophical grounds. Rather, the distinction between coordinative axioms and axioms of connection is determined by the theory itself. Transformation formulas provide the means of transition from one group of coordinative principles and associated connection axioms to another. Since each such group is uniquely coordinated to reality, no one group represents reality any more or less than the others. That which remains invariant through the transformations embodies the objective significance of all the groups related by the transformations. But the arbitrary elements – those which represent the admissibility of distinct groups of coordinative and connective axioms – comprise the contribution of reason.

"*The contribution of reason is not expressed by the fact that the system of coordination contains unchanging elements, but in the fact that arbitrary elements occur in the system.*"[11]

Thus it would seem that, on Reichenbach's account, the role of the apriori in the determination of scientific knowledge is significantly reduced. Moreover, a new sense is given to the relativization of the apriori. Since the admissible systems of transformations are determined by a given theory, a specific body of knowledge, scientific theory provides internal principles for distinguishing the apriori and the empirical. (Friedman 1999, pp. 66-7) Thus the salient feature of Reichenbach's conception of the relativized synthetic apriori is that the distinction between the constitutive precepts of a theory and its empirical claims is a principled one, founded on the invariant group of transformations specified by the theory itself.

One might well object that Reichenbach's relativized synthetic apriori is so far removed from its Kantian legacy that it bears but the faintest resemblance to the original. In the first place, it is difficult to see how an understanding of the synthetic apriori which admits changes over time has much – if anything – to do with Kant's apodeictically certain eternal verities. Secondly, synthetic apriori principles which are distinguished on grounds internal to empirical theory hardly seems like the philosophically grounded synthetic apriori of

[11] Reichenbach 1920/1965, p. 89-90, original emphasis. In Reichenbach's copy of *Relativitätstheorie und Erkenntnis Apriori*, Einstein wrote the marginal note, "sehr gut". My thanks to Maria Reichenbach for providing me with a copy of this passage.

Kant. Indeed, there seems to be so little left of Kant's philosophy that the value of even calling the distinguished precepts 'synthetic apriori' must be questioned.

4. Conventionalism

It might appear that Schlick's assessment of his differences with Reichenbach as a terminological matter seriously neglects deeper issues at stake, for Reichenbach's synthetic apriori are distinguished on principled grounds determined by the body of scientific belief. In contrast, conventionalism is usually thought to be grounded on holistic considerations, which fail to provide any principled grounds for distinguishing, within a given body of scientific belief, conventional components from empirical claims. But this assessment of Schlick's conventionalism arises from a neglect of the broader philosophical framework in which his understanding of the new physics must be placed. In his 1915 essay "The Philosophical Significance of the Relativity Principle", Schlick considered two options for dealing with the fact that no physical means suffice to distinguish inertial frames or, alternatively, that no uniform, rectilinear motion can be detected relative to the ether. The first alternative, due to Lorentz and Fitzgerald, accommodates experimental findings through the postulation of compensating contractions of moving bodies in the direction of motion. The Lorentz–Fitzgerald hypothesis preserves the absolute space and time of Euclid and Newton, as well as Galilean kinematics, while explicating experimental failures to detect the absolute rest of the ether by positing a real effect of absolute motion on length. The alternative presented by Einstein in the Special Theory was simply to deny the presupposition of an absolute time reference, allowing that two spatially separated events which are temporally ordered in one way for a given system of reference may be ordered differently for a distinct, yet equally legitimate system. Contractions of length are then a consequence of the relativity of reference frames: the length of a measuring rod depends on its velocity for a given frame of reference. (Schlick 1915/1979a, pp. 160-1) Strictly speaking, both the Lorentz- Fitzgerald hypotheses and the Principle of Special Relativity accommodate the experimental facts with equal facility, they are observationally equivalent, or "both theories do the same thing". (Schlick 1915/1979a, p. 162) Yet Einstein's approach involves only a single physical hypothesis, while the Lorentz–Fitzgerald view depends on a number of 'special' auxiliary hypotheses. With respect to the number of distinct hypotheses employed, Einstein's solution is clearly the simplest.[12] Thus the argument for the relativity principle comes to rest on the issue of simplicity.

Prima facie, the present situation appears to be a competition between two competing systems of hypotheses, one based on the Lorentz–Fitzgerald treatment and the other on the Principle of Relativity, where the experimental evidence underdetermines the choice between the two. Consequently, the choice turns on pragmatic considerations – in particular, the respective simplicity of the alternatives. But Schlick's analysis penetrates beyond this simplistic understanding of the situation. Implicit in Schlick's discussion is an objective distinction between the representational framework in which scientific claims may be formulated and those claims themselves, a distinction which was already evident in his 1910 essay "The Nature of Truth in Modern Logic". Schlick explained that a true hypoth-

[12] Nonetheless, it might be objected that Einstein's solution conflicts with Kantian apriori intuition, which sets the conditions of validity of objective experience. Schlick's rejoinder to this objection was simply to deny that our subjective experience of time bears in any way on the objective concept of physically measurable time treated by Einstein. Indeed, many of the characteristics of time which Kant attempted to ground in pure inner experience are, "in truth", elementary conventions about the nature of objective time which experience has never presented a need to question. But they are not grounded in intuition and, indeed, it would certainly be surprising if inner experience compelled us to accept all the properties characteristic of the absolutes of Newton's physics. Thus, no philosophical considerations based on Kant's treatment of time or the form of inner intuition can prohibit the endorsement of the principle of relativity. (Schlick 1915/1979, p. 163)

esis is one which is univocally coordinated with a definite state of affairs, through the coordination of its symbolic elements with the things involved in the situation. (Schlick 1979a, pp. 93-96) Thus a false statement is ambiguous, for its elements are connected to extra-linguistic items which are, in fact, arranged one way, but it presents them as if they were combined in a distinct manner. (Schlick 1979a, p. 97) Thus the very difference between truth and falsity presupposes the distinction between a representational scheme, or symbolic framework, and the statements or hypotheses formulated in that framework. Every statement belongs to a system of signs, or a representational framework, which necessarily involves arbitrary, non-representational features, artifacts of the mechanics of representation. It is thus possible that two different formulations, belonging to distinct sign-systems, may both portray reality with equal accuracy and hence both would be true. Consequently, a given situation could be univocally coordinated with any number of distinct statements, all of which are true, and each of which belongs to a different representational system. These sign-systems will differ depending on purely arbitrary features they incorporate to facilitate representation. In the present case, the point is that both Lorentz–Fitzgerald's and Einstein's solutions are univocally coordinated with the facts, and "can both be reckoned true". (Schlick 1915/1979, p. 170) For the Lorentz–Fitzgerald hypotheses and the Relativity Principle belong to different representational systems and each is, relative to its respective sign system, an accurate description of reality.

And this situation is analogous to the "possibility of using alternative geometries in our physical description of the world, without detracting from the univocal nature of the description". (Schlick 1915/1979, p. 168) There is no reason why a formulation of physics might not be based on a non-Euclidean geometry and univocally coordinated with the same physical facts as the Newtonian-Euclidean formulation is. Indeed, with respect to the possibility of using different geometries for physical descriptions,

"Henri Poincaré has shown with convincing clarity ..., that no experience can compel us to lay down a particular geometrical system, such as Euclid's, as a basis for depicting the physical regularities of the world."[13]

Of course, the use of a geometry besides Euclid's would require compensating changes in the formulation of physical laws. Thus, physically equivalent descriptions of reality may result from the adoption of different reference-systems, different choices of underlying geometry combined with differently formulated physical laws to compensate for the underlying changes. (ibid.) And the choice between alternative geometries is a choice between two distinct sign-systems and, hence, a matter of arbitrary convention. Such matters can never be settled by rigorous proof or empirical evidence, so their resolution depends on practical considerations and simplicity of the resulting representations is foremost among them.

In *Space and Time in Contemporary Physics*, Schlick noted that Poincaré's geometric conventionalism was founded on the Kantian insight that space itself can never be the object of physical inquiry, never the subject of perception and measurement. Rather, it is only the behavior of bodies in space that forms the object of study, so that the resulting physics is "the product of two factors, namely the spatial properties of bodies and their physical properties in the narrower sense." (Schlick 1915/1979a, p. 169; cf. also 1917/1979a, pp. 230-233) Thus, Poincaré concluded, we are free to choose either factor quite arbitrarily, so long as the product agrees with experience. Simplicity, Poincaré insisted, is the primary desideratum and, since Euclidean space is by far the simplest of the available alternatives, physicists will always choose Euclidean geometry. And just as Poincaré isolated two factors in the treatment of the motion of rigid bodies, in general any true theory may be regarded as the product of a reference-system, or representational scheme, and the judgments formulated in that system. Distinct systems of judgments, formulated in different representational schemes, may be univocally coordinated

[13] Schlick 1915/1979, p. 168

with physical reality, and thus equivalent in every respect. Then the most felicitous choice is the representational scheme which facilitates the simplest description of the facts of interest. Unlike Poincaré, who identified the simplicity of the reference system as the primary desideratum guiding the scientist's choice, Schlick reckoned that the simplicity of the physical descriptions formulated in a specific representation scheme was the chief virtue at stake. And the simplicity of any description of reality depends directly on the system of representation it presupposes. Consequently, two physically equivalent descriptions may well differ in complexity, depending on correlative differences in the reference systems they respectively presuppose. In turn, since representational schemes are wholly determined by conventions, scientists will always select the system of reference that results in the simplest description of physical reality. And it is this philosophical lesson, concerning the role of conventions in our scientific descriptions of the world, that Schlick regarded as the chief lesson taught by the new physics of Special Relativity.

In General Relativity, a new representational scheme, involving a geometry of variable curvature rather than the Euclidean geometry of classical physics, is adopted. Unlike the case of Special Relativity, which expressed the same empirical content as its competitor, though in a distinct representational framework, General Relativity involves changes in the empirical content as well. Thus General Relativity implies observational effects, like the alterations in stellar positions during the solar eclipse observed by Eddington, which are not implied by the classical physics of Newton. Moreover, Schlick's understanding of conventionalism has already departed, in principle, from Poincaré's. Poincaré had insisted that physicists will always choose the simplest geometry and that is undeniably Euclid's. Following Poincaré, and Kant before him, Schlick recognized that geometry alone does not depict the object of physics – the motion of bodies – but only provides the representational scheme for the depiction of physical motion. Since the description of motion is the principal goal of physical theorizing, the criterion for the choice of geometry is the simplicity of the resulting description of motion, not the simplicity of the geometry itself. Thus Poincaré was mistaken when he concluded that physicists will always opt for Euclidean geometry as a framework for the description of motion. Rather, they should employ whatever geometry allows for the simplest representation of reality. If a non-Euclidean geometry serves this purpose best, then so much the worse for Euclid, and Poincaré, too. For space and time are never objects of measurement in themselves; only conjointly do they constitute a four-dimensional scheme in which physical objects and processes are placed by means of observations and measurements. And this scheme is selected because the resulting system of physics is the simplest that has been devised. (Schlick 1979, p. 240) Nor, for that matter, is the simplest overall formulation of the combination of physics and geometry the appropriate desideratum, as Einstein maintained. (Einstein 1922) Rather, it is the simplest expression of the theory's empirical content which is desirable, even when this requires complicating the representational scheme or, in the present case, the underlying geometry. Since, moreover, transformations are specified by the theory which provide the transition to equivalent formulations, the distinction between empirical content and the representational scheme in which it is expressed is determined by the theory itself. And since it is only the symbolic framework which is conventional, the distinction between conventional and empirical components of the theoretical system is a principled, theory-relative one.

And just as Reichenbach found that the arbitrary element in our scientific representations is the product of reason's contribution to scientific knowledge, so Schlick argued that the scheme of representation employed by a particular scientific theory may be altered without affecting what the theory represents as objective. Schlick reasoned that the representational framework merely provided a scheme for ordinary observations, and all observations ultimately concern spatio-temporal point-coincidences. All measuring devices – whether they rely on pointers, scales, mercury columns, water-levels, or even clocks – rely on point-coincidences to indicate their findings. In a sense, Schlick notes, the whole of physics may be regarded as the product of attempts to systematize the occurrences of these space-time point-coincidences. Moreover, any feature of a given system of physics which is not reducible to point-coincidences lacks physical objectivity. Indeed, any change in representational scheme, however arbitrary, which results in the transformation of the coordinates of every physical point as a continuous, single-valued function of its previous value leaves all point-coincidences unaffected. Since the point-coincidences remain undisturbed by the transformation, there is no physically objective difference between the original representational scheme and its transformation. (Schlick 1979, p. 241) Since the transformations that produce arbitrary changes in the representational scheme are specified by the theoretical framework itself, the difference between the conventional and the empirical, the arbitrary and the objective, is a principled, theory-relative one.

5. Conclusion

It would seem, then, that a principled distinction between the conventional and the empirical must be attributed to Schlick's early treatments of Relativity. Such a conclusion undermines the fundamental differences between Schlick and Reichenbach that Friedman discovers. Also undermined is Friedman's further conclusion that Reichenbach's relativized synthetic apriori more nearly anticipates later Positivist doctrines, like Carnap's *Logical Syntax of Language* understanding of L-rules or analytic sentences, than Schlick's view of the conventional. (Friedman 1999, p. 69) Nonetheless, there is one further difference between Schlick and Reichenbach which, though barely mentioned in their correspondence, must preclude any conclusion that their views were identical, that no more than a terminological difference separates their positions. Both agreed that, within the body of scientific knowledge, there was a component distinguishable from the genuine epistemic claims of science. This component, they further concurred, was indeed presupposed by any scientific claims. But Schlick feared that there was a misunderstanding on Reichenbach's part concerning what, precisely, was constituted by the apriori. For while Schlick himself readily granted that scientific concepts were constituted by conventions, he worried that Reichenbach regarded reality itself as the object constituted by the apriori.

This conclusion arises from Reichenbach's discussion of the role of the mathematical component in empirical theory. Reichenbach thought the flaws in Kant's epistemology became readily apparent if knowledge is understood as a coordination of the conceptual and the real. In physics, the conceptual representation of reality is achieved by means of mathematical equations. Reichenbach emphasized the autonomy and independence of pure mathematics by referring to the doctrine of implicit definition. In particular, he noted that, according to the view propounded by Hilbert, the "mathematical object of knowledge" is determined by means of its relations to other such objects stipulated in a set of axioms. In contradistinction to explicit definitions, the implicit definitions of pure mathematics characterize the objects of mathematics by relating them to other mathematical objects, by simultaneously inter-defining the primitives of a given mathematical domain. Thus, the axioms of geometry fix the properties of points, lines, and so forth by indicating the relations they bear to one another. Mathematical objects are thus nothing but the relata of the structural connections laid down in the axioms of the mathematical theory of which they are the subject.[14]

But the point of the mathematical equations of physics, Reichenbach noted, is to represent real events and processes. Indeed, Reichenbach further said that it is through their coordination to the

[14] Of course, Reichenbach was well aware of the level of abstraction achieved through implicit definitons; indeed, he even mentions the duality principle in projective geometry, which permits the transformation of proofs concerning, say, points in the plane, into proofs concerning lines through the systematic substitution of the two primitives throughout the proof. The result, of course, is a proof of the dual of the original theorem.

mathematical equations of physics that real events and processes, which comprise the subject-matter of physical theory, are actually defined. Thus, the coordinations of mathematical objects with real events and processes effected by a physical theory is wholly unlike the coordination of mathematical objects of one domain with mathematical objects from another. In a typical coordination in mathematics, say, of the rational numbers to the points in a line segment, the coordination is established between two well-defined sets of objects, objects which are independently determined by their respective implicit definitions. But the coordinations in physics relate a well-defined set of entities – the mathematical objects – to an otherwise undefined set.

> "Thus we are faced with the strange fact that in the realm of cognition two sets are coordinated, one of which not only attains its order through this coordination, but whose elements are *defined by means of this coordination.*"[15]

Reichenbach's explanation echoes Kant's Copernican Revolution in philosophy, which turned the question "How do our representations of objects conform to them?" into the query "How do objects conform to our representations?". Kant's answer, of course, was the Critical Philosophy and its central contention that the faculties of cognition, or of reason, are only affected by external objects in certain ways, and it is only their effects on our faculties which become objects of knowledge for us. Thus, the objects which may be known are just those effects on our faculties; in a sense, our faculties constitute the objects of knowledge. Since the structure of reason is reflected in synthetic apriori knowledge, the function of the apriori component of scientific theory is to constitute the objects which occupy its domain. Roughly speaking, the synthetic apriori constitutes the very objects which are described, truly or falsely, in the empirical claims of scientific theories.

It is here that Schlick saw the deepest difference separating his conventionalist views from Reichenbach's neo-Kantianism. Schlick

[15] Reichenbach 1920/1965, p. 40, original emphasis.

emphasized that it is only our concepts which are constituted by conventions, and not the objects to which they apply. To think that scientific theory constitutes reality is a variety of anti-realism which denies any independent reality beyond that projected by our concepts. Rather, the objects of experience and knowledge, Schlick insisted, were given independently of our conceptions of them. Rather, it is the function of symbolic systems to constitute concepts which are then employed in our descriptions of reality. Whether the concepts truly fit the objects to which we apply them can be determined only from the success of our empirical claims. But many distinct systems of concepts, embodied in different representational schemes, may serve equally well to permit descriptions of empirical regularities. From these alternative systems is arbitrarily chosen the one which satisfies the pragmatic criterion of simplicity, a matter on which reality has no bearing. Implicit throughout this understanding of the constitution of concepts is the assumption that the conceptual scheme we construct is independent of the reality against which empirical claims are tested.

Schlick thought he had made his position on the constitution of concepts clear in the first edition of his *General Theory of Knowledge.* He had explained that all our scientific concepts, not just mathematical ones, were formed by implicit definitions, axioms relating them to one another. But he never mentioned conventions, and never explicitly stated that conventions, as he conceived them, were just concrete definitions of concepts in terms of what can be experienced. In the second edition of 1925, he carefully explained how implicitly defined concepts gain empirical content. To achieve significance beyond the system of concepts specified axiomatically, concepts are also linked to items or situations in experience through concrete definitions. The whole combination, consisting of both implicit and concrete definitions, forms a 'conceptual definition', and all such definitions are conventional. (Schlick 1925/1974, Sec. 11) Thus the constitutive function of scientific theories is fulfilled by the conventions determining the representational scheme underlying theories. But only the concepts deployed in scientific descriptions of reality, and not reality itself, are constituted by convention.

Thus there is a fundamental difference separating Schlick's and Reichenbach's views that goes well beyond their respective terminologies. But this difference does not turn on whether a principled distinction can be drawn between the empirical and non-empirical components of scientific theory, nor whether that distinction is theory-relative. Rather, it concerns whether it is the objects of knowledge, or the conceptual tools implemented in the expression of that knowledge, which are constituted by the non-empirical component of the body of knowledge. But this conclusion merely locates the basic difference between Schlick and Reichenbach in their correspondence of 1920 and does not resolve it. And there are any number of ways in which it might be resolved, one of which is encapsulated in the subsequent history of Logical Positivism. But this history makes for a lengthy tale, for its useful re-telling must include alternative resolutions, suggestions of how the disagreement between Schlick and Reichenbach might otherwise have been resolved. And such an explanation goes far beyond the modest goals of the current effort.

References

Coffa, J. A. (1991) *The Semantic Tradition from Kant to Carnap.* (Cambridge: Cambridge University Press).

Einstein, A. (1915) Letter to Moritz Schlick. 14 December 1915. Einstein Collection, Hebrew University. (EC 21 610) All rights reserved.

——, (1920) Letter to Moritz Schlick. Einstein Collection. Hebrew University. April 19, 1920. (EC 21 632) All rights reserved.

——, "Geometry and Experience," trans. By W. Perrett and G. B. Jeffery in *Sidelights on Relativity.* (New York: E. P. Dutton), pp. 27-56.

Friedman, M. (1999) *Reconsidering Logical Positivism.* (Cambridge: Cambridge University Press).

——. (2000) *Dynamics of Reason.* (Stanford: CSLI Publications).

Oberdan, T. (1994) "Einstein's Disenchantment," in Salmon, W. and Wolters, G. eds. *Logic, Language, and the Structure of Scientific Theories.* (Pittsburgh/Konstanz: University of Pittsburgh Press/Universitätsverlag Konstanz), pp. 107-118.

Poincaré, Henri. (1905) *Science and Hypothesis.* W. Jj. Greenstreet, trans. (London: Scott, 1905)

Reichenbach, H. (1920/1965) *Relativitätstheorie und Erkenntnis Apriori.* (Berlin: Verlag von Julius Springer). Trans. and ed. by Reichenbach, M. as *The Theory of Relativity and Apriori Knowledge.* (Berkeley and Los Angeles: University of California Press).

——, (1920) Letter to Moritz Schlick of November 29, 1920. Archives for Scientific Philosophy, number 015-63-20.

——. (1928/1958) *Philosophie der Raum-Zeit-Lehre.* (Berlin: De Gruyter). Translated by Maria Reichenbach and John Freund as *The Philosophy of Space and Time.* (Berkeley and Los Angeles: University of California Press).

Schlick, M., (1910) "Das Wesen der Wahrheit nach der modernen Logik," *Vierteljahresschrift für wissenschaftliche Philosophie und Soziologie* 34, pp. 386-477. Translated by Peter Heath as "The Nature of Truth in Modern Logic," in Schlick 1979a, pp. 41-103.

——, (1915) "Die philosophische Bedeutung des Relativitätsprinzips," *Zeitschrift für Philosophie und philosophische Kritik* 159, pp. 129-175. Translated by Peter Heath as "The Philosophical Significance of the Principle of Relativity," in Schlick 1979a, pp. 153-189.

——. (1920) *Space and Time in Contemporary Physics.* Henry Brose, trans. (Oxford: Clarendon Press). Repr. in Schlick 1979a, pp. 207-269.

———, (1920a) Letter to Hans Reichenbach, September 25, 1920. Archives for Scientific Philosophy number 015-63-23.

———, (1920b) Letter to Hans Reichenbach, November 26, 1920. Archives for Scientific Philosophy number 015-63-22.

———, (1920c) Letter to Hans Reichenbach, December 11, 1920. Archives for Scientific Philosophy number 015-63-19.

———. (1925/1974) *General Theory of Knowledge.* H. Feigl and A. E. Blumberg, trans. (New York: Springer Verlag).

———. (1979a) *Philosophical Papers. Vol. I.* trans. and ed. by Mulder, H. and van de Velde-Schlick, B. (Dordrecht: D. Reidel).

———. (1979b) *Philosophical Papers. Vol. II.* trans. and ed. by Mulder, H. and van de Velde-Schlick, B. (Dordrecht: D. Reidel).

Tobias Fox

Die letzte Gesetzlichkeit – Schlicks Kommentare zur Quantenphysik

Einleitung

Ein tieferes Verständnis der Philosophie von Moritz Schlick ist nur möglich, wenn man die Einflüsse aus seiner Ausbildungszeit zum Physiker und sein fortwährendes Interesse an den Entwicklungen der zeitgenössischen Physik berücksichtigt. Schlick befaßte sich nicht nur mit der Relativitätstheorie und versuchte sie allgemeinverständlich darzustellen sowie erkenntnistheoretisch und naturphilosophisch zu deuten. Auch die Quantentheorie, deren ungleich komplexere Entwicklungsgeschichte in die Schaffenszeit Schlicks fällt, wurde von ihm kontinuierlich wahrgenommen und kommentiert. Da nun Schlick Zeitzeuge wesentlicher Durchbrüche in der Quantenphysik gewesen ist, und da er in seiner Philosophie bekennendermaßen einen Abgleich mit den empirischen Wissenschaften herstellen wollte, gibt es zahlreiche Fragen, die bei einem Blick auf seine Kommentare zur Quantentheorie beantwortet werden müssen: Welches philosophische Problem hält Schlick für durch die Quantentheorie betroffen? Wann und durch welche Anregung fängt er an, die Quantentheorie zu kommentieren? Welche Rolle spielt dabei sein physikalischer Lehrer Max Planck, der mit der Bestimmung des Wirkungsquantums h im Jahre 1900 die Quantenphysik zu einem guten Teil in Gang gebracht und bis zum Jahre 1904 die Dissertation Schlicks betreut hat? Was genau kommentiert Schlick an der Quantentheorie, und verändert sich dies im Laufe der Zeit, insbesondere nach 1926/27, als die sogenannte „neue Quantenmechanik“ vollendet wurde? Mit welchem physikalischen und philosophischen Umfeld steht Schlick dabei in Kontakt? Welchen Einfluss übt die Quantentheorie auf seine Philosophie aus? Und schließlich: Welche Position zur Quantentheorie hat Schlick 1936, am Ende seines Lebens, vertreten?

Diesen Fragen soll auf der Grundlage von Schlicks Veröffentlichungen, einigen Nachlaßstücken und verschiedenen Briefen nachgegangen werden.[1] Der Chronologie von Schlicks Äußerungen muß aber eine Rekapitulation der wichtigsten Entwicklungsschritte in der Quantentheorie vorangestellt werden. Sie kann sich im Vergleich mit der tatsächlichen Geschichte kurz halten, da sie auf das Thema der Kausalität zugespitzt werden darf. Denn das Problem einer allgemeinen Gültigkeit der Kausalität ist die Gelenkstelle, die Schlick für die Verbindung von Quantentheorie und Philosophie wählt. Sooft das Kausalproblem hier genannt wird, es bildet auch einen eigenständigen Schwerpunkt im Denken Moritz Schlicks, worüber noch mehr zu sagen wäre als nur in Hinblick auf die Quantentheorie. Hier kommt aber das Kausalprinzip nur insofern in Betracht, als es mit quantentheoretischen Implikationen in Kontakt steht.[2]

Es muß daher genügen, Schlicks Definition von Kausalität und Kausalprinzip (resp. Kausalsatz) als unhinterfragten Ausgangspunkt zu nehmen. In einer Berufung auf David Hume verbindet Schlick die Kausalität mit Regelmäßigkeit und das Kausalprinzip mit der Aussage, dass alles in der Natur regelmäßig ablaufe. So beginnt ein Aufsatz von 1920 mit den Worten: „Das Kausalprinzip ist nicht selbst ein Na-

[1] Damit soll außerdem ein weiteres Verständnis der Kommentare von Schlick ermöglicht werden, als es bisher in der Literatur vorzufinden ist. Siehe Dietrich Kremp, Heinz Ulbricht, „Schlicks Interpretation der Relativitätstheorie und Quantenmechanik“, in *Rostocker philosophische Manuskripte* 8, Teil 2 (1970), S. 19-23.

[2] Mehr dazu bei Michael Stöltzner: „Vienna Indeterminism II. From Exner's Synthesis to Frank and von Mises“, in P. Parrini, W. Salmon und M. Salmon (Hrsg.), *Logical Empiricism*, Pittsburgh 2003, S. 194-229.

turgesetz, sondern vielmehr der allgemeine Ausdruck der Tatsache, *dass* alles Geschehen in der Natur ausnahmslos gültigen Gesetzen unterworfen ist."[3] Schlick weicht nur dahingehend von Hume ab, dass er die Begriffe ‚Ursache' und ‚Wirkung' als unklar kritisiert und sie durch den Begriff der Regel- bzw. Gesetzmäßigkeit in den Naturwissenschaften glücklich ersetzt sieht.[4]

Zur Geschichte der Quantenphysik

In der Wissenschaftsgeschichte der Physik gehört die Anfangszeit der Quantentheorie zu den intensiv erforschten Gebieten. Hier soll es genügen, den Schwerpunkt auf die Schaffenszeit von Schlick zu beschränken und besonders den Ursprüngen der Kausalitätsproblematik in rein physikalischen Zusammenhängen nachzugehen. Dies geschieht zudem auf der Grundlage der historisch-physikalischen Monographien, die zur weiteren Lektüre empfohlen werden können. Der Startpunkt ist die Einführung des Wirkungsquantums – der nach Max Planck benannten Konstante h – im Jahre 1900. Die zentrale Aussage dieser Neuerung ist, dass der Energieaustausch bei der Emission und Absorption von Strahlung durch Materie nicht in beliebigen, kontinuierlich reduzierbaren Mengen stattfindet, sondern in ganzzahligen Vielfachen einer kleinsten Menge. Die Quantenphysik zeigte sich in diesem Rahmen also nur in Form einer Diskontinuität.

[3] Schlick 1920, S. 461. Schlick 1925b, S. 347: „Die Behauptung des Kausalsatzes, dass jedes Ereignis eine Ursache habe, aus der es notwendig folgt, ist nämlich identisch mit der Behauptung einer durchgehenden Gesetzmäßigkeit alles Geschehens. Denn wenn ich sage, dass irgendein bestimmter Vorgang A einem andern B als Ursache voraufgegangen sein müsse, so setzt dies die Existenz einer Regel voraus, die da angibt, welches B denn nun zu einem bestimmten A gehört; gäbe es keine solche Regel, so wäre ja auch das B gar nicht bestimmt. Die Regeln nennen wir aber Naturgesetze; der Kausalsatz bedeutet also nichts anderes, als dass alles Geschehen von Gesetzen beherrscht wird." Schlick bleibt bei dieser Definition auch in Schlick 1931, S. 145.

[4] siehe § 23 in Schlick 1925b, S. 161 ff.

Planck selbst interpretierte die Strahlungstheorie, die das Wirkungsquantum beinhaltet, zunächst nur als rechnerisches Hilfsmittel ohne Implikation für eine realistische Deutung; ähnlich, wie die Atomistik im 19. Jahrhundert lange als Rechenmodell für die Chemie akzeptiert wurde, ohne die reale Existenz von Atomen anzunehmen. Tatsächlich ist Planck einer der unglücklichen Väter der Quantentheorie und arbeitete im ersten Jahrzehnt nach der Einführung seiner Konstante an ihrer Abschaffung.[5] Etwa zeitgleich vollzog sich ein zweiter Gründungsakt der sogenannten alten Quantenphysik in England, ohne dass ihm heute dieselbe Prominenz zugeschrieben wird: Ernest Rutherford formulierte das Gesetz für den Zerfall radioaktiver Stoffe.[6] Radioaktive Phänomene waren um 1900 erst seit wenigen Jahren bekannt und gehören zu den frühen quantenmechanischen Erklärungserfolgen. Das Wesentliche dabei ist, dass radioaktive Zerfälle einen Zug von Akausalität zeigen, der schon in der Interpretation von Rutherfords Zerfallsgesetz enthalten ist. Hat beispielsweise ein chemisches Element eine Halbwertszeit von vier Tagen, dann ist durch das Gesetz tabuisiert, welche konkreten Atome einer Menge des Elementes nach vier Tagen zerfallen sind und welche nicht. Es wird lediglich angegeben, dass die Hälfte aller betrachteten Atome zerfallen sein werden, ohne eine Ursache für konkrete Zerfälle zu benennen.

Zwei Nebenbemerkungen sind dabei noch angebracht: Erstens brauchte es für eine akausale Interpretation noch kein Bekenntnis zum physikalischen Atomismus, der sich ohnehin erst in den ersten 20 Jahren des 20. Jahrhunderts durchsetzte. Man kann nämlich ebensogut den Fall betrachten, einhundert Fingerhüte einer radioaktiven Substanz aufzustellen und nach vier Tagen chemisch zu analysieren. Die Materiestruktur der Fingerhut-Inhalte kann dabei ignoriert werden. Es wird sich zeigen, dass fünfzig Portionen (mehrheitlich)

[5] David Cassidy, „‚Sehr revolutionär, wie Sie sehen werden‘, Einstein und die Quantenhypothese“, *Physik Journal* 4, Nr. 3 (2005), S. 39-44, S. 41.

[6] Ernest Rutherford, „A Radio-active Substance emitted from Thorium Compounds“, *Philosophical Magazine* 49 (1900), S. 1-14.

zerfallen sein werden, ohne dass man eine Ursache dafür angeben könnte, weshalb manche Portionen vollständig, andere dagegen nur teilweise zerfallen sind.

Zweitens liegen in der Arbeit Rutherfords zwar die Anfänge der quantenmechanischen Akausalität, aber das Thema erreichte schon deshalb weder die Physik noch die Naturphilosophie, weil das Zerfallsgesetz ein phänomenologisches war. Man konnte nach 1900 noch die Hoffnung hegen, dass weitere Erkenntnisse über das genaue Zerfallsverhalten einzelner Mengen oder Atome eines Stoffes Aufschluß darüber geben würden, worin sich rasch und langsam zerfallene Atome (oder Materiemengen) desselben Stoffes unterscheiden. A priori ist allerdings nicht garantiert, dass diese Hoffnung erfüllt wird. Selbst ohne die Idee physikalischer Atome und mit dem Bewusstsein, dass das Zerfallsgesetz phänomenologisch bleibt, ist akausales Naturgeschehen in den Bereich des Denkbaren gerückt.[7]

Die Anfangsphase der Quantenphysik war durch allseitige Ausweichversuche geprägt, die erst ein Ende nahmen, als sich die maßgeblichen Physiker 1911 auf der sogenannten Solvay-Konferenz in Brüssel zum ersten Mal trafen. (Der Mäzen Ernest Solvay veranstaltete diese Art der Konferenz ab 1911 in variierenden Abständen.) Damit wurde eine Institution geschaffen, die der Problematik um die Quantenphysik das angemessene Gewicht verlieh. Es wurde erstmals vom Begriff der Diskontinuität gesprochen, und auch die Wende Henri Poincarés zur Quantenphysik vollzog sich hier.[8] Bis zur zweiten Solvay-Konferenz, die im Herbst 1913 stattfand, war Niels Bohr mit

[7] Zufälliges und somit ursachloses Geschehen ist natürlich schon im Bereich von Glücksspiel- und Lotterie-Systemen, wofür der Würfelwurf als paradigmatisches Beispiel gelten kann, bekannt und somit denkbar gewesen. Inwiefern ein Unterschied zu quantentheoretischen Zufällen besteht, wird weiter unten besprochen.

[8] Cassidy 2005, S. 44; Armin Hermann, *Frühgeschichte der Quantentheorie*, Mosbach 1969, S. 156 f. Poincarés Kommentare zu den Diskontinuitäten finden sich in seinen *Letzten Gedanken*, Leipzig 1913 (Original: *Dernières Pensées*, Paris 1913).

einer Aufsatz-Trilogie zur Theorie von Atomspektren aufgetreten.[9] Bereits der erste Aufsatz beschreibt Elektronen, die im Einzelfall spontan, das heißt ursachlos die Energieniveaus im Atom ändern. Eine direkte Diskussion der Konsequenzen für ein allgemeingültiges Kausalprinzip zwischen Bohr und Rutherford ist schon im Frühjahr 1913 und kurz vor der Veröffentlichung von Bohrs Aufsätzen nachweisbar.[10] Es kann daher angenommen werden, dass der unsichere Status des Kausalprinzips in der Quantenphysik spätestens nach der zweiten Solvay-Konferenz im Herbst 1913 in der Gemeinschaft der Physiker bekannt war und erörtert wurde.

Die Neuerungen der Physik zeigten sich außerdem in einem theoretischen Wandel. Während die fundamentalen Gleichungen der klassischen Physik sich in Form von Differentialgleichungen darstellen, sind es nun statistische. Poincaré hat dafür mehrfach auf diesen Wechsel vor 1913 hingewiesen und ihn begründet.[11] Zunächst muß man damit keine Verbindung zum Kausalproblem herstellen, aber eine Weggabelung beginnt sich abzuzeichnen: statistische Gesetze auf der einen Seite finden sich beispielsweise in den Zerfallsgesetzen der Radioaktivität – also in wesentlichen Teilen der Quantenphysik. Differentialgleichungen auf der anderen Seite implizieren den Erhalt einer Kausalität; hierauf hat Moritz Schlick dann mehrfach verwiesen (siehe nächster Abschnitt). Die probabilistische Interpretation von Max Born 1926 und die statistische Formulierung der Quantenphysik durch Johann von Neumann ab 1927, die beide zu den Gründungsakten der neuen Quantenmechanik zählen, führen demnach das Abrücken von kausal deutbarer Physik fort.[12]

[9] Niels Bohr, „On the Constitution of Atoms and Molecules", *Philosophical Magazine* 26 (1913), S. 1-25, S. 476-502, S. 857-875.

[10] Abraham Pais, *Inward Bound*, Oxford 1986, S. 212.

[11] Max Jammer, *The Conceptual Development of Quantum Mechanics*, New York 1966, S. 170.

[12] Zu von Neumann, siehe Jammer 1966, S. 314 ff.; zu Born: Pais 1986, S. 252 ff.

Verfolgt man die Geschichte der alten Quantenmechanik, so zeichnen sich ab 1913 erste Erfolge in der Beschreibung von lange unerklärten Phänomenen wie etwa dem Zeeman-Effekt ab. Zu Beginn der 20er Jahre entstanden zahlreiche physikalische Arbeiten, die spätere wissenschaftstheoretische Diskussionen auslösten. 1923 formulierte Louis de Broglie den Welle-Teilchen-Dualismus, demgemäß jedem physischen Körper formal eine Wellenlänge zuzuordnen ist, die sich unter anderem durch Interferenzeffekte experimentell messen lässt. In dieser Zeit bestätigte der Compton-Effekt auch die Lichtquantenhypothese Einsteins von 1905.[13] In der Folge beinhaltete das physikalische Weltbild nun sowohl für Materie als auch für Licht atomistische Elementarteilchen in Form von Protonen, Elektronen und Photonen. 1925 setzte sich die Gründung der neuen Quantenmechanik durch die Arbeiten Paulis, Heisenbergs, Jordans und Borns an der Matritzenmechanik fort. Zudem wurde der Spin eingeführt, eine diskrete und genuin quantenphysikalische Eigenschaft, die kein Gegenstück in der klassischen Physik hat.[14] Im Jahre 1926 publizierte Erwin Schrödinger den Aufsatz, der die Wellenmechanik initiierte, und auf Max Born geht, wie eben schon erwähnt, die probabilistische Deutung der Quantenmechanik zurück. Als im März 1927 Werner Heisenberg die Unbestimmtheitsrelation veröffentlichte und Niels Bohr im September in der italienischen Stadt Como eine Vorlesung hielt, die den Begriff der Komplementarität einführte, war die neue Quantenmechanik vervollständigt.[15] Alle quantenmechanischen Interpretationsprobleme, wie zum Beispiel die Frage nach der realistischen Bedeutung der Zustandsfunktion Schrödingers, waren nun angestoßen. Auch der Begriff der Messung entpuppte sich als physikalisch nicht definierbar, was sich auch auf die Deutung des

[13] Abraham Pais, *Subtle is the Lord*, Oxford 1982, S. 414.

[14] Pais 1986, S. 276 ff.

[15] Niels Bohr, „Das Quantenpostulat und die neuere Entwicklung der Atomistik“, *Die Naturwissenschaften* 16 (1928), S. 245-257. Zur Vollendung der neuen Quantenmechanik allgemein: Jammer 1966; Pais 1986, S. 244 ff.

Kollapses der Zustandsfunktion während eines solchen Meßprozesses auswirkte. Des weiteren scheinen sich das Teilchenbild Heisenbergs und das Wellenbild Schrödingers zu ergänzen, wie auch weitere gegensätzliche Begriffspaare und Konzeptionen, was Bohr durch das Komplementaritätsprinzip zu beschreiben versuchte. Und schließlich stellte Heisenberg selbst die Verbindung von der Unbestimmtheit zur Kausalitätsfrage her:

> „Weil alle Experimente den Gesetzen der Quantenmechanik und damit der Gleichung (1) [gemeint ist $p_1 q_1 \approx h$, Anm.] unterworfen sind, so wird durch die Quantenmechanik die Ungültigkeit des Kausalgesetzes definitiv festgestellt.“[16]

Nach 1927 kann man die weitere Entwicklung in theoretischer Sicht als Anfangsphase einer Quantenfeldtheorie zusammenfassen, in experimenteller Sicht sollte man den Nachweis von Neutronen als Teil des Atomkernes und Positronen als ersten Typ von Antiteilchen im Jahre 1932 nennen. Die Verfassung der Materie war damit zunächst wieder komplexer geworden – zumindest mußte man nun einsehen, dass die Menge verschiedener Typen von Elementarteilchen jederzeit durch empirische Befunde erweiterbar war. Von grundsätzlicher Bedeutung erwies sich dann ein Aufsatz von Albert Einstein, Boris Podolsky und Nathan Rosen, der 1935 die Universalität der Quantenmechanik hinterfragen wollte.[17] Damit und mit der anschließenden Diskussion zwischen Bohr und Einstein sind die vielleicht drei wichtigsten Problemfelder der Quantenphysik erschlossen: das Problem der Natur von Quantenobjekten und ihrer Relation zu Raum und Zeit, das Problem des Meßprozesses und der Objektivierung von Meßergebnissen sowie das Problem der Lokalität.

Die Naturphilosophie und die Erkenntnistheorie des beginnenden 20. Jahrhunderts hättem also betreffend der Kausalitätsfrage

[16] Werner Heisenberg, „Über den anschaulichen Inhalt der quantentheoretischen Kinematik und Mechanik“, *Zeitschrift für Physik* 43 (1927), S. 172-198, S. 197.

[17] EPR-Paradoxon: A. Einstein, B. Podolsky, N. Rosen, „Can Quantum-Mechanical Description of Physical Reality be Considered Complete?“, *Physical Review* 47 (1935), S. 777-780.

drei Phasen in der quantenphysikalischen Entwicklung zur Kenntnis nehmen können: ab 1900 war eine Einschränkung des Kausalprinzips in physikalischen Theorien denkbar; ab etwa 1913 wurde dies tatsächlich in (Teilen) der Physik diskutiert und ab 1927 hat die vollentfaltete neue Quantenmechanik zur endgültigen Ablehnung des Kausalprinzips in Teilen der Physik geführt.

Chronologie von Schlicks Kommentaren

In den eigenhändig veröffentlichten Schriften Moritz Schlicks taucht der Begriff der Quantentheorie erstmals in der ersten Auflage der *Allgemeinen Erkenntnislehre* von 1918 auf. Eine Hauptthese des Werkes ist, dass das Wesen des Erkennens in der Zurückführung von Unbekanntem auf Bekanntes bestehe. Diese Art der Reduktion sei in der wissenschaftlichen Praxis beispielhaft zu erleben:

> „Es gibt dort Fälle, in denen der Weg der Reduktion vorgezeichnet ist; die Aufgabe besteht dann darin, die erklärenden Momente zu finden – und oft gehört nicht geringe Tapferkeit dazu, den Dingen, denen man auf diesem Wege begegnet, fest ins Auge zu sehen. Auf diese Weise ist man in der Physik z. B. zur modernen Quantenhypothese und zur Relativitätstheorie gelangt.“[18]

In dieser Nennung besteht zwar noch kein Kommentar zur Quantentheorie, aber Schlick zeigt, dass er die Quantenphysik hinsichtlich der „Tapferkeit“, die zur Aufstellung einer Theorie benötigt werde, für der Relativitätstheorie ebenbürtig erachtet. Auf den weiteren 346 Seiten der *Allgemeinen Erkenntnislehre* von 1918 allerdings schweigt Schlick zur Quantenphysik.

Ähnlich zaghaft erfolgt eine Nennung im Aufsatz *Naturphilosophische Betrachtungen über das Kausalprinzip* von 1920. Kausalität komme zwar begrifflich in den Naturwissenschaften nicht vor, doch der Charakter der fundamentalen Naturgesetze, aus Differentialgleichungen zu bestehen, führe die Kontinuität und Kausalität – worüber

[18] Schlick 1918, S. 10.

in den folgenden Abschnitten noch zu sprechen sein wird – implizit mit sich. Schlick fügt dann hinsichtlich der Vermittlung einer Wirkung eines Ursachenereignisses die folgenden zwei Sätze in Klammern hinzu:

„Die Vermittlung könnte auch diskontinuierlich erfolgen, so dass endliche *Differenzen* an die Stelle der Differentiale zu treten hätten. Die Erfahrungen der Quantentheorie warnen davor, diese Möglichkeit aus dem Auge zu verlieren.“[19]

Auch hier ist noch kein eigenständiger Kommentar zur Quantentheorie zu finden, allerdings ist die Verbindung zum Kausalproblem bereits hergestellt. Im darauffolgenden Jahr antwortet Schlick auf Ernst Cassirers Buch *Zur Einsteinschen Relativitätstheorie* (Berlin 1921) mit einem Aufsatz in den *Kant-Studien.* In der Diskussion um apriorische Aussagen über die Raumanschauung argumentiert Schlick dafür, dass zunehmend viele Bestimmungen des Raumes in empirische Abhängigkeit gerieten. Er verweist wieder, aber genauso schlagwortartig auf die Quantentheorie:

„Die Axiome der Stetigkeit können es nicht sein, denn ... die schon von Riemann ins Auge gefaßte Möglichkeit diskontinuierlicher Raumbestimmungen ist durch die moderne Quantentheorie in greifbare Nähe gerückt worden.“[20]

Die beginnenden 20er Jahre sind für Moritz Schlick eine Zeit beruflicher Veränderungen, die ihn schließlich nach Wien führen. Neben zahlreichen Rezensionen veröffentlicht er weitere Auflagen von *Raum und Zeit in der gegenwärtigen Physik.*[21] Während er hier das Thema

[19] Schlick 1920, S. 462.

[20] Schlick 1921, S. 101.

[21] Eine Wiederkehr von den in dieser Zeit öffentlich rezensierten Werken in Schlicks späteren Schriften zur Quantentheorie durch Zitation oder Nennung ist nicht zu erkennen. Einzig bemerkenswert ist Schlicks Bekanntschaft mit Russells Monographie *Philosophie der Materie*, die Schlick 1930 rezensiert und die viele Themen berührt, über die Schlick 1931 einen wichtigen Aufsatz zur Quantentheorie veröffentlicht. – Die vier Auflagen von *Raum und Zeit in der gegenwärtigen Physik* erschienen 1917, 1919, 1920 und 1922.

der Quantenphysik vollständig ausklammert, arbeitet er an zwei Texten, die 1925 erscheinen und beide der Quantentheorie zunehmende Beachtung schenken. Das sind der Aufsatz *Naturphilosophie* und die zweite Auflage der *Allgemeinen Erkenntnislehre*. Max Dessoir gab 1925 das *Lehrbuch der Philosophie* heraus, in dem acht Schwerpunkte von acht Philosophen vertieft werden. Auf knapp 100 Buchseiten stellt Schlick seine Naturphilosophie dar, die sich stark an seiner wiederholt in Rostock und in Wien gehaltenen Naturphilosophie-Vorlesung orientiert.[22] Da sich hier der Abschnitt „Statistische und ontologische Gesetze. Quantentheorie“ nun explizit mit dieser neuen Physik befaßt, kann man mit dieser Veröffentlichung von dem Beginn der eigentlichen Schlickschen Kommentare sprechen.

Im ersten Teil dieses Abschnittes kennzeichnet Schlick die Herkunft und Bedeutung des Entropiebegriffes in der Thermodynamik. Letztlich gründe sich der Hang eines thermodynamischen Systems nach einem höheren Maß der Unordnung und damit nach einer Steigerung der Entropie auf der höheren Wahrscheinlichkeit, mit der es Zustände der Unordnung erlangt.[23] Wahrscheinlichkeitsaussagen aber bedeuteten einen Verlust an Gewißheit, so dass der Zufall in die Physik Einzug gefunden habe. Schlick stellt hier die *Makrogesetze* den *Mikrogesetzen* gegenüber. Die von der Statistik beherrschte Thermodynamik sei ein Makrogesetz, dessen Zufallscharakter nicht aus den Mikrogesetzen – den Gesetzen beispielsweise für Molekularbewegungen – folgen müsse. Physikalische Gesetze determinierten die zeitliche Entwicklung eines Systems. Um eine solche Determination aber festzustellen, bedürfe es der Kenntnis des genauen Anfangszustandes des betrachteten Systems.[24] Es sei also bislang nicht der Natur der Gesetze oder dem Wissen von Gesetzen geschuldet, dass die physikalische Zukunft unbestimmt bleibe, sondern der Un-

[22] Vgl. Schlick 1925a mit A.121b (1912) und B.8 (1932/33, bzw. 36).

[23] Schlick 1925a, S. 456 ff.

[24] ibid., S. 456 und S. 458.

bekanntheit von (anfänglichen) Tatsachen. Dann wendet Schlick sich den quantentheoretischen Gesetzen zu:

„Es wird heute sogar schon ernstlich die Möglichkeit erwogen, dass selbst die kausalen Gesetze gar nicht so weit reichen, wie man allgemein annimmt und wie der Leser nach den bisherigen Ausführungen glauben muß. Nachdem nämlich einmal die statistische Betrachtungsweise in der Physik eingeführt war, konnte der Gedanke auftauchen, das vielleicht die *letzte* Gesetzlichkeit der Natur selber statistischen Charakter trage. ... glaubt man aber, dass die letzten Mikrogesetze für sich Wahrscheinlichkeitscharakter tragen, so wird dadurch das Geschehen selbst zu etwas Zufälligem, es wäre der Kausalität entzogen und nicht mehr restlos erkennbar. Nach den Ergebnissen der sogleich zu erwähnenden ‚Quantentheorie' gehorchen die Vorgänge, durch welche die einzelnen Atome elektromagnetische Strahlung aussenden und empfangen, gewissen Wahrscheinlichkeitsregeln, und je besser es gelungen ist, diese Vorgänge in das Innere des Atoms hinein zu verfolgen, um so mehr, scheint es, muß damit gerechnet werden, dass sich dies Verhalten nicht weiter, etwa auf ontologischem Wege, verständlich machen lässt."[25]

Mit der Berufung auf die quantenmechanische Atomvorstellung zieht Schlick eine einzige Konsequenz: das Kausalprinzip sei im Mikroskopischen aufzugeben, und es gelte in makroskopischen Bereichen nur als Näherung. Die Herkunft der Wahrscheinlichkeitsregeln gehe auf Plancks Quantentheorie zurück, die dem Geschehen den Gedanken der Diskontinuität übertrage.[26] Niels Bohr habe dann die „Atomistik des Geschehens" auf das Gebiet der Atomspektren übertragen.

„Die im Atom den Kern umkreisenden Elektronen gehorchen durchaus nicht den bekannten (Maxwellschen) Differentialgleichungen der Elektrodynamik, sondern vollführen unter der Herrschaft der Quanten die merkwürdigsten Sprünge: So steht die neue Theorie an bestimmten Stellen mit den alten Gesetzen im Widerspruch. Und dieser Widerspruch ist nicht nur ein Gegensatz von Stetigkeit und Unstetigkeit, sondern er scheint viel tiefer zu liegen."[27]

Schlick zieht eine Verbindung zwischen Kausalität, dem Vorhandensein von Differentialgleichungen und einer Kontinuität des Naturge-

[25] ibid., S. 459 f.

[26] ibid., S. 461.

[27] ibid., S. 462.

schehens. Darauf ist noch in den folgenden Abschnitten näher einzugehen. Bislang aber umfassen Schlicks Kommentare zur Quantentheorie das Bohrsche Atommodell und die Plancksche Thermodynamik der elektromagnetischen Strahlung, die beide dem philosophischen Problem der Kausalität gegenübergestellt werden.

Die zweite Auflage der *Allgemeinen Erkenntnislehre*, die ebenfalls 1925 erschienen ist, erfuhr hinsichtlich der Quantentheorie zwei Erweiterungen. In Zusammenhang mit Naturprozessen, die offenbar physisch und der Wahrnehmung entsprechend kontinuierlich von einem Zustand in den andern überführt werden, fügt Schlick in Klammern die Einschränkung ein: „falls nicht die Quantentheorie der Physik zu einer Änderung unserer Auffassung zwingt".[28] Die zweite Erweiterung gerät ausführlicher. Im Abschnitt 40, „Von den Kategorien", in dem Schlicks empiristische Kritik an allen apriorisch-synthetischen Urteilen Kants im Einzelnen kulminiert, wird auch der Kausalsatz betrachtet. Schlick ersetzt zwei Absätze der ersten Auflage über verschieden denkbare Kausalverknüpfungen mancher Ereignisse an verschiedenen Orten sowie über die Wahrnehmbarkeit der Kausalverknüpfung schlechthin durch vier neue Absätze, in denen er auch der (namentlich nicht genannten) Quantentheorie die Möglichkeit einräumt, das Festhalten an kausalen Naturprozessen zu beenden:

> „Nun liegen tatsächlich in der modernen Physik Erfahrungen vor, die den Forscher sehr ernstlich vor die Frage stellen, ob die Annahme eines kausalen Verlaufes der Vorgänge im Innern eines Atoms noch aufrechterhalten werden soll oder nicht. Es ist gar nicht gesagt, dass ein Versagen der Kausalität, eine Gesetzlosigkeit in kleinsten Bereichen der Natur schon irgendwie wahrscheinlich gemacht wäre, und ich glaube auch nicht, dass dies der Fall ist – aber die bloße Tatsache, dass bestimmte Erfahrungen uns dazu auffordern, die Möglichkeit in Betracht zu ziehen, zeigt bereits an, dass das Kausalprinzip als Erfahrungssatz, als empirisch prüfbare Hypothese zu betrachten ist."[29]

[28] Schlick 1925b, S. 131.

[29] ibid., S. 347.

Damit geht Schlick nicht über die Betrachtungen im Naturphilosophie-Aufsatz hinaus. Durch die offenbare Zögerlichkeit in der *Allgemeinen Erkenntnislehre*, die in seinem Unglauben an „eine Gesetzlosigkeit in kleinsten Bereichen der Natur“ Ausdruck findet, bleibt er sogar ein wenig dahinter zurück.

Das Jahr 1925 markiert den Wechsel in eine neue Phase von Schlicks quantentheoretischen Kommentaren auch durch eine weitere Schrift, den nach eigenem Bekunden 1925 geschriebenen, aber erst 1929 publizierten Aufsatz *Erkenntnistheorie und moderne Physik.*[30] Schlick kritisiert dort mehrere apriorische Elemente einer Erkenntnistheorie, unter anderem die Annahme eines stetigen Naturverlaufes und den Kausalsatz.[31] Er verteidigt seine Ansichten, die dem Gesagten in der *Allgemeinen Erkenntnislehre* und dem Naturphilosophie-Aufsatz entsprechen, gegen die neukantianischen Einwände unter anderem von Josef Winternitz.[32] Auch dessen „modifizierter Apriorismus“ sei in der Naturwissenschaft nicht wiedererkennbar:

> „Die quantentheoretische Verfolgung der Vorgänge im Innern der Atome hat viele Physiker zu der Ansicht geführt, dass es dort innerhalb gewisser Grenzen im strengen Sinne ursachlose Prozesse gäbe; auf diese könnte der Kausalsatz keine Anwendung finden.“[33]

Mit dem 1931 erschienenen Aufsatz „Die Kausalität in der gegenwärtigen Physik“ erfolgt eine weitere Vertiefung des bisher von Schlick eingeschlagenen Weges. Hier findet sich nicht nur eine Fortführung seiner Thesen zum Kausalprinzip, die schon in der *Allgemeinen Erkenntnislehre* und in dem Kausalitätsaufsatz von 1920 angeklungen

[30] Schlick 1929. Es heißt dort in der zweiten Fußnote S. 313: „Diese Zeilen wurden, wie der ganze Aufsatz, im Jahre 1925 geschrieben; inzwischen hat die hier geäusserte Ansicht [über die Quantentheorie, Anm.] noch weitere Bestätigung erfahren.“

[31] Schlick 1929, S. 312 ff.

[32] Josef Winternitz, *Relativitätstheorie und Erkenntnislehre*, Leipzig und Berlin 1923.

[33] Schlick 1929, S. 313.

sind; erstmals greift Schlick die in dieser Zeit neuesten Entwicklungen auf: die Kopenhagener Quantenmechanik. Nicht als Zufall sollte überdies der Titel dieses Aufsatzes gewertet werden. Die maßgebliche Publikation Schlicks zur Relativitätstheorie heißt schließlich „Raum und Zeit in der gegenwärtigen Physik". Man darf also vermuten, dass Schlick die Kausalität durch die Quantentheorie ebenso primär betroffen sah wie das Wesen von Raum und Zeit durch die Relativitätstheorie.

Zunächst identifiziert Schlick Kausalität mit Vorhersagbarkeit.[34] In der Physik dienten die Naturgesetze dazu, aus einem gegebenen Zustand oder Ereignis ein zukünftiges abzuleiten und eben vorauszusagen. Das Kausalprinzip bestehe dann in der allgemeinen Möglichkeit, stets zukünftige Ereignisse durch die Anwendung von Naturgesetzen vorherzusagen. Gegen dieses Kausalprinzip spreche die Gültigkeit der hier erstmals von Schlick erwähnten Heisenbergschen Unbestimmtheitsrelation:

> „Die Tatsache, dass man Ort und Geschwindigkeit eines Elektrons nicht beide völlig genau messen kann, pflegt man so auszudrücken, dass man sagt, es sei unmöglich, den Zustand eines Systems zu einem bestimmten Zeitpunkt vollständig anzugeben, und deshalb werde das Kausalprinzip unanwendbar. ... die Unbestimmtheit, von der in der Heisenberg-Relation die Rede ist, ist in Wahrheit eine Unbestimmtheit der *Voraussage*."[35]

Anschließend sucht Schlick nach der genauen Art der Kritik der Quantentheorie am Kausalprinzip. Im angegebenen Zitat wird es schlicht als „unanwendbar" klassifiziert, und Schlick zitiert seinerseits die Aussagen von Max Born und Werner Heisenberg, in denen

[34] Schlick 1931, S. 149 ff.

[35] ibid., S. 152. Schlick setzt, was den Zusammenhang von neuer Quantenphysik und Kausalität betrifft, damit auch einen anderen Schwerpunkt als Bertrand Russell. Russell schätzt den althergebrachten Kausalitätsbegriff schlicht für in der gegenwärtigen Physik ignoriert ein (obwohl auch ihm die Verbindung von Kausalität und Differentialgesetzen geläufig ist: Russell, *Philosophie der Materie*, Leipzig 1929, S. 102 ff.). Die Unbestimmtheitsrelation konnte Russell in der englischen Erstausgabe von 1927 noch nicht berücksichtigen.

das Kausalprinzip einmal als sinnlos, einmal als ungültig bezeichnet wird.[36] Das Kausalprinzip sei weder eine Tautologie noch ein empirischer Satz, sondern ein Postulat, das ähnlich einem Naturgesetz als Anweisung zur Bildung empirischer Sätze verstanden werden müsse.

> „Über das Kausalprinzip aber entscheidet die Erfahrung; zwar nicht über seine Wahrheit oder Falschheit – das wäre sinnlos – sondern über seine Brauchbarkeit."[37]

Und gemäß der Quantentheorie sei das Kausalprinzip tatsächlich unbrauchbar. Eine ausführliche Klärung der Rolle, die das Kausalprinzip in Schlicks Naturphilosophie und Erkenntnistheorie spielt, wäre Thema einer anderen Untersuchung. Wichtig ist lediglich die von Schlick oft wiederholte Bedeutung des Prinzips als „conditio sine qua non der Naturerkenntnis".[38] Mit dem Ende des Kausalprinzips wird durch Schlick das Ende des Auffindens von Gesetzen (und somit der wesentlichen naturwissenschaftlichen Tätigkeit) gleichgesetzt. Der 1931er Aufsatz kann im Vergleich mit der noch folgenden Literatur gleichzeitig als Schlussstein von Schlicks Verbindung der Quantentheorie mit der Kausalitätsproblematik und als Beginn seiner weitergehenden Rezeption der physikalischen Neuerungen begriffen werden. Es folgt lediglich die englische Veröffentlichung „Causality in Everyday Life and In Recent Science" im Jahre 1932 über dasselbe Thema ohne inhaltliche Veränderung, aber mit einer ähnlichen Auslegung der Unbestimmtheitsrelation.[39] Die Erweiterung quantenphysikalisch betroffener Problemkreise ist offensichtlich durch zweierlei bedingt: durch die Verwendung zeitgenössischer Primär- und Sekundärliteratur sowie durch die Briefwechsel mit Born, Heisenberg, Wolfgang Pauli und Erwin Schrödinger.[40]

[36] ibid., S. 152 f.

[37] ibid., S. 155.

[38] Schlick 1920, S. 486; Schlick 1925a, S. 429; Schlick 1929, S. 312.

[39] Schlick 1932.

[40] Heisenberg hat offenbar ein Manuskript des 1931er Aufsatzes, der am 13.2.1931 erschienen ist, erhalten und antwortet darauf in einem Brief an Schlick vom

Im Wintersemester 1932/33 hielt Schlick eine Naturphilosophie-Vorlesung, deren überarbeitete Fassung für das Sommersemester von 1936 im Nachlass enthalten ist und 1948 posthum herausgegeben wurde.[41] Zu der Kausalitätsfrage treten nun eine Vielzahl weiterer Fragen in die Reichweite quantentheoretischer Erneuerungen. Sie sollen hier kurz aufgezählt werden.

Das Weltbild werde, so Schlick, durch die Quantentheorie zunehmend unanschaulich. Raumzeitliche Modelle von den Vorgängen auf atomarer Ebene wären aus drei Gründen unzulänglich:

> „1.) Die kleinsten Elemente (Elektronen) müssen als sichtbare oder tastbare Körperchen vorgestellt werden, was sie ihrer Definition nach nicht sein können. 2.) Das Wesen des Modells, seine elektrodynamischen Eigenschaften sind nicht anschaulich. 3.) Die raum-zeitliche Struktur des Modells, die am deutlichsten ein direktes Abbild der Natur zu sein schien, kann angesichts der modernen Physik diesen Anspruch nicht mehr erheben."[42]

Hier finden wir die Ansätze einer kritischen Hinterfragung realistischer Deutungen in der Atomphysik. Bei der Behandlung der „Grundbegriffe der neuen Physik" (Abschnitt 12) nennt Schlick das Verhältnis von „beobachtetem Ereignis und Beobachtungsmittel".[43] Dieses Verhältnis sei in der klassischen Physik in Form einer klaren Trennung gegeben, nun aber durch die diskontinuierlichen Störungen des Systems durch die Meßapparatur aufgehoben. Schlick führt in den Welle-Teilchen-Dualismus ein und erläutert daran den Bohrschen Begriff der Komplementarität.[44] Es folgt eine Gegenüberstellung des

27.10.1930. Schlick arbeitet in das Manuskript daraufhin Korrekturen ein (Schlick an Heisenberg am 2.1.1930). Auch Pauli kommentiert das Manuskript in einem Brief vom 5.2.1931, also denkbar knapp vor der tatsächlichen Aufsatzveröffentlichung. Schrödinger kritisiert Schlick in einem Brief vom 25.2.1931, und lediglich Max Born ist in einem Schreiben vom 8.3.1931 sehr lobend. Mehr zur Korrespondenz im folgenden Abschnitt.

[41] Schlick 1948.

[42] B.8, S. 14; Schlick 1948, S. 13.

[43] B.8, S. 54; Schlick 1948, S. 52.

[44] B.8, S. 56 f.; Schlick 1948, S. 54.

Heisenberg-Bildes mit dem Schrödinger-Bild. Schlick weist auf den Interpretationsbedarf hinsichtlich der Schrödingerschen Zustandsfunktion hin; ferner sei noch nicht klar, ob Korpuskel (gemeint sind Objekte wie etwa Elektronen), Quanten oder Wellenfunktionen als „real" zu gelten hätten und welche dieser Entitäten sich anschließend als „bloße Hilfskonstruktion" entpuppen würden.[45] Im 13. Abschnitt „Die Kausalität in der neuen Physik" geschieht dann die Anknüpfung des Themas an das bereits von Schlick ausgiebig beschrittene Terrain.[46]

Dieser Parforce-Ritt durch die quantentheoretischen Problematiken stellt zwar noch keinen eigenständigen Beitrag und auch keine genuin Schlicksche Begründung heute geführter Debatten dar, doch ist jetzt gezeigt, dass Schlick die Breite betroffener philosophischer Fragen bereits Anfang der 1930er Jahre erfaßt hat. In den Gedanken zur Deutung der unanschaulichen Konzepte ‚Elektron' oder ‚Zustandsfunktion' findet sich unbestreitbar ein Beginn der Hinterfragung eines wissenschaftlichen Realismus.

In den weiteren Veröffentlichungen wird davon nichts vertieft, sondern ein nochmals neues Feld erschlossen: die Bedeutung der Quantentheorie für die Biologie. Der Rostocker Pascual Jordan bringt in einem 1934 in der Zeitschrift *Erkenntnis* erschienenen Aufsatz die Unbestimmtheit biologischer Prozesse mit den Unbestimmtheiten in der Quantenphysik in Verbindung. Zwar sei die Biologie nicht auf die Physik reduzierbar, doch könnten willkürlich erscheinende Geschehnisse bei den Lebensprozessen auf den Zufall quantenphysikalischer Teilsysteme zurückführbar sein.[47] Schlick antwortet im darauffolgen-

[45] B.8, S. 58 f.; Schlick 1948, S. 55.

[46] B.8, S. 59 f.; Schlick 1948, S. 56 f. Man lese parallel dazu das Nachlaßstück *Gegenwartsfragen der Naturphilosophie* von 1934 (Sign. Nr. B.22), das sich in erster Linie mit einer allgemeinverständlichen Darstellung quantenphysikalischer Materie- und Prozeßbeschreibungen befaßt. Auch hier werden die genannten Interpretationsprobleme nacheinander vorgeführt.

[47] Pascual Jordan, „Quantenphysikalische Bemerkungen zur Biologie und Psychologie", *Erkenntnis* 4 (1934), S. 215-252.

den Band desselben Journals 1935 kritisch. Er bemerkt, dass sich die Unbestimmtheiten in mikrophysikalischen Systemen nicht zu makroskopischen Zufällen aufsummieren könnten, denn die statistische Beschreibung dieser Prozesse zeige gerade, dass sie sich gegeneinander aufheben und dass damit die Kausalität im Makroskopischen wieder in Kraft trete. Zweitens gerieten Lebensprozesse, die im quantenphysikalischen Sinne in ihrer zeitlichen Entwicklung unbestimmt wären, in eine Zufälligkeit, die zum Beispiel den Willensentscheidungen beim Menschen jeden Zug von Freiheit rauben würde. Nicht mehr von Autonomie, sondern von „Anomie“ müßte dann die Rede sein.[48] Schlick erweist sich also nicht als blinder Anhänger der Quantentheorie, der in ihr eine Schlüsselfigur zur Erklärung der ganzen Naturphilosophie finden würde.

Trotzdem verweilt Schlick bei der Biologie. Er bringt noch den Aufsatz „Quantentheorie und Erkennbarkeit der Natur“ auf den Weg. Ehe er erscheint, ist Schlick – das handschriftliche Manuskript für die angegebene Naturphilosophie-Vorlesung bei sich tragend – einem Attentat zum Opfer gefallen. Der Aufsatz teilt sich in zwei Hälften, von denen die erste damit befaßt ist, gegen die Unbestimmtheit in der quantenphysikalischen Welt als „undurchdringlichen Schleier“ zu argumentieren und in ihr eine prinzipielle Schranke des Naturerkennes zu sehen.[49] In der zweiten Hälfte kommentiert Schlick die Bohrschen Vermutungen über die Relevanz der Quantenphysik für die Biologie.[50] Die Erkenntnisgrenzen, die in der Quantenmechanik zur Sinnlosigkeit des Begriffes ‚Ort eines Teilchens‘ führten, erzeugten keineswegs automatisch gewisse Erkenntnisgrenzen in der Biologie, selbst

[48] Schlick 1935a, insb. S. 182 f.

[49] Schlick 1936, S. 317-322. Der Vollständigkeit halber soll nicht unerwähnt bleiben, dass Schlick in zwei weiteren Veröffentlichungen vor 1936 die Quantenphysik beiläufig erwähnt: Schlick 1934b, S. 395 und Schlick 1935b, S. 12 f.; allerdings wird hier nichts inhaltlich Neues vertreten.

[50] Schlick kommentiert den Aufsatz „Die Atomtheorie und die Prinzipien der Naturbeschreibung“ in Niels Bohr, *Atomtheorie und Naturbeschreibung*, Berlin 1931, S. 67-77.

wenn biologische Prozesse teilweise in hohem Maße von physikalischen Vorgängen abhingen. Prinzipiell unlösbare Probleme könne es in der Biologie nicht geben; eher eine Unlösbarkeit der Probleme der belebten Natur durch die begrifflichen Mittel der Physik.[51] Bohr, so deutet Schlick, behaupte nur, dass biologische Gesetzmäßigkeiten

> „vielleicht mit spezifischen Begriffen formuliert werden müßten, die von den bekannten physikalischen Begriffen sich ähnlich unterscheiden wie die Quantenbegriffe von den klassischen."[52]

Zusammen mit Schlicks Antwort auf Pascual Jordan ergibt sich somit das Bild einer kritischen und vorsichtigen Erwägung aller Konsequenzen der Physik auf die Biologie. Schlick schließt seinen letzten Aufsatz mit den folgenden Worten:

> „Die Grenze der Erkennbarkeit ist nur dort, wo nicht mehr da ist, worauf eine Erkenntnis sich richten könnte. Wo die Quantentheorie die Grenze der Kausalerkenntnis setzt, wo sie uns das Suchen nach weiteren Ursachen aufgeben heißt, da bedeutet das nicht, dass die weiteren noch vorhandenen Gesetzmäßigkeiten uns unbekannt bleiben müßten, sondern es bedeutet, dass weitere Gesetzmäßigkeiten nicht bestehen und nicht gesetzt werden können, weil die Frage nach ihnen sinnlos wäre.
> Genug, dass unserer Erkenntnis so viele praktische Schranken gesetzt sind; von einer prinzipiellen Grenze kann nicht gesprochen werden."[53]

Wir finden also in den Schlickschen Kommentaren zur Quantentheorie grundsätzlich drei Phasen vor. In der ersten Phase zwischen 1918 und 1925 zeigt Schlick durch wiederholte Nebenbemerkungen, dass er die – aus heutiger Sicht alte – Quantentheorie zur Kenntnis genommen hat und mit den philosophischen Fragen nach der Kontinuität und der Kausalität des Naturgeschehens in Verbindung bringt. Zwischen 1925 und 1931, in der zweiten Phase, erfolgen die expliziten Kommentare innerhalb seiner naturphilosophischen

[51] Schlick 1936, S. 322-326, insb. S. 325.

[52] ibid., S. 325.

[53] ibid., S. 362.

Veröffentlichungen. Das bereits früher Angedachte wird hier vertieft und schließlich mit jüngsten Entwicklungen – der heute „neu" genannten Quantenmechanik – untermauert. Die dritte Phase (bis 1936) schließlich ist durch eine Erweiterung der Problemkreise, insbesondere auf die Relation von Quantenphysik und Biologie, gekennzeichnet.

Einordnung und Bewertung

1. Zwei Wurzeln quantentheoretischer Akausalität bei Schlick

Schlick, in dessen Namen diese Studien erscheinen (womit bekanntlich nicht gesagt sein soll, dass ihre Mitarbeiter auf das Schlicksche System schwören, wohl aber, dass sie in ihm einen Lehrmeister der Philosophie sehen, irgendetwas an seiner Methode als vorbildlich bemerken), – Schlick nannte seine Methode eine *empirische.* Mit ihr hat er zwei Argumente aus der Quantentheorie gewonnen, um die Einschränkung einer Allgemeingültigkeit des Kausalprinzips zu begründen. Zum einen ist das der statistische Charakter der Mikrogesetze, zum anderen die Unbestimmtheit der Zustände von quantenmechanischen Objekten. Ad hoc ist dabei noch unklar, ob hier zwei unabhängige Argumente vorliegen und ob die Entwicklung der Quantentheorie noch weitere zutage fördern könnte; man könnte dann Schlick außerdem dafür verdächtigen, durch eine Anhäufung von Argumenten eine Meinung zu untermauern, die für ihn bereits feststeht. Oder es besteht ein innerer Zusammenhang zwischen statistischen Mikrogesetzen und der Unbestimmtheitsrelation, der womöglich auch von Schlick erkannt worden ist.

In dem Dessoir-Aufsatz *Naturphilosophie* findet sich die ausführlichste Darstellung des Statistik-Argumentes.[54] Es ist offensichtlich, dass eine statistische Naturbeschreibung nur noch zu Wahrscheinlichkeitsaussagen hinsichtlich von Einzelfällen führt; ähnlich wie die

[54] Schlick 1925a, S. 459 ff. (siehe die Zitate hier ab S. 223).

Würfelstatistik dem Wurf einer Fünf nur die Wahrscheinlichkeit von 1/6 beimißt, aber nicht zu Aussagen über den Ausgang eines konkreten Wurfes reicht. Die Kausalität, die die Folge eines Ereignisses B auf ein Ereignis A beschreibt, ist dann nicht mehr gegeben: das Ereignis A des Würfelwerfens kann zu sechs verschieden Ereignissen führen, muß also nicht eines davon verursachen.

Nun sind Wahrscheinlichkeitsgesetze nichts Spezifisches für die Quantentheorie. In makroskopischen Maßstäben kommen sie in der Thermodynamik und eben auch in Fällen wie dem Würfelwurf vor, ohne ein Kausalproblem zu erzeugen. Das wird gemeinhin auf die zugrundeliegenden mikroskopischen Vorgänge zurückgeführt, die immer als unbekannt, aber kausal angesehen werden können. Wieso ist das in der Quantentheorie nun nicht mehr möglich? Schlick statuiert schlicht diese Tatsache unter Verweis auf das sprunghafte, diskontinuierliche Verhalten von Elektronen zwischen Atomorbitalen (Bohrs Atommodell von 1913) und der Wechselwirkung von Strahlung mit Materie (Planck):

> „...so viele Voraussagen der Theorie haben sich bestätigt, dass kein Zweifel sein kann: Die Quantentheorie enthüllt wirklich eine ganz fundamentale Gesetzmäßigkeit des Naturgeschehens.“[55]

Man könnte meinen, dass Kausalität auch bei sprunghaftem Naturgeschehen erhalten bleiben kann. In der Definition der Kausalität – ein Ereignis B tritt nur dann auf, wenn ihm das Ereignis A voranging – ist, so scheint es, noch keine Forderung nach einem kontinuierlichen Übergang von A nach B enthalten. Aber es sind Fälle denkbar, bei denen auf ein Ereignis A verschiedene andere Ereignisse C, D usw. folgen können (wiederum einfachster Fall: Würfelwurf, wobei das Ereignis A dem Würfelwerfen entspricht, und die Ereignisse B, C, D usw. mit den geworfenen Zahlen korrespondieren). Kausalität ist offenbar dann aufgehoben, wenn dasselbe Ereignis A verschiedene andere bewirken kann. Die Lösung der Frage, weshalb wir dennoch

[55] Schlick 1925a, S. 462.

das Würfelwerfen als kausalen Vorgang auffassen, besteht in einer weiteren Differenzierung des Ursachen-Ereignisses. Beim Würfelwurf etwa nehmen wir einen kleinen Unterschied im Schwung oder in der Wurfrichtung als Anlass, dass der Würfel am Ende eine bestimmte Zahl und keine andere anzeigt. Der Unterschied muß sich aber dafür *kontinuierlich* zwischen Wurfanfang und Stillstand des Würfels in Form von Interimsereignissen zwischen A und B fortgesetzt und gesteigert haben (heute hat sich dafür der physikalische Terminus des *determinierten Chaos* eingebürgert).[56]

Diskontinuitäten sind also der eigentliche Ursprung der Akausalität. Formal zeigt sich das sprunghafte Geschehen darin, dass die entsprechende Bewegungsgleichung nicht die Form einer Differentialgleichung hat. Nur eine Differentialgleichung kann so gedeutet werden, dass zwischen zwei Ereignissen A und B eine beliebige Anzahl weiterer Ereignisse liegen, die einen kontinuierlichen Übergang von A nach B ermöglichen, und dass für das Auftreten von B keine zeitlich und räumlich fernen Ursachen möglich sind.[57]

Ab 1931 argumentiert Schlick auch mit der Heisenbergschen Unbestimmtheitsrelation, die bei der Identifizierung von Kausalität mit Vorhersagbarkeit sehr schnell zur aktuellen Akausalität in der Quantenphysik führt. Da aber die Unbestimmtheitsrelation keinen zeitlichen Verlauf einer Zustandsänderung angibt, kann Schlick nicht damit argumentieren, dass aus ihrer Eigenheit, keine Differentialgleichung zu sein, folge, dass das von ihr beschriebene Geschehen akausal wäre. Die Unbestimmtheitsrelation ist nur eine didaktisch sinnvolle Stellvertreterin für die Quantenmechanik in ihrer Fassung

[56] Die nicht einfache Verbindung zwischen Kontinuität und Kausalität – wenn man nicht kantisch argumentieren möchte – wird auch von Mario Bunge dargestellt: *Kausalität, Geschichte und Probleme*, Tübingen 1987, S. 154-164.

[57] Schlick betont diesen Zusammenhang wiederholt und formt ihn in den Satz aus dem Kausalitätsaufsatz von 1920, S. 462: „Die Vermittlung könnte auch diskontinuierlich erfolgen, so dass endliche *Differenzen* an die Stelle der Differentiale zu treten hätten. Die Erfahrungen der Quantentheorie warnen davor, diese Möglichkeit aus dem Auge zu verlieren.“

als *Matrixmechanik*, in welcher tatsächlich keine Differentialgleichungen für die zeitliche Entwicklung eines Systems mehr enthalten sind. Als Stellvertreterin führt sie aber zunächst nur zu der Deutung, dass die kontinuierliche raumzeitliche Bahn eines Quantenobjektes physikalisch unbestimmbar ist und damit zu einem sinnlosen Begriff wird. Statt dessen werden nur Zustandspunkte dieser Objekte in Raum und Zeit (und das auch nur in gewissen Meßgrenzen) feststellbar.

Beide Umstände, das diskontinuierlich und damit nur statistisch erfaßbare Naturgeschehen und die Unbestimmtheitsrelation, sind dadurch bedingt, dass die Naturkonstante h größer als null ist. Mindestens diese Gemeinsamkeit verbindet beide Umstände, die jeweils zu eigenen Argumenten gegen kausale Naturbeschreibung sprechen, und diese Verbindung hat Schlick auch gekannt. Implizit gibt er dies zu erkennen, hält es aber möglicherweise deswegen nicht für nötig zu explizieren, weil die Unbestimmtheitsrelation schon „so oft, auch in populärer Form, dargestellt worden“ sei, „dass wir die Situation nicht näher zu schildern brauchen.“[58]

2. Schlick im zeitlichen Kontext

Der Anspruch, die Wissenschaftstheorie hätte die Relevanz der Quantentheorie für das Kausalprinzip schon im Jahre 1900 und nicht erst in den 20er Jahren aufgreifen können, ist sicher ein sehr theoretischer. Schlick ist mit dem Aufsatz „Naturphilosophische Betrachtungen über das Kausalprinzip“ von 1920, in dem der erste Hinweis zu finden ist, und mit den Schriften von 1925 und 1931 immer noch einer der ersten, die einen Zusammenhang in dieser Hinsicht herstellen. Die Diskussion ist spätestens ab 1913 in physikalischen

[58] Schlick 1931, S. 125; eine populäre Würdigung der Rolle des Wirkungsquantums h, auf die Schlick vielleicht anspielt, gibt Arthur S. Eddington in seinem *The Nature of the Physical World* (New York 1928), auf das Schlick in demselben Aufsatz verweist. Ebenso nennt Schlick die Wichtigkeit der Naturkonstante h in dem Dessoir-Aufsatz: Schlick 1925a, S. 462.

Kreisen nachweisbar (siehe oben); darüber hinaus finden wir in den 1919 veröffentlichten Vorlesungen des Wiener Physikers Franz Exner eine Kritik an der Überzeugung – durch thermodynamische Betrachtungen –, dass sich eine Determiniertheit in den Naturprozessen makroskopischer Dimensionen ohne weiteres auf mikroskopische übertragen lasse.[59] Somit ist Schlick mit seiner Randbemerkung im 1920er Aufsatz nicht der erste, und erst recht nicht mehr 1931, als er schrieb: „Die Wendung, zu der die Physik der letzten Jahre in der Frage der *Kausalität* gelangt ist, konnte ebenfalls nicht vorausgesagt werden."[60] Erwin Schrödinger weist Schlick in einem Brief vom 25.2.1931, bezugnehmend auf diese Äußerung, etwas frostig auf Exners Vorlesungen von 1919 und eine eigene Publikation von 1929 hin.[61]

Schlick hat offensichtlich von Exner gewußt, da er in seinem Aufsatz von 1931 auch auf eine Monographie Hugo Bergmanns reagiert, in der wiederum Exner ausführlich hinsichtlich dessen Hal-

[59] Franz Exner, *Vorlesungen über die physikalischen Grundlagen der Naturwissenschaften*, 1. Auflage, Wien 1919; in der 2., vermehrten Auflage, Wien 1921, S. 665 ff. Siehe dazu insbesondere Stöltzner 2003.

[60] Schlick 1931, S. 145.

[61] Aus dem Brief Schrödingers an Schlick vom 25.2.1931: „Was mich betrübt hat, ist der dritte Absatz Ihrer Vorbemerkungen [in „Die Kausalität in der gegenwärtigen Physik", *Die Naturwissenschaften* 19 (1931), S. 145-162, S. 145; Anm.]. Die Wendung, zu der die Physik der letzten Jahre in der Frage der Kausalität gelangt ist, *ist* vorhergesehen worden. Und zwar von Franz Exner in seinen 1919 bei Deuticke publizierten Vorlesungen. ... Wenn Sie mir sagen, dass Ihnen Exners Buch nie in die Hand gekommen ist, dass Sie meine Antrittsrede von 1922 (die ich 1929 wörtlich nach dem Manuskript in den Naturwissenschaften drucken ließ [„Was ist ein Naturgesetz?", *Die Naturwissenschaften* 17 (1929), S. 9-11, Anm.]) nicht oder nur flüchtig gelesen und nicht beachtet haben, – dann bin ich zufrieden. ... Nur *wüsste* ich gerne, wie es sich damit verhält." Gerade aus dem von Schrödinger kritisierten dritten Absatz in Schlicks Aufsatz wird später in Max Jammers Werk *The Conceptual Development of Quantum Mechanics* als Beispiel früher philosophischer Deutung zitiert (Jammer 1966, S. 332).

tung zum Kausalprinzip in der Physik besprochen wird.[62] Außerdem rechtfertigt sich Schlick in einem unmittelbaren Antwortschreiben an Schrödinger damit, dass ihm Exners Vorlesungen vom Hörensagen bekannt gewesen seien, dass aber die spezielle quantentheoretische Begründung einer Kausalitätskritik gänzlich neu sei: „So viel ich weiß, findet dieser Gedanke sich bei Exner nicht."[63]

Schlicks Erwähnung der Quantentheorie in der ersten Auflage der *Allgemeinen Erkenntnislehre* und in dem 1920er Kausalitätsaufsatz reichen allein nicht aus, um ihm die Initiation dieses Problemfeldes zuzuschreiben. Zudem hat es in diesen Jahren mehrere Veröffentlichungen anderer dazu gegeben.[64] Selbst das Novum des Aufsatzes von 1931 – die Begründung der quantenmechanischen Akausalität durch die Unbestimmtheitsrelation – kann nicht als richtungsweisende Leistung gewertet werden, da Heisenberg diesen Schluss bereits 1927 selbst gezogen hat. Das spezifisch Schlicksche ist nur die genaue Bezeichnung des Kausalprinzips als „unbrauchbar" innerhalb der Quantentheorie.[65]

Ebenso verhält es sich mit den Fragekomplexen des Welle-Teilchen-Dualismus, des Problems um die Trennung von Beobachter und gemessenem System oder der von Schlick sehr viel ausführlicher bearbeiteten Relevanz der Quantentheorie für die Biologie.[66] Auch wenn

[62] Schlick über Bergmann: Schlick 1931, S. 153 f. Bergmann über Exner: Hugo Bergmann, *Der Kampf um das Kausalgesetz in der jüngsten Physik*, Braunschweig 1929, S. 33 f.

[63] Schlick an Schrödinger (undatiert, aber zwischen 25.2.1931 und 13.3.1931 verfaßt).

[64] Z. B. Walter Schottky, „Kausalproblem und Quantentheorie als eine Grundfrage der modernen Naturforschung überhaupt", *Die Naturwissenschaften* 9 (1921), S. 429-496; Hans Reichenbach, „Die Kausalstruktur der Welt und der Unterschied von Vergangenheit und Zukunft", in *Sitzungsberichte der mathematisch-naturwissenschaftlichen Abteilung der Bayerischen Akademie der Wissenschaften zu München*, München 1925, S. 133-175.

[65] Schlick 1931, S. 155f.

[66] Schon ab 1930 ist die Biologie ein Thema im Briefwechsel von Schlick und Heisenberg (Heisenberg an Schlick 27.12.1930). Schlick scheint Heisenberg in einem

Schlick keine ursprünglichen Denkanstöße gibt, so bleibt doch festzuhalten, dass er sich äußerst zeitnah an den aktuellen Debatten um die Quantentheorie aktiv beteiligt hat. Seine deutlich vermehrten und vielfältigeren Veröffentlichungen dazu (nach dem Kopenhagener Durchbruch der neuen Quantenmechanik von 1926/27) sind ein Zeichen dafür. Daß Schlick darüber hinaus nicht bloß „im Fahrwasser" der modernen Physik schwimmt, sondern ihre Resultate in sein vollständiges, empiristisches Programm einordnen kann, wird gleich begründet.

3. Wirkung auf Zeitgenossen

Die Tabuisierung von Schlicks Kommentaren zur Quantentheorie, wie sie bei Hans Reichenbach stattfindet, ist nicht typisch. Reichenbachs 1944 auf englisch und dann 1949 auf deutsch erschienene Monographie *Philosophische Grundlagen der Quantenmechanik* beginnt mit einer Betrachtung über das Kausalprinzip und seiner Gefährdung in der Quantentheorie. In der ersten Fußnote des Buches heißt es: „Es ist kaum möglich festzustellen, wer als erster diesen philosophischen Gedanken formuliert hat", und es wird lediglich Exner als der „wohl erste" erwähnt.[67] Im folgenden Text verweist Reichenbach dann auf seine eigenen Veröffentlichungen zum Kausalprinzip und merkt zu seinem Aufsatz von 1932 an, dass dieser schon 1923 geschrieben worden sei.[68] Die absichtliche Vermeidung einer Referenz auf Schlick, dessen maßgebliche Kausalitätskritik ja erst ab 1925 und

vorangegangenen, nicht überlieferten Brief zu Bohrs Ansichten über die Art der Bedeutung der Quantentheorie in dieser Hinsicht befragt zu haben.

[67] Hans Reichenbach, *Philosophische Grundlagen der Quantenmechanik*, Basel 1949, S. 11 (Anm.).

[68] ibid., S. 13 (Anm.).

somit zeitgleich mit Reichenbachs bekannterem *Die Kausalstruktur der Welt* erscheint, ist nur zu offensichtlich.[69]

Der Prioritätenstreit zwischen Schrödinger, Schlick und vielleicht Reichenbach – mag er auch noch so eindeutig zuungunsten Schlicks ausgehen – ist sicher nicht das Wesentliche an der frühen philosophischen Reaktion auf die Quantentheorie. Auch auf Schlicks Kommentare gibt es weitere, inhaltliche Reaktionen. Hugo Bergmann und Thilo Vogel greifen Ende der 20er Jahre die Schlicksche Kausalitätskritik direkt auf. Bergmann zeigt sich als Neukantianer, der den Kausalsatz einer empirischen Prüfbarkeit entziehen möchte, und wird für diesen Standpunkt von Schlick kritisiert.[70] Schlick muß nicht explizit gegen Bergmann Stellung beziehen, sondern tut dies durch seine Kant-Kritik.[71] Vogel versucht bereits 1928 die Schlicksche Erkenntnislehre auf die Begriffe der neuen Quantentheorie ‚Raum', ‚Zeit' und ‚Kausalität' anzuwenden. Das wesentliche Ergebnis geht allerdings nur über den schon von Heisenberg 1927 bezogenen Standpunkt insofern hinaus, als dass das Kausalprinzip als nicht empirisch prüfbar erachtet wird.[72] Schlick, dem gleichwohl Vogels Ansatz gefallen müßte, kann darauf mit der Methode der logischen Analyse vergleichsweise differenzierter antworten. Richtig sei, dass das Kausalprinzip nicht experimentell prüfbar sei, jedoch nicht aus einem transzendentalen Grund, sondern durch die Natur des Kausalprinzips – analog dem Wesen der Naturgesetze – als Anweisung zur Bildung von empirisch prüfbaren Aussagen.[73]

[69] Reichenbach 1925. Daß Philipp Frank in dem Werk *Das Kausalgesetz und seine Grenzen* (Wien 1932) zwar ausführlich auf quantentheoretische Implikationen eingeht, aber die primären physikalischen Quellen dafür unter Ignorierung von Schlicks Veröffentlichungen heranzieht (S. 163-203), sollte nicht überbewertet werden.

[70] Bergmann 1929; Schlick 1931 S. 153 f.

[71] ibid., S. 154 f.

[72] Thilo Vogel, *Zur Erkenntnistheorie der quantentheoretischen Grundbegriffe*, Dissertation Gießen 1928.

[73] Schlick 1931, S. 155.

In Schlicks Deutung der Unbestimmtheitsrelation ist eine Zustimmung zu Heisenbergs und Bohrs Interpretation enthalten, die für sich genommen nur insofern eine Neuerung darstellt, als sie das Sinnkriterium des Positivismus verwendet. Dabei geht es um die Frage, ob einem Quantenobjekt überhaupt ein Ort und ein Impuls zukommt, wenn diese schon nicht mehr genau zu bestimmen sind. Heisenberg und Bohr meinen – wie es zur Kopenhagener Deutung geworden ist –, dass solche Objekte weder Ort noch Impuls jenseits einer Messung *hätten*. Schlick schließt sich dem in seinen Worten an: „Ist eine Aussage über einen Elektronenort in atomaren Dimensionen nicht verifizierbar, so können wir ihr auch keinen Sinn zuschreiben.“[74] Karl Popper bemerkt an dieser und einer folgenden Äußerung Schlicks ein Schwanken zwischen der Position, ein Quantenobjekt hätte keinen objektiv vorhandenen Ort, und der Position, es hätte einen objektiv vorhandenen Ort, der aber epistemisch nicht zugänglich sei.[75] Dies verwendet Popper allerdings nicht für eine weitergehende Kritik an Schlick, sondern lediglich als Beispiel dafür, dass die Philosophen des Wiener Kreises entgegen ihres Anspruches, metaphysische Vorurteile durch die Quantentheorie abzubauen, diese Vorurteile doch unbewusst beibehielten. Rudolf Carnap dagegen bezieht sich wohl auf eben diese Stelle in Schlicks 31er Aufsatz, wenn er rückblickend auf die positivistischen Anfänge sagt:

> „Philipp Frank und Moritz Schlick ... sprachen gemeinsam als erste die Ansicht aus, dass unter gewissen Bedingungen die Konjunktion zweier sinnvoller Aussagen in der Physik als sinnlos betrachtet werden sollte; zum Beispiel die Konjunktion von zwei Voraussagen über die Werte konjugierter Größen desselben Systems [wie Ort und Impuls eines Teilchens, Anm.] zur gleichen Zeit.“[76]

[74] ibid., S. 159.

[75] Karl Popper, *Logik der Forschung*, 10. Auflage, Tübingen 1994, S. 171 f.

[76] Rudolf Carnap, *Einführung in die Philosophie der Naturwissenschaft*, München 1969, S. 284.

Schlick spielt also für Carnap, was die Deutung der Quantentheorie angeht, die Rolle eines frühen positivistischen Kommentators, aber nicht so sehr die eines originellen Ideengebers.

Der 1931er Kausalitätsaufsatz von Schlick traf erstmals auf besondere Wahrnehmung bei den Physikern der neuen Quantenmechanik, wovon der erhaltene Teil der Korrespondenz zeugt. Vor der Veröffentlichung von Schlicks Aufsatz schreibt ihm Heisenberg:

> „Haben Sie vielen Dank für Ihren interessanten Aufsatz über das Kausalgesetz, aus dem ich sehr viel gelernt habe und dessen Tendenz mir ausserordentlich sympathisch ist. ...
> Ich bin auch ein klein wenig unglücklich darüber, dass ich immer wegen des Satzes von der „Ungültigkeit des Kausalsatzes" zitiert werde, als ob ich mich im Gegensatz zu Borns Anschauungen befände. Ich habe mir damals das Wort „Ungültigkeit" ziemlich genau überlegt und wollte zweierlei damit sagen: Erstens, dass das Kausalprinzip keinen *Geltungs*bereich in der Physik mehr habe ... – zweitens, dass ein Satz der keinen Geltungsbereich hat, auch wirklich nicht interessant sein kann. Mir schien das Wort „ungültig" gerade in der richtigen Mitte zwischen „falsch" und „unanwendbar" zu stehen, aber es ist leider stets mit falsch identifiziert worden."[77]

Schlick hat es sich in der veröffentlichten Fassung seines Aufsatzes dann aber trotz dieser Einsicht Heisenbergs nicht nehmen lassen, ihn für seine frühere sprachliche Ungenauigkeit zu rügen.[78] Auch Wolfgang Pauli bekam offenbar kurz vor Erscheinen das 31er Aufsatzes das Manuskript von Schlick zugeschickt. Pauli antwortet auf den § 6 des Aufsatzes, der mit der Voraussagbarkeit durch eine gefundene funktionale Abhängigkeit verschiedener Meßdaten als dem hinreichenden Kriterium für Kausalität endet. Da sich Pauli auf das Verhältnis von Kausalität und funktionale Abhängigkeit im wesentlichen ohne quantentheoretische Argumente bezieht, soll dem an dieser Stelle nicht weiter nachgegangen werden.[79]

[77] Heisenberg an Schlick, 27.12.1930; Heisenberg bezieht sich auf eine eigene Äußerung, die hier auf S. 219 zitiert ist.

[78] Schlick 1931, S. 153.

[79] Pauli an Schlick am 5.2.1931.

Bevor Schlick zu seinem Aufsatz eine kurze, lobende Notiz von Max Born erhält, beginnt der Briefwechsel mit Schrödinger.[80] Der Prioritätenstreit ist bereits erwähnt worden, und er wird über drei Briefe geführt.[81] Daraus entwickelt sich zwar noch die Streitfrage, inwieweit man von der Form makroskopischer Naturgesetze auf die Form mikroskopischer und sogar ultramikroskopischer schließen könne – jedoch bleibt dieser Austausch zwischen Schlick und Schrödinger ein akademischer, da er über die gegenseitige Hilfe bei der Rezeption der eigenen Veröffentlichungen nicht hinausgeht.[82]

Von Heisenberg und Pauli erfährt Schlick verschiedene Anregungen, über das Problemfeld der Kausalität hinauszugehen und beispielsweise die Komplementarität, die Heisenberg für die „eigentliche Pointe der Quantentheorie" hält, oder das Trennungsproblem von untersuchtem System und Beobachtungsapparat zu kommentieren.[83] Wie Schlicks Vorlesungen und Veröffentlichungen zu entnehmen ist, greift er diese Themen auf, verbleibt aber bei einer im Vergleich zum Kausalproblem einfachen Nennung. Eine Deutung oder sogar eine Verarbeitung dieser quantentheoretischen Spezifika findet, wie im vorangehenden Abschnitt gezeigt, nicht statt.

Spätestens bei der Sichtung der erhaltenen Briefe ist nach der Rolle Max Plancks bei der Entwicklung von Schlicks Ideen zu fragen. Während Schlicks Briefe an Planck in den Wirren des zweiten Weltkrieges verlorengegangen sind, sind in Schlicks Nachlass Briefe und Grußkarten von Planck aus dem Zeitraum von 1916 bis 1932 und die Abschrift eines Briefes von Schlick an Planck enthalten. Die Quantentheorie spielt in diesen Schriftstücken so gut wie keine Rol-

[80] Born an Schlick am 8.3.1931: „Ich möchte Ihnen sagen, welche Freude mir Ihr Aufsatz über Kausalität in den Naturwissenschaften bereitet hat. Auch Hilbert, den ich gestern sprach, äusserte sich sehr befriedigt über Ihre Schrift".

[81] Schrödinger an Schlick 25.2. und 13.3.1931, sowie Schlick an Schrödinger dazwischen.

[82] Es schließt mit Schlick an Schrödinger am 19.3.1931.

[83] Pauli an Schlick am 5.2.1931 und Heisenberg an Schlick 21.11.1932.

le. Allein der Brief Schlicks an Planck vom 13.12.1932 – also nach vielen quantentheoretischen Veröffentlichungen von Schlick – zeugt von einem Austausch allgemeiner Ideen über eine Wirklichkeit hinter den gegebenen Sinneswahrnehmungen, der schließlich hier und da auch die Realität von Quanten oder die Subjektivität des Beobachters streift. Als erster Ideengeber, Informant oder Diskussionspartner betreffend der Quantentheorie tritt Planck nicht in Erscheinung.[84] Zudem ist nachweisbar, dass Schlick bereits 1913 und in den folgenden Jahren Publikationen zur Kenntnis genommen hat, in denen die Rolle Max Plancks für die Quantentheorie gewürdigt wird.[85] Wenn Schlick daher bei der Behandlung der *Gegenwartsfragen der Naturphilosophie* noch 1934 lapidar bemerkt: „Quantentheorie: Schöpfer: Max Planck.“, dann ist das aus historischer Sicht und wahrscheinlich auch aus der Sicht Max Plancks zu plakativ, aber auf die Lektüre anfänglicher Quantenphysik-Kommentare zurückführbar.[86]

[84] Schlicks und Plancks Arbeitsfelder überschnitten sich dennoch mehr als man vermuten möchte. 1932 erschien Plancks Essay *Der Kausalbegriff in der Physik* (Leipzig), in dem Kausalität zunächst mit Vorhersagbarkeit identifiziert wird, um sie aber dann gegen „die Indeterministen“ der Quantenphysik (ibid., S. 16) zu verteidigen. Explizit erwähnt Planck weder Schlick noch andere. Schlick spricht diesen Essay auch in seinem Brief an Planck vom 31.12.1932 nicht an.

[85] Z. B. in Poincaré 1913. Aus Schlicks Notizheften ist zu entnehmen, dass er bereits Anfang 1913 Poincarés Buch *Letzte Gedanken* zur Kenntnis genommen hat (Schlick-Nachlass, Inv.-Nr. 180, A.194, Ms Notizheft 2, S. 26).

[86] Zitiert aus dem Nachlaßstück B.22, Bl. 1 (Schlick 1934a); siehe auch Schlick 1925a, S. 461. Richtig ist, dass für die alte und für die neue Quantenphysik jeweils mehrere Personen als „Schöpfer“ auftreten. Nur für die alte, und dort auch nur für einen Teil, kann Max Planck als Schöpfer gelten. Bereits 1934 käme es auch einer starken Vereinfachung nahe, ihn als alleinigen Initiator der alten Quantenphysik zu bezeichnen, würde man doch dabei die Entdecker der Radioaktivität übergehen.

4. Das Verhältnis von Philosophie und Physik bei Schlick

Wichtig für das genaue Verständnis von Schlicks Rezeption und philosophischer Verarbeitung der Quantentheorie ist die Bestimmung der zeitlichen Reihenfolge, in der Schlicks naturphilosophische Thesen und seine quantentheoretischen Interpretationen entstehen. Man kann nun zeigen, dass Schlick schon vor der Quantentheorie zweierlei entwickelt hat: das ist zum einen die Aufbereitung der physikalischen Begrifflichkeiten, die für eine Naturphilosophie relevant werden, und zum anderen die rein philosophische Bewertung des Kausalproblems. In einem nachgelassenen Typoskript für seine Naturphilosophie-Vorlesung, bereits 1912 in Rostock entstanden, ist die Bedeutung von Differentialgleichungen und die Gegenüberstellung von Makro- und Mikrogesetzen so dargestellt, wie sie Schlick in den späteren Jahren beibehalten wird. Auch die Verbindung zur Kausalität wird dort hergestellt:

> „Alles, was in der Welt geschieht, geschieht nach Gesetzen. Dies ist der grundlegende Satz aller Naturforschung, ja aller Forschung überhaupt. In der Philosophie tritt dieser Satz auf unter dem Namen des Kausalgesetzes. Es ist aber eigentlich kein Gesetz, sondern die Voraussetzung aller Gesetzmäßigkeit, der Ausdruck dafür, dass alles gesetzmäßig geschieht.“[87]

> „Was zunächst die eigentlich wichtigste Frage in Bezug auf den Kausalsatz betrifft, nämlich die nach der allgemeinen, ausnahmslosen Gültigkeit, so kann diese, wie ich fürchte, nicht streng bewiesen werden. Aus bloßer Vernunft, d. h. aus dem bloßen Begriff der Ursache heraus, kann man niemals ableiten, dass jedes Ereignis eine Ursache haben müsse und Hume hat unwiderleglich gezeigt, dass man es auch aus Erfahrungstatsachen nicht schließen kann.“[88]

Von der Identifikation von Kausalität mit Gesetzmäßigkeit und der grundsätzlichen Skepsis gegenüber ihrer Allgemeingültigkeit rückt Schlick in den folgenden Jahren nicht mehr ab. Bemerkenswert ist

[87] Schlick 1912, S. 68.

[88] ibid., S. 71.

auch die Bezeichnung des Kausalsatzes als den Naturgesetzen vorgeordnetes Gesetz.

Schlick fährt in dieser Vorlesung mit der Erläuterung von Differentialgleichungen fort:

„Wenn es keine Fernwirkung gibt, so hängt der physikalische Zustand eines jeden Punktes im Raume ... direkt nur ab von dem vorausgehenden Zustande. Diese Tatsache äußert sich darin, dass in den mathematischen Gleichungen, durch welche die Wissenschaft alle Zustandsänderungen in der Natur darstellen muß, Raum und Zeit, räumliche und zeitliche Größen nur in Form von *Differentialen* auftreten.“[89]

Und schließlich:

„Auf diese Weise gelangt man also in allen Naturwissenschaften durch Erfahrung zu gewissen Makrogesetzen, deren Zurückführung auf Mikrogesetze, (die es sogar eventuell erst noch aufzustellen gilt) eine Aufgabe der Theorie, insbesondere der mathemat. Theorie bildet. ... Als solche Makrogesetze lehrt uns nun die Erfahrung eine Reihe von Prinzipien kennen, die zu den allersichersten Grundlagen der Naturwissenschaft gehören, weil die Erfahrung sie auf allen Gebieten der Natur aufs Genaueste bestätigt. Wie immer also auch die Mikrogesetze beschaffen sein mögen, die allen Naturerscheinungen zu Grunde liegen – sie müssen so beschaffen sein, dass jene Prinzipien aus ihnen folgen, als ihre Lösung sich darstellen lassen.“[90]

Zwar diskutiert Schlick anschließend nicht das Kausalprinzip, sondern das Prinzip der Erhaltung der Stoffmenge, der Masse oder der Energie, welches sich schon in den Mikrogesetzen wiederfinden lassen müsse, aber die Dichotomie von Mikro- und Makrogesetzen als Prüfstein naturphilosophischer Prinzipien ist damit angegeben. Auch dabei und bei der Bedeutung von Differentialgleichungen als Kriterium für kausal beschriebenes Geschehen in der Physik bleibt Schlick in der folgenden Zeit.[91]

[89] ibid., S. 75, Hervorhebung durch Unterstreichung im Original.

[90] ibid., S. 90 f.

[91] Die Rolle von Differentialgleichungen und die Dichotomie von Mikro- und Makrogesetzen wird von Schlick kontinuierlich und unverändert beschrieben. Einige

Karl Popper entdeckt sicher zu recht bei Schlick eine Wende in der Auffassung zum Kausalprinzip zwischen 1925 und 1931. Noch in der *Allgemeinen Erkenntnislehre* gelte das Kausalprinzip als empirisch prüfbare Hypothese, später dann als Anweisung zur Bildung prüfbarer Aussagen, die selber weder wahr noch falsch, sondern nur nützlich oder unbrauchbar sei.[92] Aber diese Wende mag durch eine Ungenauigkeit in Schlicks Ausdrucksweise hervorgerufen sein und nicht durch eine Meinungsänderung. Die Übergeordnetheit des Kausalprinzips, wie sie 1931 dargestellt wird, entspricht in Wittgensteinschen Worten der Übergeordnetheit, wie sie von Schlick schon 1912 beschrieben wurde.

Ebenso urteilt Manfred Stöckler richtigerweise in seiner Deutung der Schlickschen Naturphilosophie, dass diese vom Stand der Forschung abhängig sei.[93] Daher kann die Physik und insbesondere die sich kontinuierlich entwickelnde Quantentheorie zu Schlicks Lebzeiten natürlich auch Änderungen in dessen Naturphilosophie bewirkt haben. Zwar scheint das in einer empiristischen Ausrichtung eine Selbstverständlichkeit zu sein – ist doch dort die kontingente Erfahrung maßgeblich für die auf ihr gegründete Philosophie –, doch gilt es, explizit zu zeigen, wo Schlick von einer Position aufgrund neuer empirischer Erkenntnisse abweicht.

Schlicks Kausalitätsaufsatz von 1920, der sich nur – siehe oben – randständig mit der Quanten-, aber maßgeblich mit der Relativitätstheorie befaßt, endet schon mit einem kausalitätskritischen Ausblick betreffs der Thermodynamik. Die Ermittlung des Anfangszustandes eines Systems, das sich dann gemäß der Entropievermeh-

Beispiele nach der Schrift von 1912 sind zu finden in: Schlick 1920, S. 461 f.; Schlick 1925a, S. 429 f., S. 431 f.; B.8, S. 5 f., S. 46 f. (entspricht Schlick 1948, S. 5 f., S. 45 f.).

[92] Popper 1994, S. 195; er verweist auf Schlick 1925b, S. 347, und Schlick 1931, S. 155.

[93] Manfred Stöckler, „Moritz Schlick über Kausalität, Gesetz und Ordnung in der Natur“, in Hegselmann/Peitgen, *Modelle sozialer Dynamiken: Ordnung, Chaos und Komplexität*, Wien 1996, S. 225-245, S. 234.

rung entwickelt, sei ein prinzipiell akausaler Vorgang.[94] In der zweiten Auflage der *Allgemeinen Erkenntnislehre* wird die Quantentheorie nicht als Beispiel einer akausalen Physik herangezogen, sondern als Beispiel dafür, dass der Kausalsatz grundsätzlich zur Disposition stehe:

> „Es ist gar nicht gesagt, dass ein Versagen der Kausalität, eine Gesetzlosigkeit in kleinsten Bereichen der Natur [durch die Quantentheorie] schon irgendwie wahrscheinlich gemacht wäre, und ich glaube auch nicht, dass dies der Fall ist – aber die bloße Tatsache, dass bestimmte Erfahrungen uns dazu auffordern, die Möglichkeit in Betracht zu ziehen, zeigt bereits an, dass das Kausalprinzip als Erfahrungssatz, als empirisch prüfbare Hypothese zu betrachten ist."[95]

Die Gefährdung des Kausalprinzips aus empirischen Gründen ist von dem bekennenden Humeaner Schlick somit eindeutig vor seiner Wahrnehmung der Quantentheorie angenommen worden. Ob die aktuell gewordene Gefährdung aus der Sicht von Schlick nun eine Falsifikation darstellt, oder wie ab 1931 anders formuliert: einen Erweis der Unbrauchbarkeit, ist keine physikalisch motivierte Wende, wenn es überhaupt als inhaltlicher Positionswechsel auslegbar sein sollte. Die Begriffe ‚falsch', ‚ungültig', ‚unbrauchbar' und ‚unanwendbar' – wie sie auch von Heisenberg in die Diskussion eingebracht wurden – ändern in ihrer unterschiedlichen Bedeutung nichts daran, dass das Kausalprinzip von Schlick kontinuierlich als der empirischen Prüfung ausgesetzt gedeutet wird.

Auch die Identifikation der Kausalität mit Vorhersagbarkeit, 1931 erstmals stattfindend, kann nicht als rein quantentheoretisch motiviert gelten. Sobald Schlick die Kausalität schon mit Gesetzmäßigkeit in Form von Differentialgleichungen zusammenlegt, ist die Vorhersagbarkeit zukünftiger Zustände *durch Differentialgleichungen* implizit mitgegeben. Daß die physikalischen Entwicklungen höchstens zur Explikation dieses Gedankens anregen, diesen Gedanken aber

[94] Schlick 1920, S. 474; dieser Gedanke wird in Schlick 1925a, S. 456 ff., ausführlicher und verständlicher wiederholt.

[95] Schlick 1925b, S. 347.

nicht bedingen, zeigt Schlick darin, dass er die Begründung des Voraussagbarkeitskriteriums in dem 1931er Aufsatz (§ 6) vor die Besprechung der Quantentheorie (§ 8) ordnet. Er wiederholt diese Reihenfolge auch sehr deutlich in dem englischen Kausalitätsaufsatz von 1932. Programmatisch ist in dieser Schrift, dass Kausalität im Alltagsleben Regelmäßigkeit und Vorhersagbarkeit bedeutet, so wie es sich in den Naturwissenschaften bewahrt (außer dass dort besser von Gesetzmäßigkeit anstatt von Regelmäßigkeit gesprochen werden sollte). Erst im Anschluss daran – sowohl im Textverlauf als auch argumentativ – kommt Schlick auf die Unbestimmtheitsrelation und die mit ihr einhergehende Unerfüllbarkeit des Vorhersagekriteriums zu sprechen.[96] Zudem wiederholt er am Ende dieses Aufsatzes eine Ansicht, die er bereits 1925 in der *Allgemeinen Erkenntnislehre* formuliert hat: Selbst wenn sich die Quantentheorie als falsch herausstellen sollte, bleibe es bei der Analyse, nämlich dass die Kausalität prinzipiell aus empirischen Gründen zur Disposition stehe.[97]

Wenn von einer Änderung im Denken Schlicks gesprochen werden kann, dann sicherlich durch den Einfluss Wittgensteins und der Strömung des logischen Positivismus als erkenntnistheoretischem Leitbild. Die Quantentheorie dagegen ist nicht Einwirkende, sondern Objekt für Schlicks physikalische und naturphilosophische Argumentation sowie für seinen Empirismus.

Analog verhält sich seine Einstellung zu biologischen Fragestellungen oder zum Problem der Willensfreiheit hinsichtlich quantentheoretischer Zuständigkeiten. Erst nach 1931, möglicherweise durch die Korrespondenz mit Heisenberg und Pauli angeregt, greift Schlick in seinen naturphilosophischen Vorlesungen genuin quantentheoretische Problematiken auf. Hier könnte man eine Umkehrung in Schlicks Denken finden: Die Physik inspiriert nicht nur zu philosophischen Systemergänzungen, sie setzt sogar eigenständige Probleme in Gang. Allerdings vollzieht Schlick weder eine systematische Gegenüberstel-

[96] Schlick 1932, S. 120 f.

[97] ibid., S. 125 (siehe auch Schlick 1925b, S. 347).

lung mit seiner bisherigen Philosophie noch interpretiert er die Problematiken des Welle-Teilchen-Dualismus oder der Verschmelzung von Beobachter und Beobachtetem. Bis zu seinem Tode referiert er lediglich diese Dinge, auch wenn sie ihm offenbar bis in seine letzten Tage beschäftigt haben.

5. *Kritik*

Schlicks Kommentare zur Quantentheorie sind kontinuierlich von seiner Haltung geprägt, das Kausalprinzip in irgendeiner Weise empirisch zur Disposition zu stellen. Welches diese Weise ist, ist in den vorangegangenen Abschnitten zitiert und erwägt worden, bleibt aber aufgrund von Schlicks Veröffentlichungen nicht eindeutig bestimmbar. Es ist sowohl dabei als auch bei der Begründung, warum Schlicks unklare Position sich auch auf die Deutung der Quantentheorie niederschlägt, noch zu bemerken, dass Schlick das Kausalprinzip als „conditio sine qua non" für das Naturerkennen hält.[98]

> „Stieße man irgendwo auf einen Fall, oder gar auf einen ganzen Bereich von Fällen, in denen der Kausalsatz auch bei sorgfältigster Prüfung aller Umstände verletzt erschiene, so stünde man zugleich an einer Grenze der Forschung, wo es keine Erkenntnis mehr gibt und das Wissen aufhört. Die Geltung der Kausalität ist also eine Voraussetzung, nicht ein Gegenstand der Naturwissenschaften."[99]

Als Voraussetzung a priori kann Schlick die allgemeine Geltung der Kausalität nicht meinen, ohne sich selbst als Empirist zu widersprechen. Daher bedeutet diese Kennzeichnung wohl im Schlickschen Sinne, dass überall dort, wo Gesetzmäßigkeiten gefunden werden – worin ja eine Aufgabe jeder Naturwissenschaft besteht –, auch die Kausalität gewahrt bleibt. Insofern eine Naturwissenschaft annehmen muß, dass es Gesetze gibt, um überhaupt tätig zu werden, folgt aus der

[98] Schlick 1920, S. 486.

[99] Schlick 1925a, S. 429. Die Beurteilung der Kausalitätsgeltung (wörtlich) als eine conditio sine qua non findet sich in Schlick 1929, S. 312 f.

Gleichsetzung von Gesetzmäßigkeit und Kausalität, dass die Naturwissenschaft eben auch Kausalität annimmt. Die Annahme bleibt allerdings philosophisch uninteressant, da sie ja schlicht unerfüllt bleiben kann, je nachdem, ob Naturgesetze auffindbar sind oder nicht – welcher Philosoph wollte das durch reine Gedankenspekulation vorwegnehmen? Wenn man Gesetzmäßigkeit und Kausalität dagegen für fundamentaler hält, müßte man in unvermeidbar kantischer Konnotation weiterfragen, ob und inwiefern Gesetze überhaupt möglich sind und die Annahme der Kausalität erfüllt werden *muß*. Das Weiterfragen, das vor alle Erfahrung geht, erspart sich ein Empirist, weil er auf die bisherige erfolgreiche Tätigkeit der Naturwissenschaften verweisen kann. Da ihm aber somit die metaphysischen Anfangsgründe der Naturwissenschaft fehlen, muß er darauf gefaßt sein, dass es ein kontingentes Ende des Gesetzefindens gibt. Schlick sieht das nicht nur als denkbar an (vor 1925), sondern hält es durch die Quantentheorie für verwirklicht (ab 1925). Da er Gesetzmäßigkeit mit Kausalität zusammenfallen lässt, wäre auch die allgemeine Gültigkeit der Kausalität zu einem Ende gekommen. Man ist aber gezwungen, kritisch anzumerken: Wenn die Kausalität in anderen Teilen der Physik eine conditio sine qua non bleibt, steht die Begründung ihrer Herkunft noch aus; ist die Herkunft der Kausalität aber nicht zu begründen und eher eine Koinzidenz mit Gesetzlichkeit, dann ist der Titel ‚conditio sine qua non' nicht angemessen.

Damit einhergehend ist das genaue Ende des Naturerkennens in der Quantentheorie, wie es laut Schlick stattfindet, genau zu beleuchten. Wie ist es zu verstehen, dass uns Quantengesetze als empirisch gefundene Regelmäßigkeiten davon überzeugen, dass es keine weiteren Regelmäßigkeiten mehr gibt? Zunächst scheint ein Zusammenhang in dieser Richtung doch willkürlich hergestellt zu sein. Dennoch bieten sich zwei Möglichkeiten auf der Grundlage von Schlicks Darstellungen an, diese Implikation zu begründen.

Erstens: Die Akausalität betrifft nur den Bereich der Naturphänomene, die nicht in Gesetzmäßigkeiten erfaßt werden können und somit nicht zum Erkennbaren zu zählen sind.[100] Von diesem Ausgangspunkt aus aber bleibt es trivialerweise bei der Identifikation des Erkennbaren mit dem kausal Verknüpften sowie des Unerkennbaren mit dem Akausalen. Zudem geriete Schlicks Interpretation zu einem Vorgriff auf Cassirers Verteidigung der quantenphysikalischen Kausalität. Auch Cassirer legt Kausalität und Gesetzlichkeit zusammen, allerdings mit der Betonung, dass das Programm der Quantentheorie wie jede andere Physik auch darin bestehe, Naturgesetze aufzustellen und zu prüfen. Da dies erfolgreich getan worden sei, wäre auch nach Cassirer die Kausalität in der Quantenphysik gewahrt.[101] Alles, was die Quantentheorie darüber hinaus lehre, aber nicht Teil eines Gesetzes sei, wäre aus dem Bereich der Erfahrung ausgeschlossen. Dieser Schulterschluß mit Cassirer kann nicht widerspruchsfrei in der Schlickschen Philosophie vermutet werden.

Die zweite Begründungsmöglichkeit besteht in der umgekehrten Sichtweise: Die Quantentheorie zeige unabhängig von den gegenseitigen Implikationen von Gesetzesbegriff und Kausalität, dass es ursachlose Prozesse gebe oder auch Ereignisse, die nicht vorhersehbar seien. Akausale Vorgänge wären schlicht eine empirisch vorfindbare und auch erkennbare Tatsache. Es scheint, als wenn Schlick diese Interpretation favorisiert. Aber auch diese Möglichkeit, ein Ende aller Gesetzmäßigkeiten zu begründen, gibt Anlass zur Kritik. Ein akausales Geschehen als empirische Tatsache kann eine Theorie nämlich nur durch eine verifizierte Gesetzmäßigkeit darstellen, und man gerät in ein Paradox: Die Akausalität würde sich in einer regelmäßigen Unregelmäßigkeit zeigen. Ebenso wie man die Zufälligkeit von Würfelwürfen nicht an einem Einzelwurf erkennen kann, sondern das Werfen wiederholen muß, um die Wiederholbarkeit des Unre-

[100] Schlick 1936, S. 362 (siehe hier das Zitat ab S. 231).

[101] Ernst Cassirer, „Determinismus und Indeterminismus in der modernen Physik“ in: ders., *Zur modernen Physik*, Oxford 1957 (Erstausgabe Göteborg 1937), S. 127-397.

gelmäßigen zu demonstrieren, verhält es sich auch in der Quantenphysik.

Überhaupt ist der Unterschied zwischen der Zufälligkeit eines Würfelereignisses und der Zufälligkeit etwa eines quantenmechanischen Elektronensprungs in den Energieniveaus eines Atoms nicht allein dadurch erklärt, dass man beim Würfel auf versteckte, aber vorhandene Ursachen verweist, und solche Ursachen aus der für fundamental gehaltenen Quantenmechanik prinzipiell ausschließt. Wenn man möchte, könnte man den Würfelzufall als *epistemische* Akausalität bezeichnen, da kontingente menschliche Wissensgrenzen den Zugang zu den determinierenden Ursachen, die im Modell einer Bewegungsgleichung für den Würfel enthalten sind, versperren. Der quantenphysikalische Zufall wäre dann ein *ontologischer* zu nennen, weil das physikalische Modell von (beispielsweise) Elektronensprüngen in Atomorbitalen für verborgene Ursachen keinen Raum lässt. Die Unterscheidung zwischen epistemischer und ontologischer Akausalität indessen kann den nötigen Kontrast für ein Argumentationsziel, das in Schlicks Sinne wäre, nicht herstellen, fußt sie doch auf einer Universalität der Quantenmechanik, die keine Rechtfertigung findet. Eine Quantentheorie alleine reicht nicht zur vollständigen Beschreibung der Phänomene aus: Niels Bohrs Deutung der Quantentheorie enthält in Zusammenhang mit der Komplementarität die unteilbare Einheit von Meßapparatur und gemessenem System. Quantenphänomene sind demnach nur in einer Umgebung möglich, die durch klassische physikalische Gesetze beschrieben wird:

> „Nun bedeutet aber das Quantenpostulat, dass jede Beobachtung atomarer Phänomene eine nicht zu vernachlässigende Wechselwirkung mit dem Messungsmittel fordert, und dass also weder dem Phänomen noch dem Beobachtungsmittel eine selbständige physikalische Realität im gewöhnlichen Sinne zugeschrieben werden kann.“[102]

Aus dieser für die Kopenhagener Deutung der Quantenmechanik zentralen Aussage ist auch abzuleiten, dass akausales Geschehen nur in

[102] Bohr 1928, S. 245.

einem klassischen, *ergo kausalen* Rahmen denkbar ist und und sich in ihm bewähren kann. Somit wäre das Erkennen von einer Akausalität durch kausale Voraussetzungen bedingt; oder in Bohrs Worten: der vorgefundenen Akausalität kommt keine selbständige Realität zu.

Es ist dabei wohl zu beachten: Der zitierte Aufsatz von Bohr argumentiert – wie auch Heisenberg – unter anderem für eine Schlicksche Position, nämlich für einen Verzicht auf eine kausale Beschreibung atomarer Prozesse; und diese Position soll hier auch nicht kritisiert sein. Eine weitergehende Frage ist aber die, ob die quantenphysikalische Akausalität mehr ist als die hinlänglich bekannte Akausalität beim Würfelwurf und ob die Akausalität ein eigenständiger und unabhängiger Teil der physikalischen oder alltäglichen Erfahrung ist. Schlick überzeugt nicht, wenn er diese Frage bejaht. Auch mit der reinen Denkmöglichkeit akausalen Geschehens, die Schlick 1925 und zuletzt 1932 unabhängig aller Quantentheorie aufrechterhält, gerät man in das Paradox der regelmäßigen Unregelmäßigkeit, des zufälligen Einzelfalls aus einem statistisch reglementierten Ensemble. Die Bezeichnung der gültigen Kausalität als conditio sine qua non für das Naturerkennen schließlich verwischt am Ende die Grenzen von Schlicks Position.

Zusammenfassung

Moritz Schlick ist aufgrund seiner Herkunft als ausgebildeter Physiker und als den Naturwissenschaften nahestehender Philosoph ein früher und ausgiebiger Kommentator der Quantentheorie. Schon vor dem Durchbruch der neuen Quantenmechanik 1926/27 nimmt er ihre Frühstadien zur Kenntnis, auch wenn er diese nur randständig in seine Veröffentlichungen aufnimmt. Insbesondere das Kausalprinzip wird von Schlick aus dem Blickwinkel der Quantenphysik betrachtet und kritisiert, obwohl seine Veranlassung dafür nicht in der Quantenphysik zu suchen ist. Vielmehr fügt er sie in sein bereits bestehendes kausalkritisches System als aktuellen, aber ohnehin denkbaren Beispielfall ein. Lediglich die Identifikation der Kausalität mit

Vorhersagbarkeit (1931), die über seine bisherige Identifikation von Kausalität mit Gesetzmäßigkeit hinausgeht, mag quantentheoretisch inspiriert sein, ist durch Schlick aber auf unabhängigem Wege hergeleitet worden.

In den 1930er Jahren erweitert Schlick das Spektrum philosophischer Fragen hinsichtlich der Quantentheorie; es kommen die Frage nach biologischen Implikationen, die Frage nach der Natur der Materie als Welle oder Teilchen und ähnliches dazu. Es ist nicht zu entdecken, dass Schlick selber eine Diskussion über quantentheoretische Problematiken begründet hat; auch die Kausalitätsfrage lag, wie sich zeigen lässt, in der Zeit ab 1913, besonders aber ab etwa 1919 in Physik und Philosophie sozusagen in der Luft. Jedoch erfährt Schlick durch viele führende Physiker der Quantenmechanik Beachtung in Form von Lob und inhaltlicher Kritik. Max Planck, ein Initiator der Quantenphysik in einer Zeit, als Schlick bei ihm promoviert hat, lässt dagegen keinen Einfluss – weder in Form von Anregung noch in Form einer Auseinandersetzung – auf Schlick erkennen.

Heute stellt die physikalische Kausalität kein akutes Problem in der philosophischen Diskussion dar. Sie wird schlicht für empirisch eingeschränkt angesehen. Man kann es wohl darauf zurückführen, dass die Debatte eben in dieser Zeit und eben auch von Schlick ausgetragen wurde und seitdem zuungunsten des Kausalprinzips für geklärt gilt. Dies bleibt aber nach wie vor hinterfragbar, weil die kausalkritischen Argumente, die von Schlick vorgetragen werden, sich als nicht tragfähig erweisen.[103]

[103] Mein Dank für viele wertvolle Hinweise zu frühen Versionen dieses Textes und für die Unterstützung bei der Recherche gilt Ole Engler, Reinhard Fabian und Massimo Ferrari. Diese Arbeit wurde durch die Unterstützung des Deutschen Akademischen Austauschdienstes ermöglicht.

Literatur

A Moritz Schlick

Schlick, M., *Naturphilosophie* (Typoskript), Nachlaßstück A.121b, 121 paginierte Seiten, 1912 (Inv. Nr. 161).

——, *Allgemeine Erkenntnislehre*, 1. Auflage, Julius Springer, Berlin 1918.

——, „Naturphilosophische Betrachtungen über das Kausalprinzip“, *Die Naturwissenschaften* 8 (1920), S. 461-474.

——, „Kritizistische oder empiristische Deutung der neuen Physik?“, *Kant-Studien* 26 (1921), S. 96-111.

—— (1925a), „Naturphilosophie“, in M. Dessoir (Hrsg.), *Die Philosophie in ihren Einzelgebieten*, Ullstein, Berlin 1925, S. 393-492.

—— (1925b), *Allgemeine Erkenntnislehre*, 2. Auflage, Julius Springer, Berlin 1925.

——, „Erkenntnistheorie und moderne Physik“, *Scientia* 45 (1929), S. 307-316.

——, Rezension von Bertrand Russell, *Philosophie der Materie* (Teubner, Leipzig 1929), in *Monatshefte für Mathematik und Physik* 37 (1930), S. 5-6.

——, „Die Kausalität in der gegenwärtigen Physik“, *Die Naturwissenschaften* 19 (1931), S. 145-162.

——, „Causality in Everyday Life and In Recent Science“, *University of California Publications in Philosophy* 15 (1932), S. 99-125.

—— (1934a), *Naturphilosophie. Gegenwartsfragen der Naturphilosophie (Quantentheorie)* (Typoskript), Nachlaßstück B.22, Deckblatt + 73 Seiten, 1934 (Inv. Nr. 42).

—— (1934b), „Philosophie und Naturwissenschaft“, *Erkenntnis* 4 (1934), S. 379-396.

—— (1935a), „Ergänzende Bemerkungen zu P. Jordan's Versuch einer quantentheoretischen Deutung der Lebenserscheinungen“, *Erkenntnis* 5 (1935), S. 181-183.

—— (1935b), „De la relation entre les notions psychologiques et les notions physiques“, *Revue de Synthèse* 10 (1935), S. 5-26.

——, *Naturphilosophie* (Typoskript), Nachlaßstück B.8, Deckblatt + 60 paginierte Seiten, 1936 (Inv. Nr. 29).

——, „Quantentheorie und Erkennbarkeit der Natur", *Erkenntnis* 6 (1936), S. 317-326.

——, *Grundzüge der Naturphilosophie*, aus dem Nachlass herausgegeben von W. Hollitscher und J. Rauscher, Gerold, Wien 1948; englische Ausgabe als *Philosophy of Nature*, übersetzt von Amethe von Zeppelin, Greenwood, New York 1968.

B Briefe (mit Inventarnummern des Schlick-Nachlasses)

27.12.1930	Werner Heisenberg an Schlick (Inv. Nr. 102).
2.1.1931	Schlick an Werner Heisenberg (Inv. Nr. 102).
5.2.1931	Wolfgang Pauli an Schlick (Inv. Nr. 112).
25.2.1931	Erwin Schrödinger an Schlick (Inv. Nr. 116).
undatiert	Schlick an Erwin Schrödinger (Antwort auf Schrödinger 25.2.1931; Inv. Nr. 116).
8.3.1931	Max Born an Schlick (Inv. Nr. 93).
13.3.1931	Erwin Schrödinger an Schlick (Inv. Nr. 116).
19.3.1931	Schlick an Erwin Schrödinger (Inv. Nr. 116).
21.11.1932	Werner Heisenberg an Schlick (Inv. Nr. 102).
13.12.1932	Schlick an Max Planck (Inv. Nr. 113).

C Sonstige

Bergmann, H., *Der Kampf um das Kausalgesetz in der jüngsten Physik*, Vieweg, Braunschweig 1929.

Bohr, N., „On the Constitution of Atoms and Molecules", *Philosophical Magazine* Serie 6, Vol. 26, Nr. 151 (1913), S. 1-25, S. 476-502, S. 857-875.

——, „Das Quantenpostulat und die neuere Entwicklung der Atomistik", *Die Naturwissenschaften* 16 (1928), S. 245-257.

——, *Atomtheorie und Naturbeschreibung*, Julius Springer, Berlin 1931.

Bunge, M., *Kausalität, Geschichte und Probleme*, Mohr, Tübingen 1987.

Carnap, R., *Einführung in die Philosophie der Naturwissenschaft*, Nymphenburger Verlagshandlung, München 1969; Erstausgabe als *Philosophical Foundations of Physics*, Basic Books, New York 1966.

Cassidy, D., „‚Sehr revolutionär, wie Sie sehen werden', Einstein und die Quantenhypothese", *Physik Journal* 4, Nr. 3 (2005), S. 39-44.

Cassirer, E., *Zur Einsteinschen Relativitätstheorie*, Bruno Cassirer, Berlin 1921.

——, „Determinismus und Indeterminismus in der modernen Physik" in: ders., *Zur modernen Physik*, Bruno Cassirer, Oxford 1957, S. 127-397; Erstausgabe bei Elander, Göteborg 1937.

Eddington, A. S., *The Nature of the Physical World*, MacMillan, New York 1928.

Einstein, A., B. Podolsky, N. Rosen, „Can Quantum-Mechanical Description of Physical Reality be Considered Complete?", *Physical Review* 47 (1935), S. 777-780.

Exner, F., *Vorlesungen über die physikalischen Grundlagen der Naturwissenschaften*, Deuticke, Wien 1919.

Frank, Ph., *Das Kausalgesetz und seine Grenzen*, Springer, Wien 1932.

Heisenberg, W., „Über den anschaulichen Inhalt der quantentheoretischen Kinematik und Mechanik", *Zeitschrift für Physik* 43 (1927), S. 172-198.

Hermann, A., *Frühgeschichte der Quantentheorie*, Physik Verlag, Mosbach 1969.

Jammer, M., *The Conceptual Development of Quantum Mechanics*, McGraw-Hill, New York 1966.

Jordan, P., „Quantenphysikalische Bemerkungen zur Biologie und Psychologie", *Erkenntnis* 4 (1934), S. 215-252.

Kremp, D. und H. Ulbricht, „Schlicks Interpretation der Relativitätstheorie und Quantenmechanik", in *Rostocker philosophische Manuskripte* 8, Teil 2 (1970), S. 19-23.

Pais, A., *Subtle is the Lord*, Oxford University Press, Oxford 1982.

——, *Inward Bound*, Clarendon Press, Oxford 1986.

Planck, M., *Der Kausalbegriff in der Physik*, Johann Ambrosius Barth, Leipzig 1932.

Poincaré, H., *Letzte Gedanken*, Akademische Verlagsgesellschaft, Leipzig 1913; Erstausgabe als *Dernières Pensées*, Flammarion, Paris 1913.

Popper, K., *Logik der Forschung*, 10., verbesserte und vermehrte Auflage, Mohr, Tübingen 1994; Erstausgabe bei Springer, Wien 1935.

Reichenbach, H., „Die Kausalstruktur der Welt und der Unterschied von Vergangenheit und Zukunft“, in *Sitzungsberichte der mathematisch-naturwissenschaftlichen Abteilung der Bayerischen Akademie der Wissenschaften zu München*, Bayerische Akademie der Wissenschaften, München 1925, S. 133-175.

——, *Philosophische Grundlagen der Quantenmechanik*, Birkhäuser, Basel 1949; Erstausgabe als *Philosophic Foundations of Quantum Mechanics*, University of California Press, Berkeley 1944.

Russell, B., *Philosophie der Materie*, übersetzt von Kurt Grelling, Teubner, Leipzig 1929; Erstausgabe als *The Analysis of Matter*, Paul, London 1927.

Rutherford, E., „A Radio-active Substance emitted from Thorium Compounds“, *Philosophical Magazine* Serie 5, Vol. 49, Nr. 296 (1900), S. 1-14.

Schottky, W., „Kausalproblem und Quantentheorie als eine Grundfrage der modernen Naturforschung überhaupt“, *Die Naturwissenschaften* 9 (1921), S. 429-496.

Schrödinger, E., „Was ist ein Naturgesetz?“, *Die Naturwissenschaften* 17 (1929), S. 9-11.

Stöckler, M., „Moritz Schlick über Kausalität, Gesetz und Ordnung in der Natur“, in R. Hegselmann, H. O. Peitgen (Hrsg.), *Modelle sozialer Dynamiken: Ordnung, Chaos und Komplexität*, Hölder-Pichler-Tempsky, Wien 1996, S. 225-245.

Stöltzner, M., „Vienna Indeterminism II. From Exner's Synthesis to Frank and von Mises“, in P. Parrini, W. Salmon und M. Salmon (Hrsg.), *Logical Empiricism*, University of Pittsburgh Press, Pittsburgh 2003, S. 194-229.

Winternitz, J., *Relativitätstheorie und Erkenntnislehre*, B. G. Teubner, Leipzig und Berlin 1923.

Steffen Kluck

Moritz Schlick, Günther Jacoby und das Wirklichkeitsproblem

I

Die ersten Jahrzehnte des 20. Jahrhunderts sind philosophiehistorisch durch eine hohe Diversifikation gekennzeichnet. Zeitnah konkurrierten so disparate Denkrichtungen wie der Neukantianismus, die Phänomenologie, die Existenzphilosophie, der Logische Empirismus oder die Kritische Ontologie. Aber die Unterschiedlichkeit der theoretischen Ansätze bedingte keineswegs eine Interaktionsarmut der sie vertretenden Denker. Michael Friedman meint beispielsweise, dass es vor 1929 „zumindest in der deutschsprachigen intellektuellen Welt [...] keinen [...] Bruch“[1] zwischen den divergenten Traditionen gegeben hätte. Die bisher kaum beachtete Rezeption von Moritz Schlicks *Allgemeiner Erkenntnislehre* durch Günther Jacoby, einen der wichtigsten Verfechter einer ontologisch orientierten Philosophie, belegt diese These. Zu den Vertretern der „Kritischen Ontologie“[2] zählen neben ihm

[1] Michael Friedman, *Carnap, Cassirer, Heidegger. Geteilte Wege.* Frankfurt am Main: Fischer Taschenbuch Verlag 2004, S. 11.

[2] Diese Bezeichnung geht auf Nicolai Hartmann zurück (vgl. Nicolai Hartmann, „Wie ist kritische Ontologie überhaupt möglich?“, in: *Festschrift für Paul Natorp zum siebzigsten Geburtstage.* Von Schülern und Freunden gewidmet. Berlin und Leipzig: Walter de Gruyter & Co. 1924, S. 124-177). Jacoby selbst sprach eher von einer „Neuen Ontologie“ (vgl. Günther Jacoby, „Neue Ontologie“, in: *Geistige Arbeit. Zeitung aus der wissenschaftlichen Welt*, Bd. 2 (1935), S. 3-5). Mir ist bewusst, dass Hartmann und Jacoby verschiedene Ansichten von dem hatten, was unter „Ontologie“ zu verstehen sei. Im Rahmen dieses Aufsatzes erscheint mir dies jedoch nicht relevant. Vgl. zu der Problematik: Walter Gölz, „Günther Jacobys und Nicolai Hartmanns ontologische Konzeptionen im Vergleich“, in: *Günther Jacoby (Königsberg 1881 - 1969 Greifswald). Lehre-Werk-Wirkung (Jacoby II).*

vor allem Nicolai Hartmann und Hans Pichler. Man war dabei darauf aus, sich von dem dominanten Neukantianismus abzugrenzen und Philosophie nicht auf epistemologische Fragen einzuengen. Statt dessen sollte die Ontologie als eigentliches Fundament wiedergewonnen werden. Heute scheint diese philosophische Richtung allenfalls noch historische Aufmerksamkeit zu verdienen, wobei in der Regel nur das Œuvre Hartmanns Beachtung findet.[3] Dabei muß gerade die *Allgemeine Ontologie der Wirklichkeit* Jacobys als ein bedeutsames Werk gelten, insofern es sich eine dezidierte und allumfassende Analyse des Wirklichkeitsbegriffes zur Aufgabe gemacht hatte. Bezeichnenderweise hat das Werk seinen Ausgang von Überlegungen Schlicks genommen. Diese Bezugnahme gilt es aufzuzeigen, damit unser Wissen hinsichtlich der Frühphase sowohl von Kritischer Ontologie als auch Logischem Empirismus um einen nicht unwesentlichen Aspekt bereichert wird.

Bevor ich auf die inhaltlich relevanten Gesichtspunkte von *Allgemeiner Erkenntnislehre* und *Allgemeiner Ontologie der Wirklichkeit* eingehen werde, will ich besondere Parallelen im Lebensweg der Autoren dieser Werke hervorheben. Dies macht auf biographischer Ebene nämlich eindringlich klar, wie eng zeitweise die Vertreter von Neuer Ontologie und Logischem Empirismus miteinander verbunden waren.

Moritz Schlick und Günther Jacoby waren Angehörige derselben Generation[4] und erfuhren ihre akademische Ausbildung zu einem erheblichen Teil an der Friedrich-Wilhelms-Universität zu Berlin. Beide besuchten dort Lehrveranstaltungen bei Friedrich Paulsen und Wilhelm Dilthey[5], wobei

Hrsg. v. H.-C. Rauh und H. Frank, Lübeck: Verlag Schmidt-Römhild 2003, S. 40-51.

[3] In besonderer Weise hat Hans-Christoph Rauh, dem ich für seine hilfreichen Anregungen danken möchte, sich immer wieder für eine Neubewertung der Arbeiten Günther Jacobys eingesetzt. Vgl. Hans-Christoph Rauh, „Zum Realitätsproblem in der ‚Ontologie der Wirklichkeit' des Greifswalder Universitätsphilosophen Günther Jacoby", in: *Neue Realitäten. Herausforderung der Philosophie*, XVI. Deutscher Kongreß für Philosophie, Sektionsbeiträge I, Berlin 1993, S. 535-542.

[4] Moritz Schlick lebte von 1882 bis 1936, Günther Jacoby von 1881 bis 1969.

[5] Vgl. dazu Schlicks Bemerkungen in einer um 1921 angefertigten Autobiographie (Schlick-Nachlass, Inv.-Nr. 82, C.2b, S. 9). Zu Jacobys Berliner Studienzeit vgl. dessen Aussage: „Dort [d. i. in Berlin; S.K.] habe ich vor allem viel gelernt von Stumpf, Dilthey und für viele praktische Fragen bei Paulsen." (Günther Jacoby,

vor allem ersterer hinsichtlich der realistischen Orientierung von besonderer Bedeutung gewesen zu sein scheint. Paulsen schreibt beispielsweise:

> „Übrigens bin ich der Ansicht, dass die metaphysischen Fragen auf jeden Fall eine selbständige Behandlung erfordern und nicht durch erkenntnistheoretische Erwägungen ersetzt werden können; sie kehren, wo man es versucht, unter anderem Titel und in unbequemer Fassung wieder. Kant hat aber der deutschen Philosophie kein gutes Beispiel gegeben, dass er der Metaphysik die Selbständigkeit genommen und sie in die erkenntnistheoretische Untersuchung hineingezwängt hat [...].“[6]

Unter Metaphysik verstand er dabei auch und vor allem ontologische Fragen[7], was insofern gerade für die später von Jacoby vertretene Auffassung von Bedeutung ist, da das Problem des Primats der Ontologie vor der Erkenntnistheorie augenscheinlich schon von Paulsen gesehen worden ist. Schlick hatte ebenso bei Paulsen studiert und dessen Ansichten gekannt, aber da er sich zu jener Zeit noch hauptsächlich als Physiker verstand, mögen ihn gewisse Detailfragen weniger interessiert haben. Mir scheint es jedoch so zu sein, dass Schlicks grundlegend realistische Orientierung partiell auch auf Paulsens Arbeiten zurückgeht.[8] Gleichfalls wandten sich Schlick und Jacoby um 1909 unabhängig voneinander dem amerikanischen Pragmatismus zu. Während jedoch Jacoby dieser Denkschule wohlwollend gegenübertrat[9], entfernte sich Schlick nach anfänglichem Interesse unter dem Eindruck der Ansichten des Züricher Psychologen

Professor lic. theol. Dr. phil. Friedrich Günther Jacoby. Nachlass Günther Jacoby, Universitätsarchiv Tübingen, Signatur Md 1077-348, Bl. 1)

[6] Friedrich Paulsen, *Einleitung in die Philosophie.* Stuttgart und Berlin: J. G. Cotta'sche Buchhandlung Nachfolger [12]1904, S. 366 f.

[7] Vgl. ebd., S. 48.

[8] Auch die Theorien von Alois Riehl oder Oswald Külpe sind in diesem Zusammenhang relevant. Eine Einbeziehung dieser Arbeiten würde jedoch den von mir gewählten Rahmen sprengen und muß daher ausbleiben.

[9] Er verfaßte im Rahmen seines Habilitationsverfahrens eine Arbeit zum Pragmatismus (vgl. Günther Jacoby, „Der Pragmatismus. Neue Bahnen in der Wissenschaftslehre des Auslands“, in: *Deutsche Zeitschrift für Philosophie*, Bd. 50 (2002), S. 603-629) und wurde aufgrund dieser Abhandlung von William James

Gustav Störring, bei dem er damals studierte, von pragmatischen Ansätzen.[10] Jacoby ist im Zuge seines Aufenthaltes in Harvard auch mit den amerikanischen neuen Realisten, also vor allem Edwin B. Holt und Ralph Barton Perry in Berührung gekommen.[11] Diese vertraten einen der späteren Position Jacobys ähnlichen Standpunkt, da sie meinten: „Epistemology is not logically fundamental."[12]

Unter dem Eindruck der Ansichten des kritischen Realismus eines Paulsens, Külpes oder Riehls sowie der amerikanischen neuen Realisten kam Jacoby dazu, bestimmte eigene Gedanken hinsichtlich des Wirklichkeitsproblems zu entwickeln, ohne sie jedoch schon zu publizieren. Es fehlte ein letzter Anstoß. 1920 freilich sollte ihm die Arbeit Schlicks, wie ich im Folgenden zeigen werde, einen solchen liefern.

nach Harvard eingeladen. Einen Überblick über Jacobys Verhältnis zum Pragmatismus bieten: Carola Häntsch, „Vergleich der Wirklichkeitsauffassungen von William James und Günther Jacoby", in: *Günther Jacoby (Königsberg 1881 - 1969 Greifswald). Lehre-Werk-Wirkung (Jacoby II).* Hrsg. v. H.-C. Rauh und H. Frank, Lübeck: Verlag Schmidt-Römhild 2003, S. 111-124 und Lars Mecklenburg, „Die Rezeption des Pragmatismus durch Günther Jacoby", in: *Deutsche Zeitschrift für Philosophie*, Bd. 50 (2002), S. 600-602.

[10] Schlick schreibt: „Obgleich solchergestalt lauter Argumente zugunsten des pragmatischen Grundgedankens auf mich einwirkten [...], geschah das Merkwürdige, dass der bloße Zwang der Logik mich bei der Verfolgung des Gedankens von seiner Falschheit überzeugte [...]." (Schlick-Nachlass, Inv.-Nr. 82, C.2b, S. 16) Den Hintergrund für diese Wandlung der Meinung Schlicks bilden wohl auch Störrings Ansichten. Vgl. dazu dessen kritische Bemerkungen zu einem Vortrag F. C. S. Schillers („Diskussion über den Pragmatismus", in: *Bericht über den III. Internationalen Kongress für Philosophie zu Heidelberg.* Hrsg. v. Th. Elsenhans, Heidelberg: Carl Winter's Universitätsbuchhandlung 1909, S. 726-740, v. a. S. 729).

[11] Zu den Ansichten dieser Realisten vgl. Edwin B. Holt et al., „The Program and First Platform of Six Realists", in: *The journal of philosophy, psychology and scientific methods*, Vol. VII (1910), S. 393-401, und Ralph B. Perry, „Realism as a polemic and program of reform", in: ebd., S. 337-353, S. 365-379.

[12] E. B. Holt et al., a. a. O., S. 394.

II

Es ist nicht bekannt, dass die räumliche Nähe ihrer Lehrstätten – Schlick dozierte seit 1910 in Rostock, Jacoby ab 1919 in Greifswald – zu direkten persönlichen Interaktionen geführt hätte.[13] Fest steht aber, dass beide Denker sich brieflich ausgetauscht haben. 1918 nämlich war Moritz Schlicks *Allgemeine Erkenntnislehre* erschienen, in der eine Form von erkenntnistheoretischem Realismus vertreten wurde. Jacoby nun weilte im Ausland, als für ihn dieses Werk Schlicks zu einer Inspirationsquelle werden sollte:

> „1920 erhielt ich zusammen mit anderen Professoren eine Einladung nach Holland für einen Monat. Dort hatte ich anfangs so starke Herzschwächen, dass ich meist das Bett hüten mußte, und studierte dabei Moritz Schlicks ‚Allgem. Erkenntnislehre' [,] die mich stark beeindruckte, die aber im Schlusskapitel über den Wirklichkeitsbegriff m. E. versagte. Das schrieb ich Schlick auch, und er schrieb mir zurück, dass damit auch er unzufrieden sei. Für mich war das ein Ruf, nunmehr über unseren Wirklichkeitsbegriff zu schreiben [...]. Ich lebte die zweite Hälfte meines Aufenthalts in Holland in Rijswijk und habe dort nach Notizen während meiner Spaziergänge am Kanal auf 60 Blättern den Hauptentwurf meiner Ontologie skizziert [...].“[14]

Der von Jacoby und Schlick geführte Briefwechsel ist offenbar nicht erhalten geblieben. Aber die zitierte Aussage führt doch in klarster

[13] Von Schlick muß man annehmen, dass er erstmals durch Hans Vaihinger auf Jacoby aufmerksam gemacht wurde. In einem Brief Vaihingers an Schlick vom 26. April 1914 heißt es: „Ich benütze die Gelegenheit, um Ihnen einige auf meine ‚Philosophie des Als Ob' bezügliche Drucksachen zu übersenden. Von der Abhandlung des Herrn Collegen Jacoby habe ich mehrere Exemplare, so dass ich Ihnen das übersendete für Ihre Bibliothek überlassen kann.“ Bei der angesprochenen Schrift handelt es sich vermutlich um Günter Jacoby, „Der amerikanische Pragmatismus und die Philosophie des Als Ob“, in: *Zeitschrift für Philosophie und philosophische Kritik*, Bd. 147 (1912), S. 172-184.

[14] Günther Jacoby, *Professor lic. theol. Dr. phil. Friedrich Günther Jacoby.* A. a. O., Bl. 2. Vgl. auch ders., *Aus dem Leben von dem Prof. Jacoby.* Nachlass Günther Jacoby, Universitätsarchiv Tübingen, Signatur Md 1077-348, Bl. 6, wo es in Stichworten heißt: „Holland. Schlick. Entwurf meiner Ontologie 64 kl. Zettel.“

Eindringlichkeit vor, dass es eine Verbindung zwischen erkenntnistheoretischem Realismus und der Kritischen Ontologie gegeben haben muß.[15] Diese Brücke will ich anhand der *Allgemeinen Erkenntnislehre* und der *Allgemeinen Ontologie der Wirklichkeit* aufzeigen.

Friedrich Paulsen hat in seiner stark rezipierten *Einleitung in die Philosophie* eine Bemerkung verfaßt, die als Leitmotiv auch die Arbeiten Schlicks und Jacobys hätte führen können. Er schreibt:

> „Manche breite Ausführung in der erkenntnistheoretischen Literatur der Gegenwart könnte die Sache so erscheinen lassen, als ob wir wirklich in Gefahr wären denken zu müssen: die Summe meiner Wahrnehmungen und Vorstellungen ist die Welt, und außerdem gibt's überhaupt nichts Wirkliches. – Ich denke, diese Gefahr ist wirklich nicht groß; es hat niemals einen gesunden und vielleicht auch keinen kranken Kopf gegeben, dem es auch nur einen Augenblick zweifelhaft gewesen wäre, ob es eine Welt unabhängig von seinen eigenen Vorstellungen gäbe."[16]

Man kann annehmen, dass diese Kritik sich vor allem gegen die Immanenzphilosophie von Ernst Mach und Richard Avenarius richtet. So hatte beispielsweise ersterer behauptet:

> „Alles was wir zu wissen wünschen können, wird durch die Lösung einer Aufgabe von mathematischer Form geboten, durch die Ermittlung der funktionalen Abhängigkeit der sinnlichen Elemente voneinander. Mit dieser Kenntnis ist die Kenntnis der ‚Wirklichkeit' erschöpft."[17]

Damit aber wird die Frage nach der Wirklichkeit, nach dem Sein der Dinge auf deren sinnliche Wahrnehmung beschränkt.[18] Beide,

[15] Ein weiterer historischer Beleg für die Verbindung beider Denkrichtungen ist die Tatsache, dass Jacoby Schlick 1921 für eine freie Professur in Greifswald vorschlug (die letztlich Hans Pichler erhielt). Vgl. dazu Christian Tilitzki, *Die deutsche Universitätsphilosophie in der Weimarer Republik und im Dritten Reich.* 1. Teil, Berlin: Akademie Verlag 2002, S. 104 f.

[16] Friedrich Paulsen, *Einleitung in die Philosophie.* A. a. O., S. 378 f.

[17] Ernst Mach, *Die Analyse der Empfindungen und das Verhältnis des Psychischen zum Physischen.* Jena: Verlag von Gustav Fischer ^{8}1919, S. 300 f.

[18] Vgl. ebd., S. 25 f.

Jacoby und Schlick, haben diese Immanenzphilosophie gleichermaßen ablehnend behandelt. Gerade in dieser Kritik wurde von zeitgenössischen Rezensenten das Entscheidende ihrer Werke gesehen.[19] In diesem Sinne arbeiteten Schlick und Jacoby an einem stark realistischen philosophischen Weltbild und folgten der Intuition Paulsens. Ihre Entwürfe fielen jedoch unterschiedlich aus. Schlick plädierte für einen Realismus, der zwar eine erkenntnisunabhängige Existenz der Dinge nicht per se leugnet, ihnen aber Wirklichkeit nur dann zuerkennen will, wenn sie mittels einer bestimmten Erkenntnismethode, dem Koinzidenzprinzip, in ein Ordnungsschema eingegliedert werden. Jacoby dagegen wollte mit einer Form von Begriffsmaieutik den „Bedeutungsgehalt des Wirklichkeitsbegriffes" herausstellen, da dieser „die Wirklichkeit in ihrer reichhaltigen Konkretheit selbst ist."[20] In einem an Jürgen Mittelstraß gerichteten Brief meint Jacoby, dass sein Forschungsgebiet – das Verhältnis von Phänomen und Wirklichkeit – „sich, wenn man nicht von unserem Erkennen ausgeht, sondern von Begriffsbedeutung und ihrer Logik, als überaus frucht-

[19] Vgl. dazu die folgenden Rezensionen: Christian Hermann, „Besprechung von Jacoby, Günther: Allgemeine Ontologie der Wirklichkeit", in: *Kant-Studien*, Bd. 34 (1929), S. 210-211; August Messer, „Besprechung von Günther Jakoby: Allgemeine Ontologie der Wirklichkeit", in: *Philosophie und Leben*, Bd. 2 (1926), S. 251; ders., „Besprechung von Moritz Schlick: Allgemeine Erkenntnislehre", in: ebd.; Theodor Ziehen, „Besprechung von Schlick, Moritz: Allgemeine Erkenntnislehre", in: *Die Naturwissenschaften*, Bd. 8 (1920), S. 11-13. Alle Besprechungen der *Allgemeinen Ontologie der Wirklichkeit* bezogen sich auf den 1. Band von 1925. Der zunächst in 4 Teilen von 1928 bis 1932 und dann erstmals vollständig 1955 erschienene 2. Band fand kaum noch Beachtung. Vgl. zur problematischen Publikationsgeschichte dieses Werks: Günther Jacoby, *Allgemeine Ontologie der Wirklichkeit*, Bd. 2, Tübingen: Max Niemeyer Verlag ²1993 (nachfolg. *AOW II*), Vorwort und Hans-Christoph Rauh, „Zum Realitätsproblem in der ‚Ontologie der Wirklichkeit' des Greifswalder Universitätsphilosophen Günther Jacoby", a. a. O., S. 536 f.

[20] Günther Jacoby, *Allgemeine Ontologie der Wirklichkeit*. Bd. 1, Halle a. S.: Max Niemeyer Verlag 1925 (nachfolg. *AOW I*), S. 10.

bar erweist [...].“[21] Die Abkehr von einem erkenntnistheoretischen Zugang zum Wirklichkeitsproblem, wie er für Schlick noch fundamental gewesen war, verweist auf die grundlegende Dichotomie von erkenntnistheoretischem und ontologischem Realismus. Hierin gipfelt das Verhältnis der *Allgemeinen Erkenntnislehre* und der *Allgemeinen Ontologie der Wirklichkeit* und offenbart dadurch den prinzipiellen Unterschied zwischen zwei Hauptströmungen der Philosophie des 20. Jahrhunderts. Zwar, dies sei abschließend hervorgehoben, akzeptiert Schlick, dass auch Anschauungsgegebenheiten wirklich sind – in diesem Sinn verfolgt er keinen *strikt* erkenntnistheoretischen Zugang, wie Jacoby unterstellt –, aber für die Auszeichnung von Wirklichem auch im Bereich des Erlebens ist doch letztlich die Erkenntnismethode der Koinzidenzen von alleiniger Relevanz. Hieran entzündet sich der Hauptteil der Kritik Jacobys.

Unter dem Wirklichkeitsproblem will ich im folgenden die Frage nach dem Sein – d. h. dem bloßen Bestehen – von Dingen (im weitesten Sinne) unabhängig vom Menschen bzw. dessen Wahrnehmungs- und Erkenntnisaktivitäten verstehen. Die Frage nach der Wirklichkeit der Dinge zielt also auf ihr kontextunabhängiges An-sich-Sein. Schlick hat diesem Aspekt den umfangreichen dritten Teil seiner *Allgemeinen Erkenntnislehre* gewidmet, welcher programmatisch mit „Wirklichkeitsprobleme“ betitelt ist. Dabei stellt die Realität für ihn durchaus ein erkenntnisunabhängiges Faktum dar: „Das Wirkliche kann uns [...] nimmermehr durch Erkenntnisse irgendwelcher Art gegebenen werden. Es ist vor aller Erkenntnis da.“[22] Gegen Kant und den Empiriokritizismus von Mach und Avenarius geht Schlick sogar

[21] Brief Günther Jacoby an Jürgen Mittelstraß, 31. Januar 1962, in: *Günther Jacoby (1881-1969) - Zu Werk und Wirkung.* Hrsg. v. H. Frank und C. Häntsch, Greifswald 1993, S. 91.

[22] Moritz Schlick, *Allgemeine Erkenntnislehre*, in: *Moritz-Schlick-Gesamtausgabe.* Hrsg. v. F. Stadler und H. J. Wendel. Abteilung I: Veröffentlichte Schriften, Bd. 1, hrsg. v. H. J. Wendel und F. O. Engler, Wien, New York: Springer-Verlag 2008 (nachfolg. *MSGA I/1*), A 152, B 158. – Die Sigle A bezieht sich auf die erste Auflage des Werkes von 1918, die Sigle B auf die zweite von 1925.

so weit, die Existenz *und* die Erkennbarkeit von Dingen an sich zu behaupten. Dabei versteht er unter diesen „[s]olche Gegenstände nun, deren Wirklichkeit behauptet wird, ohne dass sie schlechthin gegeben wären [...].“[23] Man kann zweifelsohne festhalten, dass dadurch die Existenz bewusstseinstranszendenter Realitäten in der *Allgemeinen Erkenntnislehre* anerkannt wird.[24] Wie aber lässt sich dieser erkenntnistheoretische Realismus[25] argumentativ verteidigen gegen die Einwände der Immanenzphilosophie oder des Neukantianismus?

Schlick meint, der semiotische Charakter des Erkennens ermögliche es, auch (bewusstseins-)transzendente Dinge zu erkennen, da ein Bezeichnen prinzipiell über alle Sphären hinweg vollzogen werden kann.[26] Erkenntnis besteht für ihn in der eindeutigen Einordnung von Aussagen in einen umfassenden Urteilszusammenhang, wodurch Wirkliches bestimmt werden kann – unabhängig davon, ob es unmittelbar gegeben ist oder nicht. Dieses Eingliedern von Aussagen setzt allerdings ein Schema voraus, in welches die Einordnung erfolgen kann. Dazu bedarf es der Methode der Koinzidenzen. Schlick schreibt:

> „Es ist von höchster Wichtigkeit, dies zu bemerken: die *objektive* Welt ist der Gegenstand der quantitativen Erkenntnis. Alle Zahlen der Naturwissenschaften bezeichnen direkt nicht etwa Beziehungen zwischen unmittelbar gegebenen Elementen, sondern zwischen transzendenten Größen, deren objektiver ‚Ort‘ durch Zuordnung der Koinzidenzerlebnisse definiert ist.“[27]

[23] *MSGA I/1*, A 170, B 179.

[24] Vgl. z. B. ebd., A 196, B 211.

[25] Eine zutreffende Charakterisierung des erkenntnistheoretischen Realismus gibt Volker Gadenne: „Es gibt eine vom menschlichen Bewusstsein unabhängig existierende Welt, und der Mensch ist dazu in der Lage, diese reale Welt (zumindest in Teilen) zu erkennen.“ (Volker Gadenne, *Wirklichkeit, Bewusstsein und Erkenntnis. Zur Aktualität von Moritz Schlicks Realismus.* Moritz-Schlick-Vorlesungen, Bd. 2, hrsg. v. H. J. Wendel und F. O. Engler, Rostock: Ingo Koch Verlag 2003, S. 4) Dieser Definition schließe ich mich im Folgenden an.

[26] Vgl. *MSGA I/1*, A 74, B 82.

[27] Ebd., A 238 f., B 254.

Insofern die Koinzidenzmethode – also Verknüpfungen auch qualitativ verschiedener Ereignisse an gleichen Raum-Zeit-Stellen[28] – einzelne Stellen in einem Raum-Zeit-Schema auszeichnet, ist ein qualitätsloses, rein quantitatives objektives Ordnungssystem vorhanden. Was sich in dieses eingliedern lässt, gilt als wirklich. Koinzidenzen spielen vor allem in Meßvorgängen eine bedeutende Rolle, wenn etwa der Zusammenfall eines Zeigers mit einer Ziffernskala durch den Beobachter konstatiert werden muß. Wie man sich sofort klar macht, scheint es zweierlei Größen zu bedürfen, um Koinzidenzen zu beschreiben: einer Raum- und einer Zeitangabe. Schlick kommt jedoch zu dem Schluss, dass allein die letztere eine notwendige Bedingung darstellt. Damit ist für ihn auch das entscheidende Wirklichkeitskriterium offenbar:

„So können wir nunmehr den Satz feststellen, dass alles, was in Leben und Wissenschaft als wirklich anerkannt wird, charakterisiert ist durch seine Zeitlichkeit, durch seinen festen Platz in der allgemeinen zeitlichen Ordnung der realen Dinge und Vorgänge."[29]

Somit zeigt sich, legt man die *Allgemeine Erkenntnislehre* zugrunde, dass Wirkliches durch seine vermittels von Koinzidenzen und – im Bereich des Begrifflichen – eindeutig zuordnenden Urteilen hergestellte Eingliederbarkeit in ein transzendentes Ordnungsschema ausgezeichnet ist. Was wirklich ist, bestimmt sich daher nach erkenntnismäßigen Kriterien. Hieraus folgt gleichwohl nicht, dass Schlick die erkenntnisunabhängige Realität von Dingen leugnet, aber zumindest verweigert er die Zuerkennung des Prädikats „ist wirklich", wenn Gegenstände und Vorgänge nicht in der eben dargelegten Weise erfaßt werden können. Ausgehend von diesem Zugang zum Wirklichkeits-

[28] Vgl. zur Verdeutlichung z. B. die von Schlick geschilderte Koinzidenz unterschiedlicher Sinnesräume (ebd., A 217, B 234).

[29] Ebd., A 167, B 176. Volker Gadenne stellt richtig fest: „Was nun zeitlich bestimmt ist, muss keineswegs selbst auch gegeben sein, kann also den Charakter eines transzendenten Dinges haben." (Volker Gadenne, *Wirklichkeit, Bewusstsein und Erkenntnis. Zur Aktualität von Moritz Schlicks Realismus.* A. a. O., S. 15)

problem hat nun Günther Jacoby in seiner philosophischen Hauptschrift eine Argumentation für eine andere Form des Realismus vorgenommen.[30]

Nicht nur die bereits zitierte Bemerkung Jacobys zum Scheitern der *Allgemeinen Erkenntnislehre* in Wirklichkeitsfragen belegt eindeutig, dass Schlicks Ansichten einen wesentlichen Anstoß zum Abfassen der Ontologie geliefert haben, sondern auch der Werktitel ist in dieser Hinsicht interessant. Hatte Schlick seine Erkenntnistheorie mit dem Attribut „allgemeine" versehen, so folgt ihm Jacoby hierin nach. Beide wollten dadurch ausdrücken, dass sie über die Grenzen von Einzelwissenschaften und Alltag hinweg gültige Einsichten zu formulieren beabsichtigten.[31]

Generell lässt sich eine inhaltliche Parallelität auf dem Gebiet der erkenntnistheoretischen Erwägungen konstatieren. Dies geht insofern mit Jacobys Lektüre-Eindrücken während seines Aufenthalts in Holland einher, als dass ihm ja nur das *Wirklichkeits-*, nicht aber das *Erkenntnis*problem in der Erkenntnislehre Schlicks auf falschem Wege angegangen zu sein schien.

Hans-Christoph Rauh hat für Jacobys ontologische Konzeption vor allem Johann Gottfried Herder, Immanuel Kant, Georg Wil-

[30] Es ist zugestanden, dass Schlicks Ansichten noch keineswegs in einer wünschenswerten Ausführlichkeit dargelegt sind. Jedoch reichen die vorgestellten Aspekte für die von mir gewählte Frageperspektive aus. Für einen umfassenderen Überblick zu Schlicks erkenntnistheoretischem Realismus vgl. Volker Gadenne, *Wirklichkeit, Bewusstsein und Erkenntnis. Zur Aktualität von Moritz Schlicks Realismus.* A. a. O., v. a. Kap. I und II.

[31] Schlick legt in seiner Erkenntnislehre dar, wie Erkennen im Alltag und in den Wissenschaften funktioniert, Jacoby untersucht wissenschaftliche und praktische Wirklichkeitsbegriffe. Daß der Titel von Jacobys Werk in direktem Bezug zu Schlicks Arbeit steht (vgl. etwa Bruno Baron von Freytag-Löringhoff, „Günther Jacoby 80 Jahre alt", in: *Zeitschrift für philosophische Forschung*, Bd. XV (1961), S. 237-250 und S. 496, hier v. a. S. 239), stimmt aber wohl nur zum Teil. Jacoby schreibt selbst: „Den Titel [d. i. ‚Ontologie der Wirklichkeit'; S.K.] [...], wenn auch nicht die Probleme, hat Pichler angeregt." (Günther Jacoby, „Neue Ontologie", a. a. O., S. 4)

helm Friedrich Hegel, William James, Nicolai Hartmann und Moritz Schlick als Einflußfaktoren erkannt.[32] Dies erscheint mir sehr zutreffend. Anders als Hartmann aber wollte Jacoby keine realistische, sondern eine begriffsanalytische Ontologie vorlegen.[33] Denn indem man sich den Begriffen und ihren Bedeutungsgehalten zuwendet, so der Gedanke, kann der objektive Gehalt der Wirklichkeit herausgestellt werden. Auf diesem Wege sollten theoretische Schwächen einer phänomenologisch (Hartmann, Heidegger) oder einer erkenntnistheoretisch (Schlick) orientierten Philosophie und Ontologie vermieden werden. Dennoch greift Jacoby im 1925 veröffentlichten ersten Band der *Allgemeinen Ontologie der Wirklichkeit* direkt auf zentrale Konzepte der Erkenntnislehre Schlicks zurück. So wird folgende Definition vorgenommen: „Alle Erkenntnis beruht auf einer Zurückführung des noch nicht Bestimmten auf Bestimmtes."[34] Bei Schlick hieß es in der 1918er Auflage seines erkenntnistheoretischen Hauptwerkes: „Erkenntnis ist zurückführen des einen auf das andere."[35] Diese letzte Formulierung ist zweifelsohne allgemeiner als diejenige Jacobys, aber der Kerngedanke ist doch unverkennbar derselbe. Auch die grundlegende Dichotomie von Kennen und Erkennen, also von Erlebnis und Erkenntnis, wie sie in der *Allgemeinen Erkenntnislehre* vertreten wurde, findet in der *Allgemeinen Ontologie der Wirklichkeit* ihren Widerhall:

„Will man einem neuerdings aufkommenden Sprachgebrauche folgend alles Wahrnehmen und Vorstellen als ein Kennen, alles begriffliche Bestimmen dagegen als ein Erkennen bezeichnen, so kann man [...] auch so formulieren, dass die Grenzen

[32] Vgl. Hans-Christoph Rauh, „Persönliches, Historisches und Systematisches zur Entstehungsgeschichte von Günther Jacobys ‚Allgemeine Ontologie der Wirklichkeit' (1925/55)", in: *Günther Jacoby (Königsberg 1881 - 1969 Greifswald). Lehre-Werk-Wirkung (Jacoby II)*. Hrsg. v. H.-C. Rauh und H. Frank, Lübeck: Verlag Schmidt-Römhild 2003, S. 13-51, hier S. 30.

[33] Vgl. dazu Gerhard Lehmann, *Die Ontologie der Gegenwart in ihren Grundgestalten.* Halle (Saale): Max Niemeyer Verlag 1933, S. 36 ff.

[34] *AOW I*, S. 8.

[35] *MSGA I/1*, A 10, B 11.

unseres ontologischen Bewusstseinsbezirkes zugleich die Grenzen unseres Kennens sind, dass die Grenzen unseres Erkennens jenseits dieses Bezirkes in unserem gnoseologischen Felde liegen [...].“[36]

Ganz abgesehen von inhaltlichen Differenzen ist es meines Erachtens klar, dass Jacoby mit dem „neuerdings aufkommenden Sprachgebrauche“ Schlicks Terminologie meint.[37] Dieser hatte nämlich festgehalten:

„*Kennen* lernen wir alle Dinge durch Intuition, denn alles, was uns von der Welt gegeben ist, ist uns in der Anschauung gegeben; aber wir *erkennen* die Dinge allein durch das Denken [...].“[38]

Unter dem „gnoseologischen Feld“, welches den Bereich des Erkennens in sich enthalten und die Sphäre des Bekannten übersteigen soll, versteht Jacoby das durch die Relation des Meinens zugängliche. Dies ist ganz sicher eine Fortführung der seit Arbeiten Franz Brentanos und Edmund Husserls verbreiteten Lehre von der Intentionalität. Auch Nicolai Hartmann hatte dieses Motiv in seiner ontologisch fundierten Erkenntnistheorie angewandt, und Jacoby folgt ihm hierin.[39] Wenn auch in anderer Weise, so aber doch mit gleichem Ergebnis hatte Schlick eine Position vertreten, mit welcher er die durch Erkenntnis zugänglichen transzendenten Bereiche als wirklich anerkannte.

[36] *AOW I*, S. 540. Vgl. auch ebd., S. 50.

[37] Möglicherweise hat auch Hans Pichler Jacoby in diesem Punkt beeinflußt, da dieser eine ähnliche begriffliche Unterscheidung vornimmt: „Es dürfte sich wohl verlohnen, nicht jede Kenntnis als Erkenntnis zu bezeichnen, sondern nur die erschlossene. Ihr ist gegenüberzustellen die empirisch gegebene und die formuliert vorgegebene Kenntnis.“ (Hans Pichler, *Über die Erkennbarkeit der Gegenstände.* Wien und Leipzig: Wilhelm Braumüller 1909, S. 45) Aufgrund der weiteren Befunde ist es jedoch wesentlich wahrscheinlicher, dass Schlicks *Erkenntnislehre* die Inspirationsquelle für Jacoby war.

[38] *MSGA I/1*, A 69, B 77.

[39] Vgl. Nicolai Hartmann, *Metaphysik der Erkenntnis.* Berlin und Leipzig: Walter de Gruyter & Co. ^{2}1925, S. 43 und *AOW I*, S. 529.

Gleichfalls zeigt sich die positive Aufnahme erkenntnistheoretischer Erwägungen Schlicks durch Jacoby hinsichtlich der schon angesprochenen zentralen Konzepte der eindeutigen Zuordnung und der Koinzidenzmethode. Beide werden in Jacobys Ansichten eingegliedert.[40] Eine genauere Auseinandersetzung mit diesen Aspekten muß ich hier allerdings unterlassen.

Wesentlich bedeutsamer als die vorstehend dargelegten Gemeinsamkeiten sind die Punkte, an denen sich Jacoby von Schlicks Erwägungen abwendet. Sein Anliegen war es nämlich, die Ontologie als der Erkenntnistheorie vorgeordnet zu betrachten. Wie schon gezeigt, hatte Schlick die Auszeichnung von Wirklichem vermittels einer bestimmten Erkenntnisweise vorgenommen. Dazu heißt es bei Jacoby:

> „Die allgemeine Ontologie der Wirklichkeit hat es mit den für den Bedeutungsgehalt dieses Begriffes charakteristischen Merkmalen des Wirklichen zu tun. Sie beschäftigt sich also ausschließlich mit dem von jenem Begriffe bezeichneten Gegenstande, ganz gleich, wie wir von uns aus zu der Erkenntnis dieses Gegenstandes kommen mögen. Dem gegenüber hat es die Erkenntnislehre mit der erkennenden Aneignung eines solchen Gegenstandes zu tun, ganz gleich, wie der Gegenstand unabhängig von diesem seinem Erkanntwerden sein möge."[41]

Statt nach den Bedingungen zu fragen, unter denen es uns möglich wird, einen Gegenstand als wirklich auszuzeichnen, will die Ontologie die Wirklichkeit unabhängig von ihrer Meß- oder Erkennbarkeit behandeln. In fast resignativem Ton stellt Jacoby eine Verwechslung der Kriterien, wie wir etwas erkennen, mit dem Bedeutungsgehalt eines Begriffs fest – eine Verwechslung, die „in der philosophischen Literatur über den Wirklichkeitsbegriff immer wieder[kehrt]"[42]. Einer solchen Verwechslung hat sich auch Schlick schuldig gemacht,

[40] Vgl. zur eindeutigen Zuordnung *AOW I*, S. 55, S. 98, S. 134, zur Koinzidenzmethode ebd., S. 20, S. 42, S. 115 und *AOW II*, S. 924.

[41] *AOW I*, S. 14 f. Daß Jacoby von Erkenntnis*lehre* statt von Erkenntnis*theorie* spricht, verweist deutlich auf Schlicks Werk, welches eines der wenigen unter diesem seltener gebrauchten Titel publizierten war.

[42] Ebd., S. 55.

wenn man Jacobys Argumentation folgt. Für letzteren nämlich fallen Philosophie der Erkenntnis und Philosophie der Wirklichkeit nicht zusammen[43], für Schlick scheint eine Trennung hier nur bedingt möglich. Er leugnet zwar nicht die transzendente Realität von Gegenständen, aber philosophisch kann von dieser nur dann die Rede sein, wenn sie in der dargelegten Weise bezeichnet oder anschaulich bestimmt werden kann.

In seinem zusammenfassenden Kapitel „Das Ergebnis"[44], welches erst in den Jahren kurz vor 1950 verfaßt worden ist[45], findet Jacoby schließlich eine klare Terminologie, um darzulegen, weshalb Schlicks *Allgemeine Erkenntnislehre* in Wirklichkeitsfragen scheitern mußte, denn „Erkenntnislehre ist zuständig nur für unser subjektives Erkennen der Wirklichkeit, nicht für deren objektiven Begriff."[46] Es geht der Ontologie nämlich darum, so der Gedanke, die Wirklichkeit in ihrer *subjektfreien Objektivität* herauszustellen. Wenn man die Wirklichkeitsbestimmung vom erkennenden Subjekt abhängig macht, ist dies freilich nicht mehr möglich. Jacoby geht gar so weit zu sagen, dass sich mitunter die Meßergebnisse der einzelwissenschaftlichen Forschung durch die Transzendenzontologie berichtigen lassen können müssen.[47] Schlick erkannte aber in der Messung, also der allgemeinen erkenntnistheoretischen Methode der Koinzidenzen, den einzig gültigen Hinweis auf die Wirklichkeit einer jedweden Entität. Jacobys ontologische Ausrichtung sieht gänzlich von durch

[43] Dies zeigt sich auch darin, dass Jacoby beide Themen in der Lehre getrennt behandelt und dabei mit der Philosophie der Wirklichkeit begann. Vgl. dazu Hans-Christoph Rauh, „Persönliches, Historisches und Systematisches zur Entstehungsgeschichte von Günther Jacobys ‚Allgemeine Ontologie der Wirklichkeit' (1925/55)", a. a. O., S. 36.

[44] *AOW II*, S. 900-1004.

[45] Vgl. dazu Hans-Christoph Rauh, „Persönliches, Historisches und Systematisches zur Entstehungsgeschichte von Günther Jacobys ‚Allgemeine Ontologie der Wirklichkeit' (1925/55)", a. a. O., S. 17 f.

[46] *AOW II*, S. 919.

[47] Ebd., S. 921.

Menschen bedingten Kriterien ab und will das erkenntnis- und subjektunabhängige An-sich-Sein der Wirklichkeit auffinden. Dies wäre die erwünschte subjektfreie Objektivität. Vor einem solchen Hintergrund wird verständlich, warum das Weltbild „je richtiger an sich, umso fremdartiger für uns“[48] wird. Praktisch sind Menschen nämlich nur subjektgebundenes Objektives gewohnt (und dessen Untersuchung leistete Schlick in Jacobys Augen durchaus zureichend), aber theoretisch gibt es nur subjektfreie Objektivität.[49] In einer an Aristoteles gemahnenden Wendung faßt Jacoby schließlich zusammen:

„Jene [d. i. Erkenntnislehre; S.K.] fusst auf unserem Erkenntnisgrunde, dem πρότερον πρός ἡμᾶς, diese [d. i. Ontologie; S.K.] auf seinem Seinsgrunde, dem πρότερον τῇ φύσει[,] jene auf den Mitteln unserer Erkenntnis, diese auf ihrem Gegenstande.“[50]

Man darf jedoch nicht übersehen, dass Jacoby den erkenntnistheoretischen Realismus Schlicks sehr wohl gutgeheißen hat. Er weist diesem aber einen begrenzteren Platz, eine engere Geltungssphäre zu und ordnet ihm die Ontologie vor.[51] Im Ausgang vom Wirklichkeitskriterium der (raum-)zeitlichen Eingliederbarkeit in ein transzendentes Ordnungsschema, wie es in der *Allgemeinen Erkenntnislehre* formuliert worden war, kommt Jacoby somit dazu, die Wirklichkeit ganz erkenntnisunabhängig als subjektfreie Objektivität herauszustellen. Das Scheitern der Theorie Schlicks am Wirklichkeitsproblem läge demnach in einer unzulässigen Subjektivierung des An-sich-Seienden. Gemeinsam ist beiden Denkern gleichwohl die Betonung der transzendenten Wirklichkeit – nur taucht diese entweder als Schema von Koinzidenzpunkten oder als das durch die Begriffe Gemeinte auf.

[48] Ebd., S. 946.

[49] Vgl. ebd., S. 949.

[50] Ebd., S. 985. Dort findet sich eine pointierte Zusammenfassung des Verhältnisses von Erkenntnislehre und Ontologie, wie Jacoby es auffaßte.

[51] Vgl. ebd., S. 987.

III

Moritz Schlick veröffentliche die zweite Auflage der *Allgemeinen Erkenntnislehre* im Jahr 1925, also zeitgleich mit dem ersten Band der Ontologie Jacobys. Diese zeitnahe Publikation macht verständlich, warum sich in der *Erkenntnislehre* keine Hinweise auf letztgenanntes Werk finden. Doch betrachtet man das weitere Umfeld Schlicks in Wien, so entdeckt man erstaunlicherweise direkte Belege für eine Rezeption der Ansichten Jacobys im Wiener Kreis. Rudolf Carnap etwa verweist in seinem *Der logische Aufbau der Welt* von 1928 mehrfach auf die Ontologie des Greifswalder Philosophen, so unter anderem im Zusammenhang mit der Kritik am erkenntnistheoretischen Solipsismus[52] oder dem Koinzidenzproblem[53]. Weiterhin hebt er explizit hervor, dass er mit Jacoby „in wichtigen Punkten“[54] übereinstimme, zum Beispiel im Hinblick auf die Theorie der Intentionalität[55]. Diese Bezugnahmen, deren inhaltliche Seite aufgrund des begrenzten Rahmens hier nicht verhandelt werden soll, sind deshalb von besonderer Relevanz, da Carnap im Erscheinungsjahr des ersten Bandes der Ontologie Jacobys nach Wien kommt. Er muß also die Einarbeitung der Verweise auf dieses Werk vermutlich im Rahmen der Umarbeitungen des ersten Entwurfs seines Werkes *Der logische Aufbau der Welt* gemacht haben. An eben diesen Veränderungen des ursprünglichen Manuskripts war auch Schlick beteiligt.[56] Unabhängig davon, ob Carnap seine Auseinandersetzung mit dem Werk Jacobys

[52] Vgl. Rudolf Carnap, *Der logische Aufbau der Welt.* Hamburg: Felix Meiner Verlag 1998, S. 87 (§64).

[53] Vgl. ebd., S. 172 (§130).

[54] Ebd., S. 89 (§65).

[55] Vgl. ebd., S. 228 (§164).

[56] „Von Anfang an, als ich 1925 erstmals vor dem Kreis den allgemeinen Plan und die Methode des *Logischen Aufbaus* erläuterte, stieß ich auf lebhaftes Interesse. Als ich 1926 nach Wien zurückkehrte, hatten die Mitglieder des Kreises das maschinengeschriebene Manuskript der ersten Fassung des Buches gelesen, und so konnten jetzt viele Probleme daraus ausführlich besprochen werden.“ (Rudolf

erst in Wien oder schon zuvor begonnen hatte, belegen obige Stellen eindeutig seine Rezeptionsbereitschaft von solchen ontologischen Ansätzen. Auch Edgar Zilsel, ein weiteres Mitglied des Wiener Kreises, hat sich der *Allgemeinen Ontologie der Wirklichkeit* zugewandt und sie rezensiert. Dabei offenbart sich eine gewisse kritische Distanz zur Ansicht Jacobys, wenn es über diese heißt:

„Die Art, besonders auch die Breite der Problembehandlung liegt dem naturwissenschaftlichen Forscher, aber wohl auch jenen Philosophen ein wenig ferner, die die Fruchtbarkeit und Präzision der Naturwissenschaften mit einem gewissen Neid sich zum Vorbild genommen haben.“[57]

Als letzter Beleg für eine Rezeption der sich etablierenden Kritischen Ontologie durch den Logischen Empirismus sei das Manifest des Wiener Kreises, also der von Hans Hahn, Otto Neurath und Rudolf Carnap verfaßte Aufsatz „Wissenschaftliche Weltauffassung – Der Wiener Kreis“, angeführt, in welchem sich ein positiv zu verstehender Verweis auf eine Arbeit Hans Pichlers findet.[58] Schon in dem dort angeführten Werk hatte Pichler darzulegen versucht, hierin Jacoby zuvorkommend, „inwieweit die Möglichkeit der Erkenntnis durch Seinsgründe bedingt ist.“[59] Man kann also meines Erachtens feststellen, dass es eine zum Teil wohlwollende Rezeption der ontologischen Ansätze des frühen 20. Jahrhunderts durch den Wiener Kreis gegeben hat.

Eine weitergehende Beschäftigung mit dem Werk Jacobys haben wohl dessen unglückliche Publikationsgeschichte und die Entwicklungen der Zeit nach 1933 verhindert. Doch, wie ich meine gezeigt zu

Carnap, *Mein Weg in die Philosophie.* Übersetzt und hrsg. v. W. Hochkeppel, Stuttgart: Philipp Reclam jun. ²1999, S. 32)

[57] Edgar Zilsel, „Besprechung von Jacoby, Günther, Allgemeine Ontologie der Wirklichkeit“, in: *Die Naturwissenschaften*, Bd. 24 (1926), S. 646.

[58] Hans Hahn, Otto Neurath, Rudolf Carnap, „Wissenschaftliche Weltauffassung – Der Wiener Kreis“, in: Otto Neurath, *Wissenschaftliche Weltauffassung, Sozialismus und Logischer Empirismus.* Hrsg. v. R. Hegselmann, Frankfurt: Suhrkamp Verlag 1979, S. 79-101, hier S. 83.

[59] Hans Pichler, *Über die Erkennbarkeit der Gegenstände.* A. a. O., S. 5.

haben, gab es eine gegenseitige Bezugnahme von Logischem Empirismus und Neuer Ontologie. Es bestand aber hinsichtlich des Status der Erkenntnislehre eine so fundamentale Differenz, dass die Gemeinsamkeiten alsbald in den Hintergrund traten. Der Logische Empirismus hat sich dann später konsequenterweise jeglicher ontologischer Stellungnahmen enthalten. Hinsichtlich der Begründung eines erkenntnistheoretischen Realismus in der Form, wie ihn Schlick in seiner *Allgemeinen Erkenntnislehre* vorgelegt hatte, hätte eine Auseinandersetzung mit den Ansichten Jacobys allerdings von systematischer Bedeutsamkeit sein können. Doch eine solche Synthese der beiden Ansätze ist philosophiehistorisch nicht zustande gekommen. Daher steht noch immer eine Formulierung Jacobys im Raum, auf die eine Erwiderung Schlicks fehlt. Ersterer hatte nämlich zusammenfassend programmatisch die These postuliert,

> „dass sich bei der Erkenntniserfassung der allgemeingültigen Gegenstände nicht diese letzteren ihre Vorschrift von dem erkennenden Bewusstsein holen, sondern dass sich umgekehrt das erkennende Bewusstsein seine Vorschrift von der an sich bestehenden Eigengesetzlichkeit solcher Gegenstände holt. Das an sich bestehende logische oder ontologische Gebilde übt insofern kraft seiner unabhängigen Selbständigkeit über das es erfassende Bewusstsein eine Art von Herrschaft aus, der sich das Bewusstsein, wenn es das Gebilde erfassen will, in einer ähnlichen Weise fügen muß, wie sich der ‚sollende' Untergebene dem Befehle zu fügen hat, den er ausführen ‚soll'."[60]

Auch Schlick ist durchaus für die Vorrangstellung der Wirklichkeit, für ihre Weisungsfunktion hinsichtlich der Erkenntnis eingetreten[61], aber aufgrund seiner Abwendung von ontologischen Fragestellungen

[60] *AOW I*, S. 406.

[61] So schreibt er an den Gestaltpsychologen Wolfgang Köhler: „Finden sich in dem Buche [d. i. die *Allgemeine Erkenntnislehre*; S.K.] wirklich Stellen, an denen von der Erkenntnis so gesprochen wird, als bedürfe es für die Zuordnung keiner Basis in sachlichen Zusammenhängen [...]? Die Sachbeziehungen spielen also auch für mich eine große Rolle, ja sie sind schließlich das einzige, worauf alle Erkenntnis sich richtet." (Brief Moritz Schlick an Wolfgang Köhler, 5. Juni 1921) Vgl. auch *MSGA I/1*, A 62, B 62.

vermochten er und die Mitglieder des Wiener Kreises es nicht, Jacoby auf seine Ansichten zu antworten.

Archiv

Fynn Ole Engler

Moritz Schlicks Beitrag zum Einstein-Wettbewerb des *Scientific American*

1. Schlick und die Relativitätstheorie

Einsteins allgemeine Relativitätstheorie war zum Ende des Jahres 1915 formuliert.[1] Schlick ist einer der ersten Philosophen, die sich im Anschluss daran mit der Relativitätstheorie kenntnisreich auseinandergesetzt haben. Sein bedeutendstes Werk in diesem Zusammenhang, *Raum und Zeit in der gegenwärtigen Physik*, erschien erstmals im März 1917 als Aufsatz in den *Naturwissenschaften* und zwei Monate später ebenfalls beim Verlag von Julius Springer in Buchform.[2] Daneben hat Schlick in den folgenden Jahren eine Reihe weiterer philosophischer Texte zur Relativitätstheorie verfaßt.[3] Zu ihrer Verbreitung trug er gleichfalls durch einige Vorträge bei, die er häufig

[1] Vgl. Albert Einstein, *Die Grundlage der allgemeinen Relativitätstheorie.* Leipzig: Verlag von Johann Ambrosius Barth 1916.

[2] Moritz Schlick, *Raum und Zeit in der gegenwärtigen Physik. Zur Einführung in das Verständnis der allgemeinen Relativitätstheorie.* Berlin: Verlag von Julius Springer 1917, [4]1922 (= *MSGA* I/2).

[3] Siehe u. a. Moritz Schlick, „Einsteins Relativitätstheorie und ihre letzte Bestätigung“, in: *Elektrotechnische Umschau*, 8. Jg., H. 1, 1920, S. 6-8; ders., „Einsteins Relativitätstheorie“, in: *Mosse Almanach 1921*, Berlin: Rudolf Mosse Buchverlag 1920, S. 105-123 und ders., „Kritizistische oder empiristische Deutung der neuen Physik? Bemerkungen zu Ernst Cassirers Buch ‚Zur Einsteinschen Relativitätstheorie‘, in: *Kant-Studien*, Bd. 26, 1921, S. 96-111.

durch Einstein vermittelt bekam.[4] Überdies hat er im Wintersemester 1920/21 an der Universität Rostock, wo er seit 1911 tätig war, eine Vorlesung zur „Einführung in die Gedankenwelt der Einsteinschen Theorie“ abgehalten.

Als am 10. Juli 1920 in der bekannten New Yorker Zeitschrift *Scientific American* ein Preis für den besten allgemeinverständlichen Essay über die Relativitätstheorie ausgeschrieben wird – Kopien dieser Ausschreibung wurden daraufhin in verschiedenen Zeitungen und Zeitschriften in der ganzen Welt abgedruckt –, zögert Schlick nicht, an diesem Wettbewerb teilzunehmen.[5] Möglicherweise hat er von dem Preisausschreiben aus der *Umschau* erfahren. Dort findet sich die Ausschreibung am 31. Juli 1920.[6] Schlick hatte sich zu diesem Zeitpunkt bereits einen Namen als Interpret der Relativitätstheorie gemacht. Sein gemeinverständliches Buch zur Einsteinschen Theorie war gerade in dritter Auflage erschienen. An Einstein schreibt Schlick am 9. Oktober 1920 bezugnehmend auf den Wettbewerb:

> „Erzählte ich Ihnen schon, dass ich mich an dem Preisausschreiben des ‚Scientific American‘ für eine populäre Darstellung Ihrer Theorie beteiligt habe? Es hat mich viel Schweiß gekostet, wegen der 3.000-Wort-Schranke, aber der Preis ist so enorm hoch (5.000 Dollar), dass ich glaube, es selbst bei äußerst geringen Chancen versuchen zu sollen: der Familie wäre gleich für eine Reihe von Jahren weiter geholfen.“[7]

2. Das Preisausschreiben des *Scientific American*

Der Initiator des Preisausschreibens war Eugene Higgins, ein langjähriger Freund des *Scientific American.* Nachdem bereits 1910 ein

[4] Vgl. Moritz Schlick an Albert Einstein, 29. August und 9. Oktober 1920.

[5] Vgl. dazu auch Klaus Hentschel, „Zwei vergessene Texte Moritz Schlicks“, in: *Centaurus*, Vol. 31, 1988, S. 302-307.

[6] Vgl. *Die Umschau. Wochenschrift über die Fortschritte in Wissenschaft und Technik*, XXIV. Jg., Nr. 30, S. 471.

[7] Moritz Schlick an Albert Einstein, 9. Oktober 1920.

Wettbewerb um den besten Essay zur „Vierdimensionalität" durch den *Scientific American* mit großem Erfolg durchgeführt worden war, schlug Higgins im Mai 1920 einen ähnlichen Wettstreit vor. Die ausgelobte Summe von 5.000 Dollar übertraf den im vorhergehenden Wettbewerb von einem anonymen Spender ausgeschriebenen Preis um das Zehnfache.

Mit der spektakulären Bestätigung einer der Vorhersagen der Einsteinschen Relativitätstheorie während einer Sonnenfinsternisbeobachtung am 29. Mai 1919 und der Verkündung der Resultate am 6. November 1919 auf einer gemeinsamen Sitzung durch die *Royal Society* und die *Royal Astronomical Society* in London war Einstein über Nacht zum bedeutendsten Physiker seit Newton aufgestiegen. Das Bedürfnis nach einer populären und kompetenten Beschreibung der Grundgedanken der Theorie Einsteins war infolgedessen besonders im englischsprachigen Raum stark ausgeprägt, so dass die Initiative von Higgins nicht überraschen kann. Als Preisrichter des Wettbewerbs konnten die Physikprofessoren Leigh Page (Yale) und Edwin Plimpton (Princeton) gewonnen werden. Die Länge der Essays wurde auf 3.000 Worte festgesetzt. Dabei war es unbestritten, dass in diesem Rahmen eine umfassende Behandlung der speziellen und der allgemeinen Relativitätstheorie nicht geliefert werden konnte. Dennoch, so die Intention des Wettbewerbs, sollte jedem Autor die Möglichkeit gegeben werden, die seiner Meinung nach wesentlichsten Gedanken über die Bedeutung der Relativitätstheorie darzustellen. Dabei war von Anfang an geplant, die besten Aufsätze in einem Sammelband zu vereinen. So schreibt der Herausgeber J. Malcolm Bird in diesem 1921 erschienenen Band:

> „From the beginning we had in view the present volume, and the severe restriction in length was deliberately imposed for the purpose of forcing every contestant to stick to what he considered the most significant viewpoints, and to give his best skill to displaying the theories of Einstein to the utmost advantage from these viewpoints."[8]

[8] J. Malcolm Bird, *Einstein's Theories of Relativity and Gravitation. A Selection of Material from the Essays submitted in the Competition for the Eugene Higgins*

In der Ausschreibung des *Scientific American* heißt es im Hinblick auf die einzureichenden Artikel:

„An essay of three thousand words is not long enough to lose a reader more than once; if it does lose him it is a failure, and if it doesn't it is a competitor that will go into the final elimination trials for the prize. If we can present, as a result of the contest, six or dozen essays of this length that will not lose the lay reader at all, we shall have produced something amply worth the expenditure of Mr. Higgins' money and our time. For such a number of essays of such character will of necessity present many different aspects of the Einstein theories, and in many different ways, and in doing so will contribute greatly to the popular enlightenment."[9]

3. Der Wettbewerb und Schlicks Beitrag zum Sammelband

Am Preisausschreiben haben nach Abzug aller aufgrund formaler Schwächen ausgesonderter Artikel und nicht ernstzunehmender Beiträge ca. 275 Autoren teilgenommen, deren Texte ab Mitte September 1920 beim *Scientific American* eingingen. Die meisten Aufsätze kamen aus Deutschland. Daneben nahmen Autoren aus den USA, Kanada, England, Österreich, der Tschechoslowakischen Republik, Frankreich, Jugoslawien, der Schweiz, den Niederlanden, Dänemark, Italien, Chile, Kuba, Mexiko, Indien, Jamaika, Südafrika und den Fidschis teil. In die engere Auswahl wurden 17 Einsendungen gezogen. Als Sieger des Wettbewerbs ging der in Irland geborene Lyndon Bolton, ein Mitarbeiter am britischen Patentamt hervor. Die besten 15 Arbeiten wurden in dem bereits angeführten Sammelband vollständig abgedruckt. Daneben hatte der Herausgeber des Bandes für vier einleitende Abschnitte und den Schlussabschnitt Textpassagen aus insgesamt 49 weiteren Einsendungen zusammengestellt und teilweise mit eigenen Texten kombiniert. In zwei der einführenden

Prize of $ 5,000. New York: Scientific American Publishing Co., Munn & Co. 1921, S. 7.

[9] Zitiert nach Bird 1921, S. 8.

Abschnitte finden sich auch längere Zitate aus dem Wettbewerbsbeitrag von Moritz Schlick, der in der zeitlichen Abfolge der eingereichten Essays als 24. Teilnehmer seinen Beitrag eingesandt hatte. Bemerkenswert ist dabei zunächst, dass Schlick neben dem niederländischen Astronomen und Kosmologen Willem de Sitter vom Herausgeber des Aufsatzbandes als ausländischer Teilnehmer für sein vortreffliches Englisch gelobt wurde. Bird schreibt in diesem Zusammenhang: „Drs. De Sitter and Schlick [...] both showed the ability to compete on a footing of absolute equality with the best of native product." In einem Brief von Bird an Schlick vom 25. Mai 1921 heißt es überdies:

„The book ‚Relativity and Gravitation' containing the best of the material brought out by the Einstein Prize Essay Contest of last year, has been published for some days, but a strike has so slowed up the manufacture of the volume, that only today are we able to send out contributers' copies. I trust that the copy addressed to you will arrive in good order, and that you will accept it with my own and the publishers' compliments. I want to take the occasion to express my appreciation of the essay which you submitted, and from which I have quoted so freely in my composited introduction. [...] I must also repeat here what I have suggested in my introduction to the book – that of all the continental competitors, you stand almost alone with regard to the way in which you met the condition that the essays be in English."[10]

Längere Zitate aus Schlicks Wettbewerbsbeitrag finden sich in den Abschnitten III („The Relativity of Uniform Motion") und IV („The Special Theory of Relativity") des Buches. Im Gegensatz zu Schlicks Beitrag wurde der Artikel von de Sitter komplett abgedruckt.

[10] J. Malcolm Bird an Moritz Schlick, 25. Mai 1921.

4. Das überlieferte Typoskript Schlicks

Das von Schlick als Wettbewerbsbeitrag eingereichte sechsseitige Typoskript trägt den Titel „Einstein's Theory of Relativity".[11] Im Nachlass liegen jedoch nur fünf Seiten vor. Die Seite 5 des Typoskripts konnte bis jetzt nicht aufgefunden werden. Schlicks Beitrag blieb mit insgesamt 2.722 Worten innerhalb der vorgeschriebenen Wortbegrenzung.[12] Der Text wurde von Schlick unter das Motto „Mens agitat molem"[13] gestellt.

5. Relativitätsprinzip, Punktkoinzidenzen und Neuartigkeit empirischer Tatsachen

Obwohl eine inhaltliche Darstellung des überlieferten Typoskripts aufgrund der fehlenden Seite unvollständig bleiben muß, lohnt sich ein Blick auf die von Schlick ausgezeichneten zentralen Gesichtspunkte zur Relativitätstheorie. Seine Ausführungen beginnen mit Überlegungen zum relativistischen Bewegungsbegriff.

Schlick behandelt hier eingangs die seit den Tagen Galileis und Newtons aus dem klassischen Relativitätsprinzip folgende Unmöglichkeit, auf eine mechanistische Weise eine Unterscheidung zwischen ruhenden und geradlinig gleichförmig bewegten Körpern zu treffen. So schreibt er:

[11] Für den entscheidenden Hinweis auf das Nachlaßstück (Schlick-Nachlass, Inv.-Nr. 165, A. 142, „Einstein's Theory of Relativity", nachfolg. Ts Relativity) danke ich ganz herzlich Johannes Friedl.

[12] Aus dem überlieferten Typoskript geht hervor, dass Schlick die Anzahl der Worte jeder Zeile am Ende dieser notiert und anschließend die so entstandene senkrecht angeordnete Zahlenreihe zusammenzählt und damit das Ergebnis für eine Seite erhält. Die Summe erscheint auf dem rechten unteren Rand der Seite. Das Ergebnis wird auf die folgende Seite übertragen und zur Summe der dortigen Zahlenreihe addiert, wobei nun am rechten unteren Rand die Gesamtzahl der Worte beider Seiten erscheint usf.

[13] „Der Geist bewegt die Materie" (Vergil, *Aeneis*, 6, 727).

„Imagine yourself sitting in a railway car with veiled windows and running on a perfectly straight track with unchanging velocity: you would find it absolutely impossible to ascertain by any mechanical means whether the car be moving or not, for all mechanical instruments (a pendulum, a falling body etc.) behave exactly the same, whether the car be standing still or in motion.“[14]

Mit der Erweiterung dieses klassischen Relativitätsprinzips auf elektrodynamische Erscheinungen ist Einsteins spezielle Relativitätstheorie verbunden.[15] Schlick geht im weiteren auf diese ein, insofern er ihre herausragende Leistung darin sieht, gezeigt zu haben, dass nun auch in der Elektrodynamik wie in der Mechanik auf ein absolutes Bezugsystem, einen allumfassenden Äther, verzichtet werden kann. Als empirischen Beleg dafür führt Schlick das Michelson-Experiment heran, dessen negativer Ausgang den Nachweis erbrachte, dass sich eine Bewegung der Erde durch den Äther auf optischem Wege nicht feststellen lässt. Das Resultat widersprach der Meinung vieler Physiker und führte zu unterschiedlichen Erklärungen. Schlick schreibt hierzu:

„This was a very serious difficulty. For the above train of thought which showed that motion with respect to the aether *must* have an influence on optical phenomena was certainly faultless and induced eminent physicists to go on believing that such an influence existed; but in order to explain the negative result of the experiments, they had to assume that absolute motion had a certain contracting effect on all moving matter, which counteracted the former effect in such a way as to make its detection by any material apparatus impossible.“[16]

Im Gegensatz dazu ist für Schlick allein die Erklärung Einsteins überzeugend. So führt er weitergehend aus:

„This assumption seemed artificial and somewhat arbitrary, and Einstein maintained that the only natural way of accounting for the failure of all experiments to discover absolute motion was to admit that absolute motion *did not exist*.

[14] Ts Relativity, Bl. 1.

[15] Vgl. Albert Einstein, „Zur Elektrodynamik bewegter Körper“, in: *Annalen der Physik*, Bd. 17, 1905, S. 891-921.

[16] Ts Relativity, Bl. 3 f.

Einstein insisted that experience shows the Special Principle of Relativity [...] to hold for *all* physical phenomena without exception: all uniform rectilinear motions are *relative*. We must accept all the consequences of this experimental fact.“[17]

Eine Konsequenz daraus ist die Relativität der Gleichzeitigkeit raumzeitlicher Ereignisse in Bezug auf den jeweiligen Bewegungszustand eines Koordinatensystems, womit sich Schlick im folgenden beschäftigt. Dabei überrascht es nicht, dass er im Zusammenhang mit der Problematik der Messung von gleichzeitigen Ereignissen und der Bestimmung von Abständen das Konzept der Koinzidenzen anführt, hatte Schlick doch zuvor in *Raum und Zeit in der gegenwärtigen Physik* das für diese Wissenschaft entscheidende spezifische erkenntnistheoretische Konzept der „Punktkoinzidenzen“ ausführlich behandelt. Schlick schreibt hierzu:

„Two physicists who measure the duration of a physical process will not obtain the same result if they are in relative motion with regard to one another. They will also find different results for the length of a body. An observer who wants to measure the length of a body which is moving past him must in one way or another hold a measuring rod parallel to its motion and mark those points on his rod with which the end of the body come into *simultaneous coincidence*. The distance between the two marks will then indicate the length of the body. But if the two markings are simultaneous for one observer, they will not be so for another one who moves with a different velocity, or who is at rest, with regard to the body under observation. He will have to ascribe a different length to it. And there will be no sense in asking which of them is right: length is a purely relative concept, just as well as duration.“[18]

Über die sich hieran anschließenden Ausführungen Schlicks lässt sich nur spekulieren. Einigen Aufschluß über den Inhalt der fehlenden Seite 5 gibt allerdings der Text auf Seite 6. Schlick behandelt hier bereits die allgemeinen Relativitätstheorie. Bezugnehmend auf ein Beispiel Einsteins erläutert er das verallgemeinerte Relativitätsprinzip und

[17] Ebd., Bl. 4.

[18] Ebd., Bl. 4f. Der Wortlaut des Textes der im Nachlass fehlenden Seite 5 ist dem Sammelband entnommen (vgl. Bird 1921, S. 91).

die Gleichheit von träger und schwerer Masse, um daraufhin zum Äquivalenzprinzip zu gelangen. Dazu heißt es:

„As this principle denies the existence of an infallible criterion of absolute motion, it revives the hope of maintaining the relativity of *all* kinds of motion. Einstein set to work to formulate the laws of motion on the basis of this principle, and be succeeded in building up a system of mechanics which satisfies the ‚General principle of relativity', according to which all motions without restriction have purely relative character, i. e. exist only with respect to arbitrary bodies of reference.“[19]

Auf diese Weise bringt Schlick seine Ausführungen hinsichtlich des Relativitätsprinzips zu einem Ende, insofern er nun die Relativität aller Bewegungen unter Einschluß der beschleunigten im Ergebnis der allgemeinen Relativitätstheorie Einsteins als deren wesentliches Ergebnis herausstellt. Von einem wissenschaftstheoretischen Standpunkt aus betrachtet erläutert Schlick gleichwohl im letzten Absatz noch einen interessanten Aspekt im Zusammenhang mit der Bestätigung der allgemeinen Relativitätstheorie. Einstein hatte im November 1915, nachdem ihm die endgültige Formulierung seiner Feldgleichungen in kovarianter Form gelungen war, gezeigt, dass sich vermittels seiner Relativitätstheorie eine altbekannte empirische Tatsache, die Anomalie in der Umlaufbahn des Merkur, auf eine neuartige und dabei überraschende Weise erklären lässt.[20] Darauf Bezug nehmend endet Schlicks Beitrag mit den Worten:

„Einsteins new mechanics are the most marvellous feat of science ever completed. They connect the laws of motion and of gravitation in an inseparable unity, thus furnishing an unexpected wonderful solution of the great problem of gravitation, which has been puzzling science for centuries. The new doctrine – its real essence can hardly be explained without mathematical language – has already proved its superiority to Newton's mechanics in a striking manner. The planet Mercury shows a slight irregularity in its motion, which could not satisfactorily

[19] Ts Relativity, Bl. 6

[20] Vgl. Albert Einstein, „Erklärung der Perihelbewegung des Merkur aus der allgemeinen Relativitätstheorie“, in: *Sitzungsberichte der Königlich Preussischen Akademie der Wissenschaften*, XLVII, Gesamtsitzung vom 18. November 1915, S. 831-839.

be accounted for by Newton's law of gravitation.: Einstein showed that Mercury behaved just exactly as was to be expected from his own theory."[21]

Es kann in diesem Zusammenhang abschließend nur hervorgehoben werden, dass Schlick an dieser Stelle eine Position vertritt, die besagt, dass sich die Einsteinsche gegenüber der Newtonschen Theorie durchgesetzt hat, weil Einstein eine *neuartige und überraschende Erklärung* einer altbekannten empirischen Tatsache liefert, in Bezug auf welche die Newtonsche Theorie keine befriedigende Lösung bereit gestellt hatte. Das heißt, empirischer Fortschritt in den exakten Wissenschaften ist für Schlick nicht notwendigerweise mit der Erklärung neu *entdeckter* empirischer Tatsachen verbunden, sondern hängt im Falle Einsteins mit der Neuheit einer empirischen Tatsache zusammen, insofern diese im Lichte der Einsteinschen Theorie auf eine neuartige und unerwartete Weise *erklärt* wird. Dass Schlick eine solche wissenschaftstheoretische Konzeption verteidigte, wird auch in seinem umfangreichen Manuskript zur Vorlesung „Grundzüge der Erkenntnislehre und Logik" aus dem Wintersemester 1911/12 an der Universität Rostock deutlich. Hierin heißt es:

„Sehr lange hat man versucht, die electrischen und magnet. Erscheinungen zu beschreiben mit Hilfe der aus der Mechanik her bekannten Begriffe; aber es ist nicht gelungen, Urteile zu finden, die eine derartige Bezeichnung leisten, so dass man schließlich die Versuche ganz aufgab. Neuerdings versucht man nun das Umgekehrte, indem man die Tatsachen der Mechanik zu beschreiben sucht durch Urteile, in die nun aus der Electricitätslehre stammende Begriffe eingehen. Sollte dies gelingen, so würde auch dies keinen geringeren Fortschritt der Erkenntnis bedeuten. Dieser letztere Umstand gibt zu denken. Er zeigt, dass man von einem Fortschritt der Erkenntnis nicht nur dort redet, wo neue Tatsachen durch ein System alter, längst vertrauter Begriffe bezeichnet werden, sondern unter Umständen auch dort, *wo den alten, wohlbekannten Tatsachen ein System neuer, von neuen Erscheinungen abgeleiteter Zeichen zugeordnet wird.* Dies haben manche Denker übersehen und sie haben geglaubt, es handle sich nur dort um eigentliche Erkenntnis, wo die Menschheit lernte, neu bekannt werdende Erschei-

[21] Ts Relativity, Bl. 6.

nungen zurückzuführen auf solche, die ihnen zeitlich früher bekannt waren und an die sie sich daher besser gewöhnt hatten."[22]

In diesem Zusammenhang zeigt sich einmal mehr die Aktualität der Wissenschaftstheorie Schlicks, wird doch heute auf eine überzeugende Weise mit einer sich in gewisser Weise an Schlick anschließenden Konzeption der Neuartigkeit empirischer Tatsachen[23] in Verbindung mit dem Keine-Wunder-Argument für den erkenntnistheoretischen wissenschaftlichen Realismus eingetreten – eine Position, die auch Schlick während seiner Rostocker Jahre verteidigte.

[22] Schlick-Nachlass, Inv.-Nr. 3, A. 3a, Grundzüge der Erkenntnislehre und Logik (Manuskript zur Vorlesung an der Universität Rostock im Wintersemester 1911/12), Bl. 30 (meine Hervorhebung).

[23] Schlick nimmt in der Rostocker Vorlesung und seinem Manuskript zum Einstein-Wettbewerb die Auffassung Imre Lakatos' vorweg. Gleichwohl unterliegen beide einer Kritik, die zuerst von Elie G. Zahar formuliert wurde. Danach reicht es nicht aus, dass empirische Tatsachen auf eine neue Weise erklärt werden, um diese zur nachhaltigen Unterstützung einer wissenschaftlichen Theorie heranzuziehen. Entscheidend ist, dass die Tatsachen nicht schon ad hoc bei der Konstruktion der diese erklärenden wissenschaftlichen Theorie herangezogen worden sind (vgl. dazu Elie G. Zahar, „Why did Einstein's Programme supersede Lorentz's", in: C. Howson (ed.), *Method and appraisal in the physical sciences.* Cambridge: University Press 1976, S. 217-219; ders., *Einstein's Revolution. A Study in Heuristic.* La Salle, Ill.: Open Court 1989, S. 13-17 und ders. *Mathematik, Ontologie und die Grundlagen der empirischen Wissenschaften* (Moritz-Schlick-Vorlesungen, Bd. 1, hrsg. von Hans Jürgen Wendel und Fynn Ole Engler). Rostock: Koch 2002, S. 48-53). Allerdings scheint auch Schlick diesen Aspekt erkannt zu haben. So schreibt er im Jahre 1919 in der zweiten Auflage von *Raum und Zeit in der gegenwärtigen Physik*: „Mit Hilfe dieser Hypothese [gemeint ist eine Theorie des Astronomen Hugo Seeligers, d. Verf.] gelingt es in der Tat, jene Vorstellung einer unendlich ausgedehnten, den gesamten Raum mit konstanter mittlerer Dichte erfüllenden unvergänglichen Welt vollständig widerspruchslos aufrecht zu erhalten. Sie ist aber insofern noch unbefriedigend, als sie ad hoc ersonnen, nicht durch irgend welche andern Erfahrungen veranlaßt oder gestützt wurde." (*MSGA* I/2, B 67)

Namenregister

GPSR Compliance

The European Union's (EU) General Product Safety Regulation (GPSR) is a set of rules that requires consumer products to be safe and our obligations to ensure this.

If you have any concerns about our products, you can contact us on ProductSafety@springernature.com

In case Publisher is established outside the EU, the EU authorized representative is:

Springer Nature Customer Service Center GmbH
Europaplatz 3
69115 Heidelberg, Germany

FSC
www.fsc.org
MIX
Papier | Fördert gute Waldnutzung
FSC® C083411

Kolibri 360 GmbH
Ferdinand-Jühlke-Straße 7
99095 Erfurt, Deutschland
produktsicherheit@kolibri360.de